无线通信系统中的小型化基片集成波导滤波器

朱永忠　张怿成　左开伟　周　建
邓　欣　段晓曦　赵贺锋　　著

西安电子科技大学出版社

内容简介

本书以微波滤波器综合设计为基础，对无线通信系统中的基片集成波导滤波器的发展、技术及应用进行了全面的介绍。

全书共六章，主要内容包括基片集成波导滤波器的发展现状、传输函数的综合和边带优化、小型化基片集成波导滤波器、多层基片集成波导滤波器、基片集成波导可调滤波器、小型化基片集成波导全可调滤波器；重点从小型化和可调性两个方面，对基片集成波导滤波器的最新技术和结构进行了详细的阐述。

本书可作为硕士、博士研究生的参考读物，也适合作为广大微波设计人员的参考书籍。

图书在版编目(CIP)数据

无线通信系统中的小型化基片集成波导滤波器/朱永忠等著. —西安：西安电子科技大学出版社，2021.4(2022.3 重印)

ISBN 978 - 7 - 5606 - 5756 - 1

Ⅰ. ① 无…　Ⅱ. ① 朱…　Ⅲ. ① 集成滤波器—波导滤波器

Ⅳ. ① TN 713

中国版本图书馆 CIP 数据核字(2021)第 047611 号

策划编辑　陈　婷
责任编辑　张　倩
出版发行　西安电子科技大学出版社(西安市太白南路 2 号)
电　　话　(029)88202421　88201467　　　邮　编　710071
网　　址　www. xduph. com　　　电子邮箱　xdupfxb001@163. com
经　　销　新华书店
印刷单位　陕西精工印务有限公司
版　　次　2021 年 4 月第 1 版　2022 年 3 月第 2 次印刷
开　　本　787 毫米×1092 毫米　1/16　印张　15
字　　数　351 千字
印　　数　501～1500 册
定　　价　42.00 元
ISBN 978 - 7 - 5606 - 5756 - 1 / TN
XDUP 6058001 - 2

前　　言

作为射频前端，滤波器承载着频率选择和抑制的重要功能，其性能的好坏直接影响整个通信系统的性能。本书汇集了本人及指导的研究生、博士生近年来在 SIW 滤波器方面的研究成果。全书以微波滤波器设计综合为基础，着重对无线通信系统中的基片集成波导滤波器的发展、技术及应用进行了全面的介绍；主要从小型化和可调性两个方面，力求将最新技术和结构介绍给读者。希望读者在读完本书后能够对无线通信系统中的基片集成波导滤波器的发展现状有一个系统的认识，为以后从事有关滤波器设计方面的研究打下基础。

全书共六章，具体内容如下：

第 1 章绪论，主要对滤波器的发展历程进行回顾，分别对小型化基片集成波导滤波器、可调基片集成波导滤波器、全可调微波滤波器、磁电双可调滤波器的发展现状进行了综述。

第 2 章传输函数的综合与边带优化，首先深入分析了传输函数等一些重要的概念，总结了零极点的分布位置、作用和移动原则，介绍了交叉耦合滤波器零点分布的特点；然后在此基础上重点分析了具有传输零点的椭圆函数和准椭圆函数的边带特性，通过充分利用滤波器阶数的"余量"，获得更合适的截止频率，使滤波器的边带特性最大化，以改善矩形特性，但不增加滤波器的阶数；最后利用传输零点对边带特性的影响，实现了广义 Chebyshev 滤波器的阶数最小化、边带最大化的优化设计，为小型化高性能滤波器的设计提供了依据。

第 3 章小型化基片集成波导滤波器，总结了实现 SIW 谐振单元小型化的技术手段，讨论了 SIW 谐振腔之间、双重折叠 SIW 谐振腔之间的电磁耦合方式，并列举了不同耦合结构在 SIW 滤波器设计中的应用；在分析了 SIW 和四分之一模 SIW 谐振腔传播特性的基础上，引入了具有小型化特征的双重折叠四分之一模基片集成波导（DFQMSIW）和四重折叠四分之一模基片集成波导（QFQMSIW）；分别设计了二阶、三阶 DFQMSIW 滤波器和二阶、三阶 QFQMSIW 滤波器，以及 QFQMSIW 双通带滤波器，在滤波器设计中引入了不同的耦合结构，探讨了主要结构参数对滤波器性能的影响，并对滤波器模型进行了仿真、加工和测试，测试和仿真结果基本吻合，从而实现了小型化 SIW 滤波器的设计。

第 4 章多层基片集成波导滤波器，论述了 SIW 的性能和 SIW 滤波器的小型化现状，对 SIW 的转接方式与共面异面的耦合方式进行了总结，设计了多层四分之一模基片集成波导滤波器（QMSIW），并结合不同的转接方式与耦合方式对滤波器进行了探讨，为下文的设计提供依据；设计了多层八分之一模基片集成波导滤波器（EMSIW），结合理论分析与实物加工，进行了深入研究。

第 5 章基片集成波导可调滤波器，介绍了本团队在基片集成波导可调滤波器方面的研究，包括应用表面加载缝隙的小型化 SIW 技术设计 C 型槽 SIW 可调滤波器、应用折叠的小型化 SIW 技术设计四重折叠基片集成波导（QFSIW）可调滤波器、应用四分之一模结构的小型化 SIW 技术设计四分之一模基片集成波导（QMSIW）可调滤波器、应用四分之一模折叠组合的小型化 SIW 技术设计双重折叠四分之一模基片集成波导（DFQMSIW）可调滤波器。

第 6 章小型化基片集成波导全可调滤波器，在前几章的基础上，对全可调滤波器结构进行了分析、设计。针对目前全可调滤波器大多为单一的微带线结构，其他腔体成果较少的问题，选择更低插损、更高功率且易集成的基片集成波导作为谐振腔，设计了中心频率和带宽全可调滤波器；针对带通滤波器带外抑制较高的缺陷，将小型化的四分之一模基片集成波导谐振腔体与电元件相结合，设计了中心频率和传输零点全可调滤波器；为解决可调参数较少、调节稳定性较差等问题，设计了基于双重折叠四分之一模基片集成波导谐振腔的全可调滤波器；针对宽带滤波器下的全可调成果较少且调节范围较窄的问题，设计了基于四分之一模基片集成波导谐振腔的陷波频率和带宽全可调滤波器。

本书的内容是我们团队的研究成果，除署名作者外，还有许多研究生的贡献。他们是刘晓宇硕士、彭国豪硕士、李哲宇硕士、周余昂硕士、唐澜菱硕士、周洋硕士等，许多研究成果已发表在国内外著名期刊上。

与本书内容有关的研究工作得到国家自然科学基金重点项目（No：61771490）、国家自然科学基金项目（No：61302051）及陕西省自然科学基金项目（No：2018JM6055）的资助，在此，向国家自然科学基金委和陕西自然科学基金委表示衷心的感谢。在本书的编写和出版过程中，得到各级领导、兄弟院校及许多老师的支持和帮助，谨在此一并表示衷心的感谢！

本书的内容都是近些年来的最新研究，但微波器件技术发展日新月异，加上编者水平有限，书中的疏漏和不妥之处在所难免，敬请读者批评、指正。

朱永忠

二○二○年八月于西安

目　　录

第1章 绪 论

1.1 滤波器发展历程

自电信发展的早期，滤波器在电路中就扮演着重要的角色，并随着通信技术的发展而不断发展。1910年，一种新颖的多路通信系统即载波电话系统的出现，引发了电路领域的一场彻底的技术革命，开创了电信的新纪元。新的通信系统要求发展一种能在特定的频带内提取和检出信号的新技术，而这些技术的发展更进一步加速了滤波器技术的研究和发展。

1915年，德国科学家 K. W. Wagner 开创了一种现以"瓦格纳滤波器"闻名于世的滤波器设计方法。与此同时，美国的 G. A. Canbell 发明了另一种后来以图像参数法而知名的设计方法。随着这些技术突破，许多知名的科研人员包括 O. J. Zobel、R. M. Foster、W. Caner[1] 和 E. L. Norton 开始积极而系统地对采用集总元件电感、电容的滤波器设计理论进行研究。随后，1940年，出现了包括两个特定设计步骤的精确的滤波器设计方法：第一步，确定符合特性要求的传递函数；第二步，由先前的传递函数所估定的频率响应来合成电路。该方法的效率和结果相当好，现在所采用的很多滤波器设计技术就基于此设计方法。

在微波滤波器理论的研究和发展过程中，许多专家和学者都作了重大的贡献。Cohn[2] 在集总元件低通滤波器原型的基础上首先提出了方便实用的直接耦合空腔滤波器理论；Matthaei[3] 在他的专著里对微波滤波器的经典设计方法作了比较全面、系统的介绍；Levy[4] 建立了集总和分布原型的元件公式间的联系，给出了推导原型元件的简单而准确的公式；Rhodes[5] 建立起了线性相位滤波器理论；Cohn[6] 首次把计算机优化技术运用于微波滤波器的设计中；Orchard[7] 提出了用于微波滤波器总和的迭代分析法，Atia[8] 和 Cameron[9] 提出了用矩阵的方法来综合微波滤波器。这一系列的贡献，都可以说是微波滤波器发展史上的重大突破。

20世纪70年代以来，我国的老一代微波专家甘一被、吴万春[10]、李嗣范[11] 和林为干[12]、吴须大[13][14] 等，在国外研究的基础上，对微波滤波器的设计理论和方法进行了补充和完善，为我国微波滤波器的研究奠定了良好的基础。

随着现代微波技术的发展，微波滤波器的设计已不再拘泥于单纯的综合或分析方法，而必须将现代滤波器的综合理论与计算机优化技术相结合。同时，滤波器材料领域取得的巨大进步，极大地推动了滤波器的发展。近几年出现的一些新的材料和加工技术，如高温超导材料(HTS)、低温共烧陶瓷材料(LTCC)和微机电系统技术(MEMS)等，使我们可以设计出很多新颖的、具有更好特性的微波滤波器。

1.2　小型化基片集成波导滤波器

基片集成波导的发展可以追溯到 1992 年，日本学者 Furuyama 提出了这种结构并简要分析了它的特性[15]。1997 年，加州大学洛杉矶分校的 M. Yamamoto 和 K. Itoh 也分析了这种结构并称之为栅格波导[16]。1998 年 Takeshi Takensoshita 和 Hiroshi Uchimura 两人比较系统地研究了电磁泄漏与金属通孔的间距、排列方式的关系，并通过试验验证了这种波导结构用作高性能传输线的可能性[17]。在 2001 年吴柯教授提出了适用于高频电路的基片集成波导(Substrate Integrated Waveguide，SIW)技术的概念[18]。它是通过在上下面为金属层的低损耗介质基片上，利用金属化通孔阵列实现矩形波导的两个侧壁的，其目的是在介质基片上实现传统的金属波导的功能。它可以有效地实现无源和有源器件的集成，将毫米波系统小型化，甚至把整个系统制作在一个封装内，极大地降低了成本；而且它的传播特性与矩形金属波导类似，所以由其构成的毫米波器件及子系统具有高 Q 值、高功率容量、易集成等优点，同时由于整个结构完全由介质基片上的金属化通孔阵列所构成，所以可以利用 PCB 或是 LTCC 工艺精确实现，并可与微带线路实现无隙集成，加工成本低廉，非常适合微波毫米波波段集成电路的设计和批量生产。为满足微波通信发展的需要，实现高性能小型化微波器件，学者们不断做着各种尝试与努力[19-29]。对 SIW 的研究仍然在不断深入，在未来标准则逐渐向高性能、小型化靠拢。

1.2.1　平面 SIW 小型化技术

平面 SIW 小型化的方法主要有两种：一种是通过金属表面加载，另一种是利用半模技术及其衍生结构。

1. 金属表面加载

2004 年，Falcone 和 Marques 等人[31,32]在金属谐振环的基础上提出了互补开口谐振环(Complementary Split Ring Resonator，CSRR)的结构，通过在金属表面蚀刻出环形结构来改善微带电路的性能[22]。互补开口谐振环具有带阻特性，可以提高带外的选择性，所以常被应用于微波滤波器的设计中。在 SIW 的金属面上适当加载 CSRR 结构，可以降低滤波器的谐振频率，提高带外选择性，是实现 SIW 小型化、提高其性能的有效方法之一。

文献[22]中将 CSRR 结构用于 SIW 带通滤波器的设计，如图 1-1 所示。它实现了中心频率为 10 GHz，通带内回波损耗低于-20 dB 且具有高带外抑制特性的 SIW 滤波器。文献研究发现，针对此类滤波器，改变蚀刻在 SIW 上层金属面 CSRR 结构的行数和列数，通过调节 CSRR 彼此之间的耦合可以控制滤波器极点和零点的位置，从而改善滤波器的性能，如图 1-2 所示。

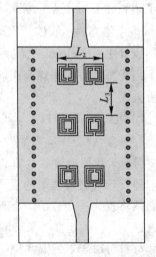

图 1-1　CSRR 带通滤波器结构图

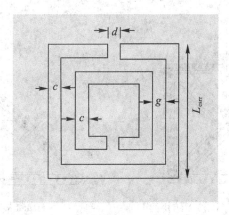

图 1-2 CSRR 结构图

2. 半模技术及其衍生结构

2005 年，洪伟教授提出了半模基片集成波导（Half Mode Substrate Integrated Waveguide，HMSIW）的概念[33]，为 SIW 的小型化开辟了一条新的路径。当 SIW 工作在主模状态时，根据其内部的电磁场分布，将电场的对称位置等效为磁壁，沿磁壁将 SIW 分割成两部分，其中一半便是 HMSIW。HMSIW 的传播特性与全模 SIW 相似但面积与 SIW 相比却减小了 50%[33-35]，可以很好地应用在天线、滤波器、功率分配器、定向耦合器等微波器件的设计中[36-43]。随后，又出现了由 HMSIW 结构演变而来的四分之一模基片集成波导（Quarter Mode Substrate Integrated Waveguide，QMSIW）[44-52]以及八分之一模基片集成波导（Eighth Mode Substrate Integrated Waveguide，EMSIW）[53-55]，平面面积与 SIW 相比分别减小了 75% 和 87.5%，小型化程度进一步提高。SIW 结构到 EMSIW 结构的演变过程如图 1-3 所示。

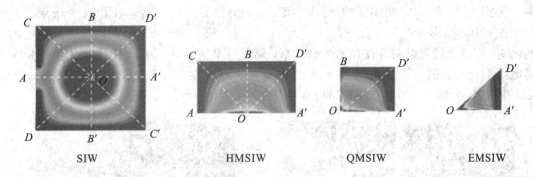

SIW   HMSIW   QMSIW   EMSIW

图 1-3 SIW 结构到 EMSIW 结构的演变过程

通过半模技术及其衍生结构实现的小型化 SIW 谐振单元相继被应用到微波器件的设计中[56-60]。文献[34]利用 HMSIW 谐振腔设计了小型化的基片集成波导滤波器，如图 1-4 所示，谐振腔之间采用了如图 1-5 所示的电耦合结构，耦合系数会随着图 1-5 中参数 a 的变大而减小。滤波器采用 PCB 工艺加工制作，实物照片如图 1-6 所示。测试结果显示，滤波器在通带内插入损耗小于 1.2 dB，回波损耗大于 20 dB。在中心频率为 3.2 GHz，带宽为 500 MHz 时，该滤波器的平面尺寸为 $0.24 \times 0.24 \ \lambda_g^2$，较好地实现了 SIW 滤波器的小型化。

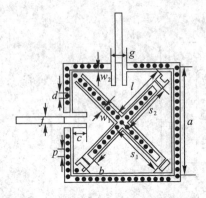
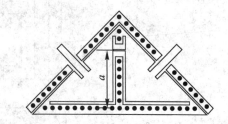

图 1-4　四阶 HMSIW 滤波器结构图　　　图 1-5　HMSIW 谐振腔之间的耦合结构

图 1-6　HMSIW 滤波器实物图

　　文献[47]中基于 QMSIW 设计了如图 1-7 所示的圆极化天线，以等腰直角三角形的 QMSIW 作为天线单元，90°旋转形成相位分别为 0°、90°、180°和 270°的天线阵列，配合最底层的功分馈电网络实现了良好的圆极化性能。天线实物经测试，在中心频率 5.2 GHz 处的最大增益为 5.58 dBic，辐射效率为 86%，该天线对设计小型化的平面圆极化天线具有较高的参考价值。

　　文献[54]中利用 EMSIW 谐振腔设计了一款小型化的 SIW 天线，如图 1-8 所示。天线工作于中心频率为 4.54 GHz 时的最大增益为 5.83 dBi，由于 EMSIW 两个侧边是开放的结构，所以天线可以获得较高的辐射效率，辐射效率达到 96%。天线尺寸是全模 SIW 天线的 12.5%，是一款具有较高效率的小型化天线。在此基础上，文献[53]通过在 EMSIW 天线上蚀刻方形的 CSRR 结构使得天线的小型化程度又进一步提高。

图 1-7　QMSIW 圆极化天线正反面实物图　　　图 1-8　EMSIW 天线实物图

文献[55]中将 EMSIW 谐振腔应用到了滤波器的设计中，通过在 EMSIW 谐振单元上加载 CSRR 结构设计了一款高度小型化的 LTCC 带通滤波器，如图 1-9、图 1-10 所示。通过在 EMSIW 谐振腔上蚀刻 CSRR 结构，谐振腔的谐振频率降低，小型化程度进一步提高。两个 EMSIW 谐振腔通过斜边相距的缝隙实现耦合，滤波器的中心频率为 12.7 GHz，相对带宽为 20.4%，通带内的最大插入损耗为 1.3 dB，回波损耗小于 −15 dB，滤波器的尺寸为 5.0 mm×5.0 mm×0.6 mm。该滤波器将八分之一模技术与 CSRR 结构结合应用到 SIW 小型化滤波器的设计中，对设计小型化的 SIW 微波器件具有较高的参考价值。

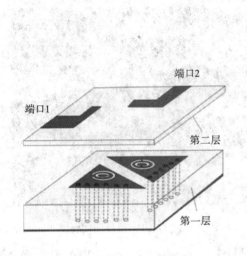

图 1-9　EMSIW 滤波器三维结构图

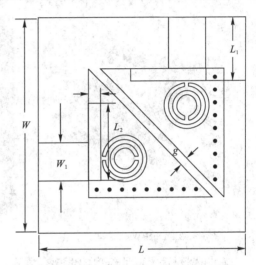

图 1-10　EMSIW 滤波器平面结构图

1.2.2　折叠 SIW 小型化技术

将叠层技术应用于 SIW 的小型化最为典型的结构便是折叠基片集成波导（Folded Substrate Integrated Waveguide，FSIW）。2005 年，Grigoropoulos 和 Young 最先提出将折叠波导应用于基片集成波导中[61]。2008 年车文荃教授对折叠基片集成波导的传输特性做了比较详尽的理论分析，为 FSIW 的设计提供了理论依据和支持[62]。FSIW 是以 E 面为对称面对 SIW 进行折叠得到的，根据选择折叠的 E 面不同分为对称折叠和非对称折叠两种结构[30]，如图 1-11 所示。FSIW 的高度为 SIW 的两倍，但平面面积减小为原始 SIW 的二分之一，是实现 SIW 小型化的有效手段之一。

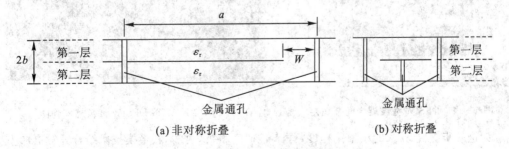

图 1-11　折叠基片集成波导结构图

2009 年，台湾学者 H Y Chien 等人提出了利用双重折叠基片集成波导（Double Folded Substrate Integrated Waveguide，DFSIW）设计滤波器[63]，DFSIW 的平面面积为原始 SIW 的四分之一。文献[30]中就利用 DFSIW 腔体设计了四阶交叉耦合滤波器，除了第一、四腔体是电耦合，其余腔体之间是感性窗耦合，即磁耦合，如图 1-12 所示。滤波器的实物照片如图 1-13 所示。该滤波器的测试结果显示，其中心频率为 8 GHz，相对带宽为 6.25%，通带内的插入损耗大约为 2.6 dB，反射损耗大于 14 dB，第一个寄生通带出现在 16 GHz 附近，得到了较好的滤波器性能。

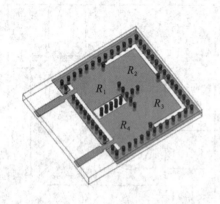

图 1-12　DFSIW 滤波器模型图

图 1-13　DFSIW 滤波器实物图

文献[64]开发了两种新型的电耦合方式，设计了另外一种形式的 DFSIW 交叉耦合滤波器，如图 1-14、图 1-15 所示。第一、四谐振腔之间是磁耦合方式，其余腔体间采用的是新型的电耦合方式，滤波器输入/输出的馈电线采用了共面波导的结构，共面波导与最上层的微带线通过贯穿于第一层介质的金属化通孔相连接。测试结果表明，该滤波器的中心频率为 10 GHz，相对带宽为 4.5%，反射损耗大于 10 dB，通带两侧在 9.53 GHz 和 10.71 GHz 处各有一个传输零点，实现了良好的滤波器选择性。

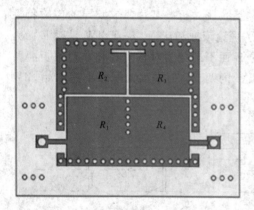

图 1-14　DFSIW 滤波器中间金属层

图 1-15　新型 DFSIW 滤波器实物图

为进一步提高 SIW 的小型化程度，学者们研究将折叠技术和半模技术结合开发更加小型化的 SIW 单元。所以，又相继出现了折叠半模基片集成波导（Folded Half Mode Substrate Integrated Waveguide，FHMSIW）[65-71]和双重折叠半模基片集成波导（Double Folded Half

Mode Substrate Integrated Waveguide，DFHMSIW)[68]，为实现 SIW 小型化提供了新的思路。

1.2.3 低温共烧陶瓷(LTCC)技术

LTCC 技术是目前较新的技术，只有欧美和日本等的少数公司掌握该技术，我国的相关研究还处于起步阶段。LTCC 技术可将器件封装，具有体积小、易于集成等优点，是未来器件制作的发展趋势[73]。

文献[72]设计的基于 LTCC 技术的多层交叉耦合 SIW 滤波器，其结构如图 1-16 所示，它的尺寸为 31 mm×17 mm×0.768 mm，中心频率为 10 GHz，带宽为 5%，两个传输零点分别位于 9.51 GHz 和 10.51 GHz，回波损耗大于 20 dB，其通过 LTCC 技术制作的实物图如图 1-17 所示。经过论证，该滤波器性能优良，实现了滤波器的小型化。

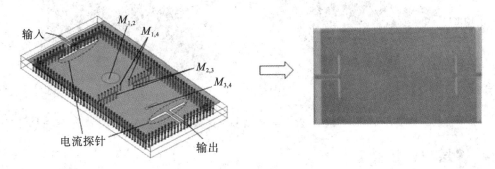

图 1-16 多层 SIW 滤波器结构   图 1-17 多层 SIW 滤波器实物图

文献[69]设计了一种基于 LTCC 技术的基片集成折叠波导，它运用宽缝隙实现腔体内的耦合，即如图 1-18 可知，运用窄缝隙实现腔体间的耦合，如图 1-19 所示。它的中心频率为 30.2 GHz，回波损耗低于-13.5 dB，相对带宽为 11.3%，插入损耗低于 3.7 dB，在实现滤波器小型化的同时，性能相对较好。

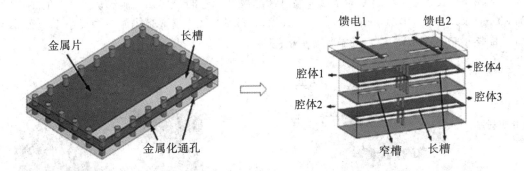

图 1-18 单腔 SIFW 滤波器实物图   图 1-19 多层 SIFW 滤波器结构

文献[72]中设计了多层四腔 DFSIW 滤波器，其结构图如图 1-20(a)所示，图 1-20(b)为 LTCC 的工艺图，图 1-20(c)为模型实物图。它的中心频率为 62.7 GHz，回波损耗低于-13.6 dB，相对带宽为 10.7%，插入损耗为 2.9 dB，在性能相对较好的同时，实现了滤波器的小型化。

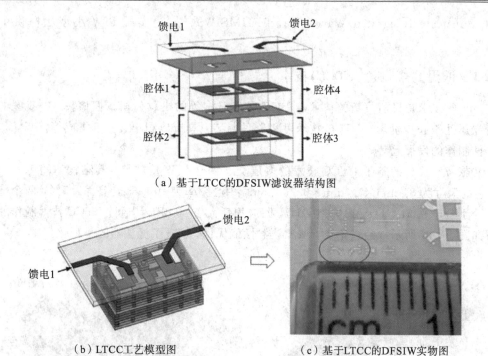

（a）基于LTCC的DFSIW滤波器结构图

（b）LTCC工艺模型图　　　　　　　（c）基于LTCC的DFSIW实物图

图 1-20　多层 DFSIW 滤波器

1.2.4　多层 SIW 技术

多层技术是通过增加介质基片的高度，从而实现其滤波器面积小型化的一种方法，它使得三维的微波集成电路得以真正实现。而且，随着对性能要求的提升，对谐振腔个数的要求也会增加。这时，平面上的小型化研究与实现存在困难，而通过多层技术，在满足谐振腔个数增加的情况下，实现小型化是可行的。这是因为多层技术在结构的设计上更加灵活，虽然这也意味着设计的难度在增加，但它对于小型化的实现是有利的。

文献[51]设计了一种新型的多层 QMSIW 滤波器。它的结构如图 1-21 所示，它的尺寸为 30 mm×16 mm×0.51 mm，通带为 5.4 GHz～6.2 GHz，且通带内回波损耗小于 -20 dB，插入损耗小于 2.3 dB，图 1-22 为其实物图。

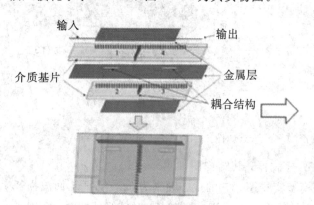

图 1-21　多层 QMSIW 滤波器结构　　　　　　图 1-22　多层 QMSIW 滤波器实物图

1.3 可调基片集成波导滤波器

可调滤波器，又称可重构滤波器，是指中心频率、带宽、阶数、零点等参数依靠电场、电压、电流、温度或是机械结构等可调机制发生变化的滤波器[73]。如图 1−23 所示，在多频段 HSDPA/WEDGE 分集无线子系统的系统构架中，收发机工作在 9 个频段，其中发射通道集成了多达 10 个滤波器的滤波器组，接收通道还有 3 个滤波器，控制这些滤波器需要包含大量开关和双工器的开关网络，不难看出该系统结构很复杂，收发通道的滤波器组不仅会增加系统损耗，而且还占用了很大的面积。为了减小系统复杂性和整体尺寸，可调射频前端的概念被提了出来，如图 1−24 所示。显而易见，采用可调滤波器替代滤波器组后，射频前端电路的复杂度更低，占用面积更小，更加利于系统的小型化与集成化。

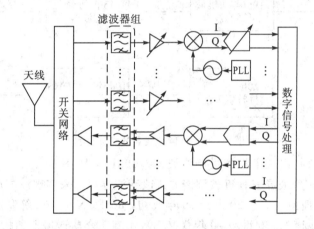

图 1−23 滤波器组解决方案无线通信系统

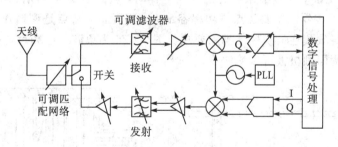

图 1−24 可调滤波器解决方案无线通信系统

近年来，可调滤波器越来越受国际和国内研究者们青睐，国内外有影响力的期刊刊登关于可调滤波器的学术论文数量也急剧上升，并且随着材料科学与微加工等学科的发展，新材料新工艺的应用在可调滤波器研究中大放异彩，可调滤波器研究正逐渐成为当前国际学术领域研究的前沿和热点。国家层面的宽带战略布局和新兴的物联网技术大发展为通信市场带来了新的机遇，而可调滤波器作为未来小型化通信系统的关键器件在市场的推动下发展前景广阔。目前，我国在可调滤波器方面的研究水平还稍落后于国外，相关产业发展还不够成熟，因此，可调滤波器的研究无论在学术领域还是在应用领域意义都十分重大。

‎

1.3.1　可调滤波器的发展历史

可调滤波器的研究可以追溯到 20 世纪 40 年代,早期由于技术条件限制,可调滤波器主要从传统滤波器出发作理论研究,随着技术工艺的发展,新材料的不断应用和对产品性能的要求不断提升,可调滤波器得到充分发展。一方面可调滤波器由原来体积巨大的金属波导向二维平面结构甚至芯片结构演变,另一方面调谐的方式也多了起来,不同结构不同调谐方式组合出不同性能满足不同场合需求。目前主要的调谐方式有半导体二极管[74-76](变容二极管、PIN 二极管)、铁电材料[77,78](BST 薄膜)、铁氧体材料[79,80](YIG)、微机电系统[81-85](MEMS)等。随着研究的深入,可调滤波器将在小型化、平面化、轻量化以及高集成度方面取得新的更大突破。图 1-25 为可调滤波器的发展历程。

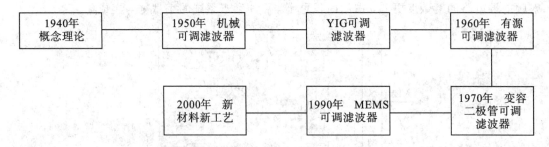

图 1-25　可调滤波器的发展历程

20 世纪 50 年代初出现了机械可调滤波器。1951 年 W. Sichak 和 H. Augenblick 采用动壁、深变介质带和脊波导三种机械调谐方式改变波导尺寸来实现波导可调滤波器[86],可调范围可达 12%,插损 2 dB。20 世纪 60 年代初,M. H. N. Potok 等利用调谐螺钉实现中心频率和带宽的可调[87]。20 世纪 70 年代又出现了基于介质谐振器的机械可调滤波器[88],通过调谐螺钉使波导中介质谐振器的位置发生移动,从而改变空气间隙的大小,达到可调目的。机械可调滤波器的主要优点是功率容量大、损耗低,缺点是调谐速度太慢,通常体积较大,不能满足现代通信高速便携的要求。图 1-26 为单腔中心频率与带宽可调滤波器结构;图 1-27 为同轴机械可调滤波器。

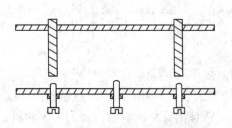

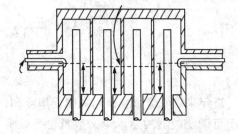

图 1-26　单腔中心频率与带宽可调滤波器结构　　　图 1-27　同轴机械可调滤波器

20 世纪 50 年代后期,铁氧体材料的可调滤波器开始出现。1956 年 James H. Burgess 利用铁氧体材料设计了一种工作在 S 波段的可调滤波器[89],该滤波器通过改变线圈中电流大小控制磁场大小,从而实现滤波器工作频率迁移,插损低于 1 dB,虽然制作复杂,体积较大,调谐较慢,但是可调滤波器的电调方法得以实现。后来的 60 年代、70 年代,涌现出大量加载铁氧体材料的可调滤波器[90-93],比如在梳状线上加载、在波导上加载、在同轴腔上加载等。YIG 可调滤波器的优点是具有很高的 Q 值且失真很小，缺点是功耗很大，体积较大不利于与平面电路集成，由于铁氧体材料对环境要求比较苛刻，因磁滞效应而调谐速度慢，所以 YIG 可调滤波器在低成本便携通信系统中不适用。

20 世纪 60 年代 R. J. A. Paul 和 M. Reshef 对有源可调滤波器进行了探讨[94]，利用 RC 元件和功率放大器设计了阶数和零点可调的可调滤波器，而且 B. B. Bhattacharyya 等人在此基础上提出了全可调滤波器的概念[95]。有源可调滤波器具有设计简单，易于集成的特点，但是缺点是需要提供电源，且 RC 元件在供电工作后会发热影响滤波器甚至系统性能。从这个角度出发，微波滤波器设计通常优先考虑无源可调滤波器。

20 世纪 70 年代变容二极管开始应用到可调滤波器上，为电调滤波器又添新成员。80 年代微带线等平面结构可调滤波器大量使用变容二极管[96-98]，因为变容二极管可调滤波器具有体积小、调谐速度快、加载方便、易于实现连续可调的特点。变容二极管在小型化和低成本上很有优势，但是毕竟会产生直流消耗，采用变容二极管设计的可调滤波器通常插损会比较大，并且一般带外隔离效果较差。表 1-1 为可调方式的对比。

表 1-1 可调方式比较

可调方式	机械式	YIG	BST	变容二极管	RF MEMS
可调范围	窄	非常宽	宽	窄	中等
无载 Q 值	＞1000	＞500	低	10～40	很高
插入损耗/dB	0.5～2.5	3～8	2～10	2～10	2～8
调节电压/V	/	/	30～320	＜15	20～100
调节速度	很慢	较慢	快	很快	快
功率容量	很高	2 W	小	mW 级	1～2 W
线性度	好	较好	差	差	好
重量	重	重	轻	轻	轻
集成度	难	难	难	易	易

20 世纪 90 年代，MEMS 技术为可调滤波器的实现又开辟了新的途径。MEMS 可调滤波器有连续可调和数字可调两种。MEMS 连续可调滤波器通常是通过 MEMS 可变电容实现的。由于电容值连续变化，所以中心工作频率会随之连续改变。它的调节范围取决于 MEMS 电容值的可变范围，因此连续可调滤波器的调节范围通常较为集中，不适于大频率跨度调谐。MEMS 数字可调滤波器主要是通过 MEMS 开关将调谐元件从电路中接入或者断开来实现对滤波器中心工作频率的调谐。2006 年，A. Ocera 等人设计的发卡式 MEMS 可调滤波器[99]，通过开关改变发卡式谐振器的物理尺寸来改变谐振器的电长度，进而实现中心频率可调，可调范围 10%，在 6.2 GHz 绝对带宽为 15%，插入损耗优于 4.5 dB，回波损耗优于 17 dB。MEMS 开关插入损耗低、隔离度高、可靠性高而且功耗小，已经被广泛地应用在移相器、可调滤波器、接收器等器件中。

表 1-1 中列出了不同调谐单元的可调滤波器的性能对比。可调滤波器的性能与所采用的结构、材料、调谐方式均有关系，不同的调谐方式与滤波器结构现在还各有优势，在对插入损耗要求较高的场合机械可调滤波器仍是首选，在对调谐范围要求宽的场合 YIG 可调滤波器更受青睐，在对调谐速度要求高的场合变容二极管可调滤波器则是更好的选

择。不过随着研究的不断深入，相关技术工艺的不断发展，未来对可调滤波器要求会越来越高，研究一步步向理想的可调滤波器逼近，理想的可调滤波器应当具有如下特点：尺寸小，重量轻，易集成，调谐快，损耗小，功率容量大，Q 值高，可调范围宽，线性度好，可靠性好。

1.3.2 可调滤波器的分类

近年来，国内外对基片集成波导可调滤波器的研究主要从其亟待解决的关键问题出发，首先是怎样实现单一性能的可调，如中心频率、带宽等；然后是如何同时实现多个性能的可调；还有如何提高可调滤波器的 Q 值、可调范围等以及小型化、高选择性等。

（1）中心频率可调滤波器：即可以调节中心频率的滤波器。目前可调滤波器中以中心频率可调研究最多，应用也最广泛。2000 年，Andrew R. Brown 等人提出了一种变容二极管加载的位置会在传输线两端交替变化的交指型可调滤波器[100]，该滤波器中的二极管容值随电压变化而变化，谐振器的电长度随之变化，从而实现中心频率可调，范围(0.7～1.33)GHz。但是其相对带宽会从 3% 升至 14%，变化剧烈。后来的研究对此进行了改进，使之在相对带宽或者绝对带宽基本恒定条件下实现中心频率可调。

（2）带宽可调滤波器：即带宽可调的滤波器，还可细分为绝对带宽可调和相对带宽可调，目前带宽可调的难度较大。文献[101]设计的可调滤波器实现了电和磁可以同时调谐，当电调谐和磁调谐组合使用时，滤波器在固定频率下可调带宽的范围为 3.5%，如图 1-28 所示。

图 1-28 可调滤波器分类

（3）阶数可调滤波器：即滤波器的谐振器数量可调，这是对带内波纹的调节，阶数越高，带内波纹就越好。

（4）零点可调滤波器：即带外传输零点可调，这是对滤波器选择性的调节，一般传输零点位置距离通带越近则滤波器的选择性越好或者说带外隔离越好。

（5）全可调滤波器：理想的全可调滤波器是指滤波器的各种技术指标均可调，例如中心频率、带宽、阶数、零点等，但是这是很难实现的。

1.3.3 SIW 可调谐振腔

SIW 滤波器采用单个或多个腔体组合，并同时调节所有谐振腔来实现 SIW 结构的可调已经成为可能。以下总结了实现可调 SIW 谐振腔的四种技术。每种技术采用一种可调器件(例如：pin 二极管、变容二极管、射频 MEMS 开关、铁氧体材料、调节旋钮)来调节谐振器从而最终实现可调 SIW 谐振腔。有的方法仅仅改变腔体的电特性，而有的方法要同时改变电特性和磁特性。图 1-29 显示了每种可调方法的原理。

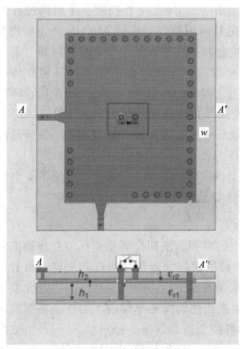

（a）开关元件直接加载调谐柱

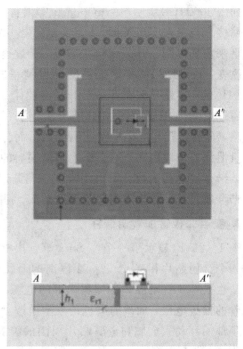

（b）变容二极管加载调谐柱

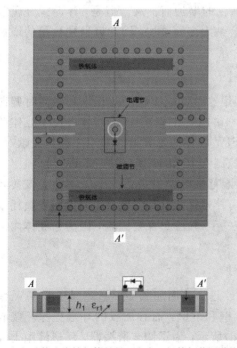

（c）腔体内嵌铁氧体材料，变容二极管加载调谐柱

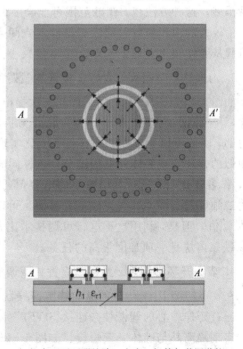

（d）表面开环形缝隙，变容二极管加载调谐柱

图 1-29 四种 SIW 可调谐振腔及其实现方法

1. 开关元件直接加载调谐柱

如图 1-29(a)所示，Armendariz 等人首先提出用 PIN 二极管控制一个金属过孔与腔体上壁接入与否来实现可调[102]。文献[103]中则是采用损耗更小的 MEMS 开关替代 PIN 二极管来实现可调。开关闭合状态时，通过连接金属过孔接入到上壁，腔体内的电场扰动发生改变，最终结果就是谐振器的谐振频率发生改变。金属过孔不接入时是容性加载到 SIW 腔体的，这就导致在开关断开状态腔体有一定程度的小型化。这种方法采用了两层结构来通过 PIN 二极管或者 MEMS 开关控制每个金属化通孔接入与否。由于开了一个很细的缝隙，金属过孔与腔体上壁式隔离的。而缝隙尺寸相比腔体尺寸来说很小，因此缝隙中的能量泄漏是可以忽略，不会影响到谐振器的 Q 值。

调谐金属过孔的数量可以用来实现宽调谐范围可调谐振腔。文献[127]用了 4 个这样的调谐金属过孔，谐振器调谐范围达到 25% 并且 Q 值变化范围在 90~130。

2. 变容二极管加载调谐柱

图 1-29(b)显示了一个由 Sirci 等首次提出的可调方法即金属化通孔与腔体谐振腔顶上的一个金属贴片相连[104]。一个隔离的金属片被用来加载金属化通孔和变容二极管。这种方法也是基于扰动腔体谐振器内部的电场，从而改变谐振器的谐振频率。通过改变变容二极管的偏置电压，加载的电抗值发生了改变，进而使谐振频率实现了切换。在微波频段腔体顶部的浮动式金属和金属贴片周围的缝隙可能会引起泄漏。提出的 SIW 谐振腔可调范围为 (2.6~3.1)GHz(18%)，Q 值范围为 40~160。因为是单层结构，所以器件的加工容易得多。这种方法里，调谐范围可能会因调谐柱的增加而扩展。但是，浮动式金属贴片占据了较大的面积所以可能没有足够的空间来容纳太多调谐柱，因此调谐柱数量的增加也会引起从腔体顶上泄漏，还会导致 Q 值减小。

3. 内嵌铁氧体材料，变容二极管加载调谐柱

如图 1-29(c)所示，文献[105]首次提出利用这种铁氧体材料实现电和磁同时调谐的概念，利用同样的方法 Adhikari 等也实现了电和磁同时调节[106]。铁氧体板位于腔体谐振腔内部，因此可以通过控制外部磁场变化实现 SIW 腔体的磁调谐。采用一种与文献[132]非常相似的方法实现腔体的电场调节，通过同时控制 E 场和 H 场(模式)，调谐范围增加到 8%，作者还证明了通过利用更小的电容值，调谐范围能增加量达 20%。另外，该文献提出的二维可调结构不仅允许改变频率而且可以可控地优化其他参数，比如说回波损耗或者有载 Q 值。但是，利用这种电磁可调技术比方法一、方法二都要困难，因为在腔体内载入 YIG 铁氧体块是一项难度很高的任务。

4. 表面开环形缝隙，变容二极管加载调谐柱

在文献[107]中，传统的纵向缝隙谐振器被改进为表面加载环形缝隙圆柱形 SIW 谐振器。通过延伸中心的调谐柱来连接 SIW 腔体上壁和下壁，而且加载的环形缝隙环绕着调谐柱实现隔离其与腔体上壁短接。如图 1-29(d)所示，为了调节谐振器，环形缝隙上加载了变容二极管。大电容变化导致了非常宽的调节范围，同时，不再需要传统可调纵向缝隙谐振器那种物理可变结构。该滤波器可调范围略高于一个倍频程。文献[132]中没有给出利用变容二极管的数量增加在线性度和直流损耗方面的参数定量分析，但是加载的变容二极管可调滤波器这方面的表现确实不好。提出的可调谐振器 16 个变容二极管加载到谐振器时测试有载品质因数变化范围为 78～196。

　　四种方法定量的比较在表 1 - 2 中给出。有的方法实现了宽调节范围，有的实现了带宽控制，还有的目标在于获得尽可能高的品质因数。具体设计时选择哪一种方法取决于谐振器的应用场合。

表 1 - 2　四种调谐技术的比较

	调谐技术	调谐模式	可调范围	Q 值	线性度	制造工艺	集成能力
方法一	开关式微扰通孔	电调(PIN 二极管/RF MEMS 开关)	高	高	高	中等	优异/由于双层结构
方法二	可调扰动通孔	电调(变容二极管)	中	中	中	简单	好
方法三	基于铁氧体可调和可调扰动通孔	电调(变容二极管)和磁调(铁电带)	高	高	中	复杂	不好/需要调节谐振腔磁场
方法四	表面环缝加载变容二极管	电调	最高	高	低	简单	好

1.3.4　SIW 可调滤波器

　　下面总结了国际上最近报道的 SIW 可调滤波器[113-138]，这些可调滤波器采用的就是图 1 - 29 中的 4 种可调方法来。基于不同的技术，得到的可调范围、频率分辨率、品质因数和带宽有所不同。但是实现的宽可调范围，或者在整个可调范围，保持一个高 Q 值或带宽恒定非常有意义[108]。表 1 - 3 列出了文中提到的可调滤波器的性能定量比较。

表 1 - 3　四种方法可调滤波器性能比较

	参考文献	中心频率	频率范围	带宽	无载 Q 值
方法一	[127]	1.73	25%	2.3%～3%	221～225
	[128]	1.4	28%	3.7%	93～132
方法二	[134]	2.76	8.69%	2.8%	/
	[135]	4.2	9.52%	1.5%～2%	/
方法三	[131]	−12.8	10%	固定带宽 4% 或可调带宽 3%～5%	160
方法四	[136]	10.875(仿真)	7.81%	/	/
	[132]	0.9	66%	4%	84～206

1. 加载金属过孔的 SIW 滤波器

　　文献[128]提出了一种加载 RF - MEMS 开关的 SIW 滤波器，可调率为 28%，如图 1 - 30 所示。该滤波器采用的是如图 1 - 29(a)所示的可调技术，即通过在每个腔体加载扰动金属过孔来调谐。采用 14 种可调响应(状态)实现了(1.2～1.6)GHz 可调范围，频率分辨率非常好，媲美连续型滤波器。在可调范围内插入损耗大于 −4 dB。应用腔体谐振器电场扰动的规律和谐振频率等高线图，设计的可调滤波器可调范围几乎拓展到了极致。欧姆龙公司封装好的 MEMS 开关作为开关元件直接安装在滤波器的偏置电路层，因此，开关电路的寄生影响实现了最小化。滤波器品质因数在可调范围内从 93 变化到 132。输入输出端的加载的两个低通滤波器提升了滤波器的阻带反射性能。图 1-30 显示了 RF-MEMS 可调滤波器的 S 参数测试结果。

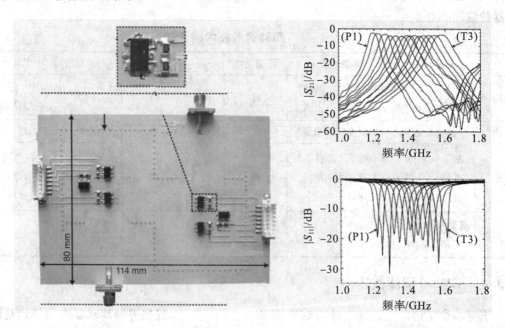

图 1-30　基于 MEMS 开关的 SIW 可调滤波器实物图片及性能曲线

　　Armendariz 等人在文献[127]中提出了一款应用 PIN 二极管开关器件的可调 SIW 滤波器，该滤波器采用了与文献[128]同样的扰动金属过孔。这种可调滤波器偏置电路和滤波器用双层结构隔离开，互不影响，较好地实现了中心频率可调。

2. 金属贴片加载二极管滤波器

　　Sici 等在文献[109]中提出了一款两阶可调 SIW 耦合谐振腔滤波器。这款滤波器利用图 1-29(b)中的可调技术，着重研究了窄带多阶滤波器在制造过程方面精度可调方法的应用。这种可调方法可以在不牺牲带内性能的情况下实现中心频率可调。文献[110]中的滤波器也采用的是这种方法，如图 1-31(a)所示，为了初步评估可调的概念，作者制作了一个工作在 6 GHz 的 2 bit 可调的两阶切比雪夫滤波器。该滤波器实测可调范围为(5.5～6.2)GHz，插损小于 3 dB。滤波器实物是采用单层 SIW 技术制作的，实测结果如图 1-31(b)所示。

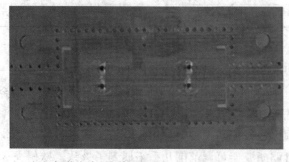

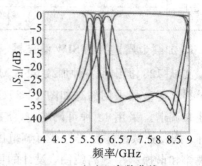

（a）加载变容二极管的两阶SIW可调滤波器实物　　　　（b）S 参数曲线

图 1-31　加载变容二极管的两阶 SIW 可调滤波器实物图与 S 参数曲线

3. 基于铁氧体的 SIW 可调滤波器

如图 1-29(c)所示，文献[101]提出了一种 SIW 结构电磁同时可调的方法。磁性铁氧体板(YIG：$4\pi Ms=1780$ G，$\Delta H \leqslant 17$Oe)被用作可调元件。一种与文献[118]和文献[132]非常相似的方法被用于 SIW 结构电调谐。这种二维调谐方法被用在两阶通带滤波器中。这种组合调谐的方法使得频率和带宽精调节都得到实现，可以在保持 4.4% 恒定带宽时的频率可调范围 10%，或者是固定频率响应时 3%～5% 的可调带宽范围。两个滤波器模型都是用确定型号的电容和变容二极管制作的，图 1-32(a)、1-32(b)和图 1-32(c)分别显示的是频率-带宽可调滤波器和滤波器的实测 S 参数结果。

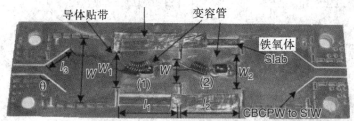

（a）两阶切比雪夫带通可调滤波器正面

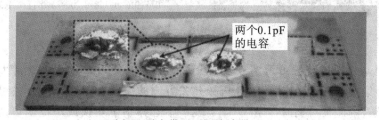

（b）两阶切比雪夫带通可调滤波器反面

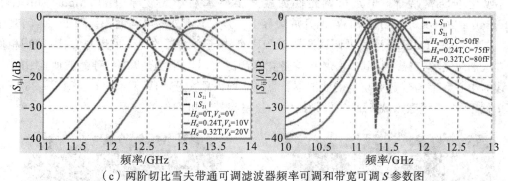

（c）两阶切比雪夫带通可调滤波器频率可调和带宽可调 S 参数图

图 1-32 两阶切比雪夫带通可调滤波器及其可调响应

Almalkawi 等在文献[111]中提出了一种 SIW 双圆腔可调滤波器，这个滤波器铁氧体材料是插入到波导中的。这种方法仅用磁可调实现了类似于图 1-29(b)那样的效果，不过这篇文献没有给出实测结果。SIW 腔体内，边缘处插有铁氧体磁盘，外部直流磁偏置作用于铁氧体磁盘以实现调谐，仿真可以实现(10.45～11.3)GHz 的可调范围。对于磁化饱和的铁氧体磁铁来说要求最低的内部偏置(例如 2100 G)应用于单圆腔滤波器时，在给定的直流磁偏置下通过增大铁氧体磁盘直径可以使通带的带宽减小。

4. SIW 表面圆缝梳状线滤波器

图 1-29(d)所示的方法是应用于两阶和三阶 SIW 表面圆缝梳状线滤波器以实现宽可调带通滤波器的[132]。这篇文献给出了利用这种方法实现梳状线滤波器的详细理论和具体设计过程。两阶滤波器的可调范围为(0.5~1.1)GHz 并且在 1.1 GHz 时实测为 -1.67 dB。三阶滤波器的可调范围为(0.58~1.22)GHz 并且实测插损为 -2.05 dB。两阶和三阶滤波器的 3 dB 相对带宽均为 4%。图 1-33 显示了所提出的三阶滤波器和在(0.58~1.22)GHz 可调范围内测试的 S 参数图。

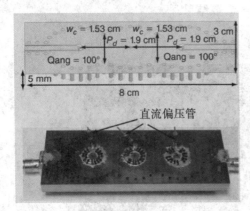 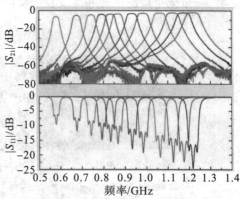

图 1-33　三阶 SIW 倍频程可调滤波器实物及其 S 参数图

国内开展基片集成波导可调滤波器研究的报道较少，2012 年西南交通大学的向乾尹利用半模基片集成波导设计出了 1 bit 机械开关可调滤波器、1 bit 电子开关可调滤波器和基于变容二极管的连续可调滤波器[112]，实现了中心频率可切换或小范围可调。虽然采用了小型化的 SIW 腔体，但是可调元件加载到半模基片集成波导(Half Mode Substrate Integrated Waveguide, HMSIW)的开放边界上，引入了额外的电路面积。图 1-34 为基于变容二极管的 HMSIW 连续可调滤波器。2015 年电子科大学的程飞采用与文献[129]相似的方法加载变容二极管得到中心频率与带宽可调滤波器，同时还提出一种缝隙加载 PIN 二极管的中心频率与带宽可切换的滤波器，滤波器均采用全模 SIW 腔体[113]。图 1-35 所示为文献[138]中的缝隙加载 PIN 二极管的中心频率与带宽可切换滤波器。

图 1-34　基于变容二极管的 HMSIW　　　图 1-35　缝隙加载 PIN 二极管的中心
　　　　　连续可调滤波器　　　　　　　　　　　频率与带宽可切换滤波器

1.4　全可调微波滤波器

　　国内外学者对多波段通信系统中的全可调滤波器进行了大量研究[139-152]，并在实现滤波器的中心频率、带宽、传输零点、阶数、Q 值、群时延等参数可调中取得了良好效果，其意义在于能够在复杂多变的频谱环境中实时地选择所需要的信号，灵活抑制各种干扰，实现系统的自适应调控，降低滤波器成本，并且有效适应未来通信系统中宽带技术的发展需求。然而，全可调作为理想可调滤波器的发展目标，至今还未能真正实现多种可调功能的同时融合，在中心频率、带宽、传输零点、阶数等参数性能中，仅仅可以融合两至三种性能。下面，以滤波器可调的性能指标为分类标准，对近几年国内外全可调滤波器的最新研究成果进行综述汇总。

1.4.1　中心频率和带宽可调

　　2018 年，美国科罗拉多大学的 Dakotah J. Simpson 在分析耦合矩阵的基础上，设计了一类具有准椭圆型差分模和高共模抑制的全可调平衡带通滤波器，利用可变电容实现了中心频率在 (1.4~1.9)GHz 范围内，带宽在 (43~270)MHz 范围内的连续调节。

　　2018 年，Gang Zhang 利用短耦合线加载变容二极管的方式，如图 1-36 所示，设计了中心频率在 (0.56~1.15)GHz 范围内，带宽在 (65~180)MHz 范围内可调的滤波器[140]，如图 1-37、图 1-38 所示，其拥有很小的尺寸以及较好的带外抑制。

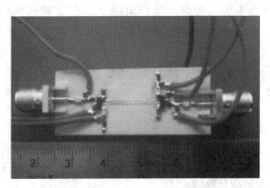

图 1-36　耦合线全可调滤波器

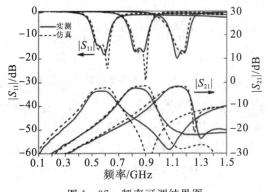

图 1-37　频率可调结果图

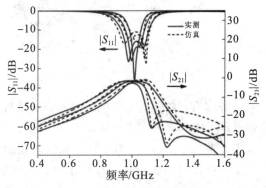

图 1-38　带宽可调结果图

2019 年，杭州电子科技大学的游彬教授团队设计了由两个八分之一模基片集成波导（EMSIW）谐振腔级联而成的滤波器，其中心频率和带宽可以由变容二极管外加电压调节[141]，如图 1-39、图 1-40 所示。这个滤波器充分利用了基片集成波导高品质因数、低损耗等优点，使用了小型化的 EMSIW 谐振腔，将面积缩小为全模的 12.5%，并且形成了两个传输零点。

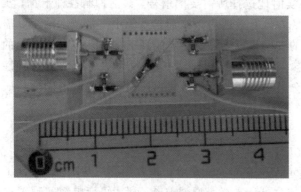

图 1-39　EMSIW 全可调滤波器

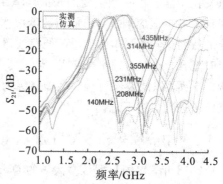

图 1-40　中心频率和带宽全可调结果图

1.4.2　中心频率、带宽和传输零点可调

2017 年，Gabriel M. Rebeiz 团队提出了一款可在带通带阻模式下转换的全可调滤波器[142]。其中，四个加载着变容二极管的阶梯阻抗谐振腔由特性阻抗传输线和单刀双掷开关连接，当开关在"1"状态时为 4 阶带通滤波器；当开关在"2"状态时为 4 阶带阻滤波器；在带通或带阻状态，中心频率调节由单腔上的变容管实现；带宽和传输零点调节由谐振腔之间的变容管实现。该滤波器的优点在于模式转换多样，且各模式下均可实现多功能连续可调。其模型结构和调节效果如图 1-41～图 1-44 所示。

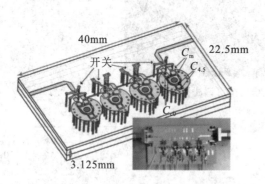

图 1-41　四阶全可调滤波器示意图

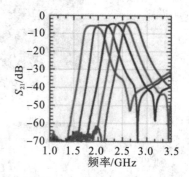

图 1-42　四阶滤波器中心频率可调

2017 年，西安电子科技大学的焦永昌教授在两个 T 型谐振腔的基础上，利用变容二极管设计了中心频率和传输零点可调滤波器[143]，实现了频率在（750～900）MHz 范围内、传输零点在（600～1100）MHz 范围内的连续调节，并且在高频段 1700 MHz 处，上阻带传输零点可在（1803～1970）MHz 范围内连续调节。

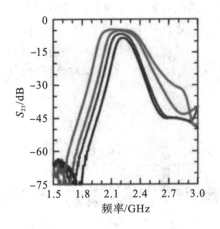

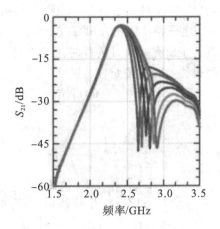

图 1-43　四阶滤波器带宽可调　　　　图 1-44　四阶滤波器传输零点可调

1.4.3　中心频率和阶数可调

　　阶数可调滤波器的原理主要是通过开关的闭合来改变接入的腔体个数,国内外学者对于其的研究较少。2014 年,美国加州大学的 Young-Ho Cho 提出了一种带传输线的全可调滤波器[144]。利用带 RF MEMS 开关的串联谐振器结构实现了 2、3、4 阶状态可切换以及中心频率可调,其结构如图 1-45 所示。通过调节 S_1、S_2 两个 RF MEMS 开关的闭合以及 3 个 J/K 转换器来实现三种状态的转变。当 S_1、S_2 打开时为四阶状态,当 S_2 闭合时,C_4、L_4 被短路,此时为 3 阶,当 S_1、S_2 均闭合时为 2 阶状态。切换不同阶数可对滤波器的带宽和抑制能力产生变化,在 2 阶、3 阶、4 阶状态下的范围分别为 3.9%~4.3%、4.0%~4.9%、4.2%~5.2%,阶数越大带宽范围就越宽,但同时也会带来较高的插入损耗。其意义是可根据不同的通信环境需求对阶数进行调整,对于低干扰环境,可以调节至低阶数状态;在高干扰环境下,可以调节至高阶数状态。

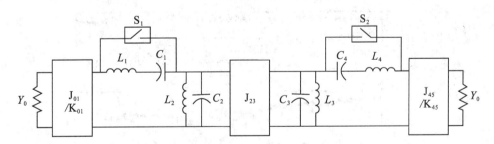

图 1-45　频率和阶数全可调滤波器

1.4.4　中心频率和负群时延可调

　　群时延是信号经过传输系统产生的延迟,反映了通信系统相位和失真度的性能,也是衡量宽带、超宽带通信系统的重要指标。而由微波滤波器件所产生的正群时延会对系统整体造成延迟效果,因此国内外研究者提出了负群时延(Negative Group Delay Circuit,NGDC)的概念,并对其可调性能进行了深入研究[145]。国外学者对负群时延可调的研究较为领先，2015年，韩国学者Chaudhary.G在分支线耦合器上实现了负群时延可调[146]；在国内，中国电子科技集团公司第五十四研究所[147]、北京邮电大学[148]的学者们都对负群时延电路进行了研究。针对负群时延的全可调领域，杭州电子科技大学的游彬教授在2017年利用微带线结构加载变容二极管和PIN二极管，实现了对中心频率和负群时延的灵活可调[149]，如图1-46、图1-47所示。

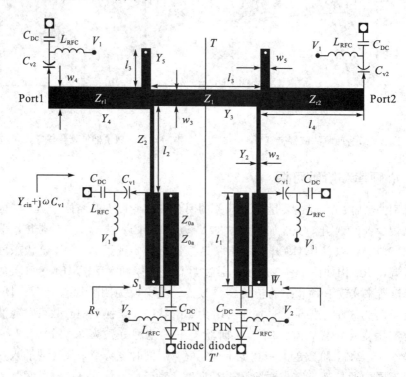

图1-46　频率和负群时延全可调滤波器

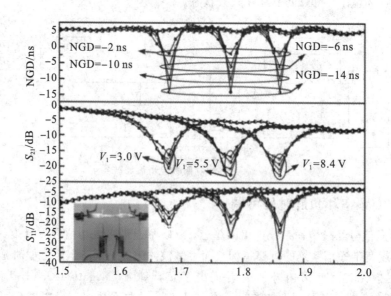

图1-47　频率和负群时延全可调结果图

1.4.5 中心频率和模式可调

滤波器的模式可调一般是通过某个元件的变换，对其滤波器性能做出较大的改变，与本节中其他参数的调节不同，模式可调常常会使滤波器的种类和功能发生质的变化。例如，在 2019 年，美国科罗拉多大学的 Nikolaus S. Luhrs 利用开关二极管设计了一款可在带通–带阻模式间转换的滤波器[150]；在全可调方面，台湾东海大学的 Chi-Feng Chen 利用开关二极管设计了一个可切换频带模式的带通滤波器，当开关连通时，滤波器处于模式一，即低频状态，当开关断开时，滤波器处于模式二，即高频状态。在两种模式各自的频段下，又可以通过变容二极管实现中心频率的连续可调[151]。2019 年，电子科技大学的宋开军教授则利用 PIN 二极管，实现了带通–带阻模式间切换的滤波器，并且通过变容二极管实现了在带通带阻两种模式下的频率可调[152]，如图 1–48、图 1–49 所示。

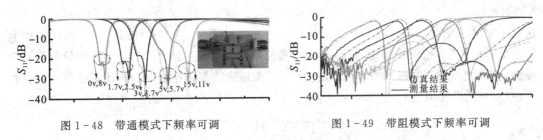

图 1–48 带通模式下频率可调　　　　　图 1–49 带阻模式下频率可调

近几年的研究成果表明：目前全可调滤波器最广泛方向是中心频率和带宽可调，少数国内外学者对于其他可调性能也做出了一定探索。在可调技术的运用方面，则主要以加载可变元件的电调方式为主，一些新兴的微流体、消逝模等方法还未得到广泛应用。

1.5 磁电双可调滤波器

当今无线通信技术飞速发展以及频谱资源的紧张，推进了作为射频前端承载着频率选择和抑制的重要功能的微波滤波器的飞速发展。与传统射频前端的滤波器组相比磁电双可调滤波器由于其小型化、低成本、低插入损耗的优势，需求更是不断在增长。单功能的磁可调、电可调滤波器作为滤波器的主流广泛应用在通信领域[153]。传统的磁可调滤波器调谐范围大，品质因子高，但外加偏置磁场的调谐方法，导致调谐速度较慢，且体积较大不易集成，不能适应现今通信系统对器件快速调节及小型化的需求。电可调滤波器体积小、调谐速度快，却存在调节范围小，品质因数小的问题。综合磁可调与电可调的优缺点，磁电双可调滤波器主要是利用磁调谐范围宽泛来进行粗调，再利用电调谐范围小来进行精细调谐。既具备传统磁可调滤波器高品质因数和大范围调节的优点，又具有电可调滤波器调谐快、高精度、能耗小、体积小特点[154]。在未来无线通信系统和军事平台具有巨大的潜力。

1.5.1 磁电双可调滤波器结构分类

实现磁电双可调滤波器的结构主要有两种：一是利用磁电复合材料实现磁场电场双调谐[156-163]；二是利用磁可调器件和电可调器件的混合结构来实现磁场电场双调谐[164-166]。

1. 利用磁电复合材料

利用磁电复合材料的磁电双可调滤波器，磁调谐均是通过外加偏置磁场，利用铁磁共振效应来改变共振频率，实现频率的调节。由于电调谐原理不同可分为两类：一是基于铁磁/压电层合材料；二是基于铁磁/铁电层合材料。基于铁磁/压电层合材料的，通过施加电场在材料上利用逆压电效应和铁磁共振效应。即压电相由于压电效应会发生形变，外加层合结构的束缚，铁电相也会发生相应的形变，形变导致铁磁相的磁导率发生相应变化，实现铁磁共振场的偏移，即实现电调谐；基于铁磁/铁电层合材料的，在电场下，利用材料内部的弹性和电磁力场之间耦合产生的磁电效应改变铁电材料的介电常数实现电调谐[155]。磁调谐的范围远大于电调谐的范围。

1）单加载平行微带结构

早期对磁电双可调滤波器研究注重的是电调谐方式比传统磁调谐速度快得多，而且几乎没有什么功耗的特点。Srinivasan[156] 在 2005 年提出一种可以通过磁电相互作用实现电可调的铁氧体-铁电层合结构的微波带通滤波器。如图 1-50 所示，将 YIG/PMN-PT 组成的磁电复合材料加载在耦合微带线之间，这是结构最简单的磁电双可调滤波器，主要依赖磁电复合材料，使得复合材料在电场的作用下发生形变，表现为铁氧体铁磁谐振中的磁场位移。经测量在 5kOe 的偏置磁场下，该滤波器可实现最大 420 MHz 的电调，且插入损耗为 2.5 dB。

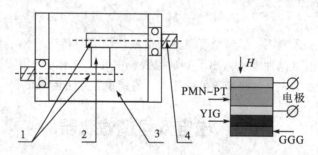

图 1-50　YIG/PMN-PT 单谐振腔磁电双可调滤波器

2006 年同一研究组的 Tatarenko[157] 以 YIG/PZT 铁氧-铁电层合材料代替 YIG/PMN-PT 结合耦合微带线，如图 1-51 所示，设计了一款外在加片置磁场为 1.7kOe 电调最大偏移 125 MHz 的磁电双可调滤波器，插入损耗约为 5 dB。

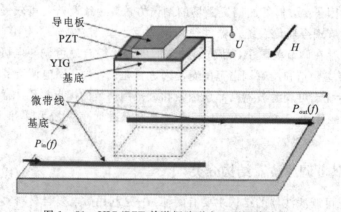

图 1-51　YIG/PZT 单谐振腔磁电双可调滤波器

2012 年 Xuan[158]将磁电层合材料作为基底与平行耦合滤波器结合，设计了一款磁电双可调滤波器。通过仿真施加 0－4000e 的偏置磁场基本覆盖整个 5 GHz 频段。当外加偏置磁场为 4500e 时，其通带满足我国 802.11a 无线局域网 WLAN 频段(5725～5850)Hz 具有巨大的应用前景。

2）双加载平行微带结构

2007 年，Tatarenko[159]研究 LZFO/PZT 和 YIG/PZT 的微波磁电耦合效应，对比 YIG/PZT 与 LZFO/PZT 的磁电耦合强度，发现具有较大共振的 YIG/PZT 更适合微波器件，并设计了一款通过磁场可实现(4～10)GHz 的宽范围调节，插入损耗大于 10 dB，在±8 kV/cm 的电压范围内，可实现中心频率 1%的调谐范围的磁电双可调滤波器。相较于传统的单谐振腔磁电双可调滤波器结构，该滤波器由两个加载谐振腔构成，如图 1－52 所示。

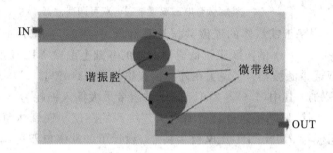

图 1－52 YIG/PZT 双谐振腔磁电双可调滤波器

3）T 型耦合微带结构

2011 年 Yang[160]利用 YIG 薄膜和 YIG/PZN‐PT 设计一款磁电双可调带通滤波器，该滤波器创新地改变微带线的结构，将具有铁磁谐振特性的单晶 YIG 薄膜作为谐振器，耦合到 T 型耦合微带结构。如图 1－53 所示，在外加 50－2500e 的较小偏置磁场下，可实现(1.5～2.4)GHz 的频率调谐，随着外加偏置磁场的增加，滤波器的 3 dB 带宽从 10 MHz 增加到 40 MHz，且插入损耗小于 2 dB。电场调节可实现 200 MHz 的频率漂移。但是，存在磁调谐时，随着外加偏置磁场的增加，3 dB 带宽会变宽，不能保持恒定的问题。

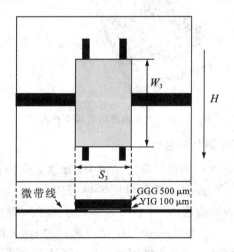

图 1－53 T 型 YIG/PZN‐PT 磁电双可调滤波器

4) 微带阻抗结构

同年 Xuan[161] 将 YIG/PZT 复合材料和蜿蜒微带线结合设计了一种蜿蜒微带磁电双可调双阻带滤波器。如图 1-54 所示，该滤波器能用一个偏置磁场或电场同时调谐两个阻带，与单微带线相比该结构体积更小更适合现代通信系统。

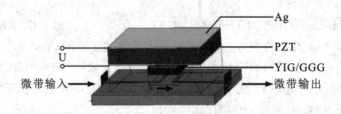

图 1-54　蜿蜒微带电磁双阻带磁电双可调滤波器

2013 年 Zhou[162] 基于铁氧体的铁磁共振原理和 YIG 薄膜与 PZT 薄膜之间的磁电效应，在通带为(0~2.5)GHz 的阶跃阻抗低通滤波器的基础上引入 YIG/PZT 磁电层合材料构成磁电双可调双通带滤波器，实现了在外加偏置磁场为 234oE 时 TD-SCDMA 的 A 段和 B 段的 -3 dB 双通，其中(1.92~2.01)GHz 的阻带最大插入损耗为 -34 dB。

除以上结构，文献[163]将通过旋转喷射工艺得到的 NIZN 铁氧体薄膜斜放置在微带线间，并将微带铜板与 PMN-PT 压电板相黏合，设计了一款磁电双可调超宽带带通滤波器。如图 1-55 所示，在垂直于馈源线方向施加(100~4000)e 的偏置磁场，可实现(3.78~5.27)GHz 的谐振频率调谐，插入损耗为(1.73~3.42)dB。通过在 PMN-PT 板上附加电场，产生磁电耦合效应实现了电压可调特性，即(2.075~2.295)GHz 的中心频率可调，相较磁调电调插入损耗较大。

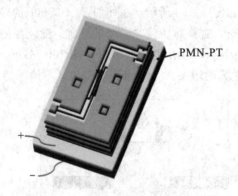

图 1-55　倒 S 型磁电双可调滤波器

2. 磁可调器件和电可调器件混合结构

现有对混合结构的磁电双可调滤波器研究较少，加拿大蒙特利尔大学 Wu 课题组做这方面的研究，2012 年，Wu[164] 通过在基片集成波导(SIW)侧壁嵌入 YIG 铁氧体薄片实现磁可调；将变容二极管嵌入谐振腔中心，改变电容大小的来实现电可调。文献测试在固定中心频率为 12 GHz 下，可以实现 3%~5% 带宽可调；在 4.4% 的恒定带宽固定下可实现 10% 的频率调谐，而且可以对一些参数如回波损耗、质量因数进行优化。2015 年，Wu[165] 利用半模基片集成波导(HFSIW)，以及相同的方法，通过加载铁氧体实现频率调节，将集成电容嵌入谐振腔中心，通过改变两个谐振腔间的耦合系数来改变带宽，实现中心频率固定，带宽单独调谐。与基片集成波导相比，减小了滤波器一半的体积，如图 1-56 所示。

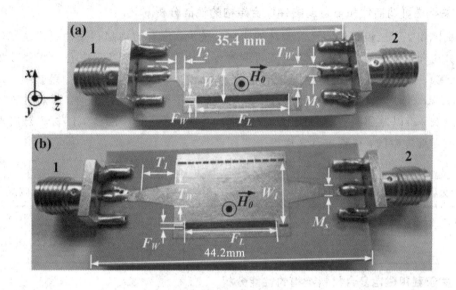

图 1-56　电磁可调 HMSIW 滤波器和电磁可调 SIW 滤波器

2018 年文献[166]设计了一款频率带宽可调的电磁二维可重构滤波器，结构如图 1-57 所示，将可调电容嵌入基片集成波导（SIW）谐振腔中调节谐振腔的谐振频率；通过在 SIW 滤波器耦合窗口处加载 YIG 铁氧体材料，利用外加偏置磁场与 YIG 的磁电效应控制谐振腔之间的耦合强度来调整带宽大小；通过在输入输出馈线上加载可调电容来控制外部品质因数，从而保证滤波器在频率和带宽变化时良好的性能。在性能稳定时，中心频率和带宽同时调谐，通带频率调谐范围为（6.15～10.75）GHz，达到 43%，其绝对带宽调谐范围（51～360）MHz，对应相对带宽调节范围从 0.83% 到 3.35%，插入损耗在（0.56～0.66）dB 之间。

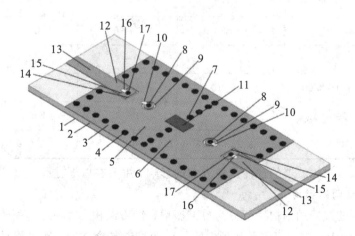

图 1-57　频率带宽可调的磁电双可调滤波器

1.5.2　磁电双可调滤波器性能分析

1. 关于磁可调器件和电可调器件混合结构的性能分析

铁氧体和变容二极管的混合可调结构研究者较少，现有的均是和基片集成波导（SIW）相结合。与利用磁电复合材料的磁电双可调滤波器相比，具有能实现中心频率和带宽同时可调的优势，但能调谐的频率范围现有的文献[166]，如表 1-4 所示，范围为（6.15～10.75）GHz，且种类较少。现有的设计中应用的均是基片集成波导结构，调谐时还需要外置偏压线圈，难以做到器件的小型化和集成化。而且由于设计中的铁氧体材料是嵌入到基片集成波导缝隙中的，很难进行大规模生产。

表 1-4　混合结构电磁滤波器性能对比

参考文献	中心频率/GHz	插入损耗/dB	带宽/MHz	插入损耗/dB
164	10.8～11.95	1.7	340～580	1～2
166	8.14～10.97	0.9～1.1	181～375	0.62～1.1

2. 关于利用磁电复合材料结构的性能分析

由表 1-5 可知早期利用磁电复合材料的电磁二维可重构滤波器侧重于无损耗调谐速度快的电可调部分，但电调谐范围仅最大仅 420 MHz，后来人们结合磁调谐宽范围的优势利用磁场可调实现粗调（一般在 10 GHz 以下），利用电场可调实现细调（几十兆赫兹到几百兆不等），但其插入损耗仍偏高，最小的也在 2 dB 左右，调谐仅限于中心频率，且结构较为单一，均为微带结构，限制了滤波器的性能。除此之外，磁调谐需要的外加的偏置磁场仍然限制而滤波器的小型化。

表 1-5　利用磁电复合材料的电磁滤波器性能对比

参考文献	外加偏置磁场/Oe	中心频率/GHz	外加电压/(kV/cm)	频率偏移/MHz	插入损耗/dB
155	/	/	0～30	420	2.5
156	/	/	0～3	125	5
166	600～2700	3～10	0～8	45	/
158	50～250	1.5～2.4	0～8	200	<2
164	100～400	3.78～5.27	0～4	220	1.73～3.42

电磁二维可重构滤波器的性能受各方面的影响，主要在以下方面：

1）滤波器结构的影响

磁电双可调滤波器的结构大部分为单谐振耦合微带结构，这种结构便于加载磁电复合材料，结构小，便于集成。只需要找到性能优良的磁电复合材料，即可设计出需要的滤波器。但是这种结构对磁电复合材料的依赖性太高，也导致了磁电滤波器的发展受到限制。

部分学者通过改变微带耦合线的结构来提高滤波器的性能。文献[161]对比传统结构即单导带微带和蜿蜒微带结构，发现蜿蜒微带结构体积更小，更适合现代的通信系统，设计了一种蜿蜒微带结构的磁带阻滤波器。文献[160]利用 YIG 薄膜和 YIG/PZN-PT 设计一款磁电可调带通滤波器，将具有铁磁谐振特性的 YIG 薄膜作为谐振器，耦合到 T 型耦合微带结构。这种 T 型结构(小于 2 dB)相较于平行结构(10 dB)和 L 型结构(5 dB)极大地改善了插入损耗。除此之外，有学者在单加载腔微带结构上增加一个调谐腔，设计为双加载腔微带结构。结构如图 1-58 所示，2012 年朱锋杰[167]在文献[165]滤波器(见图 1-51)的基础上，在耦合微带线之间加载两块平行 PZT/YIG 磁电层合材料，构成一款电磁二维可重构双通带滤波器。电可调可实现在几十赫兹的精确调谐，外加偏置磁场可实现(2~10)GHz 的粗调谐。其中带通部分插入损耗仅为 3 dB，阻带部分的最大插入损耗为 20 dB。通过改变两块材料上的偏置磁场大小该滤波器还可以实现向单通带的转化，增加了可调的灵活性。

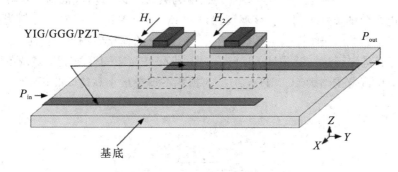

图 1-58　双通带磁电双可调滤波器

2) **磁电层合材料种类的影响**

由于磁电复合材料的磁电双可调滤波器对磁电层合材料的依赖，使得应用于磁电双可调滤波器的铁氧体(主要有 YIG、LZFO、Zn_2Y、NiZn)对滤波器的性能有极大地影响。铁氧体在磁电双可调滤波器中主要负责磁调谐的粗调范围，参与电调谐的磁电效应。

文献[159]研究 LZFO/PZT 和 YIG/PZT 的微波磁电耦合效应，一定同等条件下，LZFO/PZT 层合结构的磁电耦合常数 $A=0.250e/(kV/cm)$ 而 YIG/PZT 的磁电耦合常数 $A=0.980e/(kV/cm)$，后者是前者四倍，YIG 层共振线宽大，且微波损耗更小，所以 YIG 更适合于磁电微波器件。2012 年，Tatarenko[168-169]通过分析新型磁电复合材料六角铁氧体/压电层合材料 Zn_2Y/PZT 和 Zn_2Y/PMN-PT 在磁调谐和电调谐的性质，发现通过外加偏置磁场(0.2~2.5)kOe 在 Zn_2Y 上可实现(8~25)GHz 的磁调谐，施加电场在压电层，PZT 的磁电耦合常数 $A=1.2$ MHz·kV/cm，PMN-PT 的磁电耦合常数 $A=10$ MHz·kV/cm。为设计更大带宽的磁电双可调滤波器提供了基础。

文献[170]、文献[168]、文献[163]分别以 YIG/PMN-PT、Zn_2Y/PMN-PT、NiZn/PMN-PT 设计了耦合微带线结构的磁电双可调滤波器。滤波器的参数如表 1-6 所示。

由表 1-6 可知 Zn_2Y/PMN-PT 的调谐范围最大为(8~25)GHz，而 YIG/PMN-PY 和 NiZn/PMN-PT 均在 10 GHz 以下。从外加偏置磁场的大小来看，NiZn/PMN-PT 的功耗最小。电调谐 NiZn/PMN-PT 施加(0~4)kV/cm 的电场即可获得 220 MHz 的宽范围调谐。

表 1-6　不同铁氧体磁电层合材料滤波器性能对比

材料种类	外加偏置磁场/kOe	中心频率/GHz	外加电场/(kV/cm)	频率偏移/MHz
YIG/PMN-PT	0.6~2.7	3~10	0~8	45
Zn_2Y/PMN-PT	0.2~2.5	8~25	0~12	120
NiZn/PMN-PT	0.1~0.4	3.78~5.27	0~4	220

　　磁电双可调滤波器的电调材料大多为 PZT(锆钛酸铅)和 PMN-PT(铌镁酸铅-钛酸铅)。文献[168]施加电场在压电层，进行对比得出 PZT 的磁电耦合常数 $A=1.2$ MHz·kV/cm，PMN-PT 的磁电耦合常数 $A=10$ MHz·kV/cm。PMN-PT 材料比 PZT 高出一个数量级，在相同的电压下 PMN-PT 材料电调谐范围较大，而 PZT 材料的调谐范围则较小。

　　文献[171]为了使磁调谐功耗降低，利用与常用的低饱和度的钇铁石榴石铁氧体比较磁致伸缩系数更大的镍铁氧体 $NiFe_2O_4$；为使电调具有较大的调谐范围，电调材料使用具有更大的压电系数的 PMN-PT。该滤波器以 $NiFe_2O_4$/PMN-PT 复合材料为基底，微带线采用三级发夹结构，如图 1-59 所示。在小于 1500e 的偏压磁场下，它具有 5.7% 的可调范围，电场可调范围可达 270 MHz(2.1%)，与 NiZn/PMN-PT 相比，磁调范围略有减小不到 1 GHz，电调范围增大 50 MHz，但插入损耗不理想最小高达 5.2 dB。

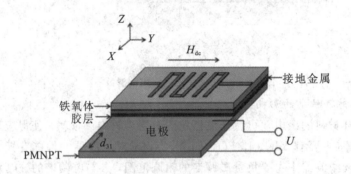

图 1-59　$NiFe_2O_4$/PMN-PT 磁电双可调滤波器

　　除了以上原因，磁电复合材料物理尺寸也对频率的偏移有一定的影响[172-173]。文献[173]以 T 型耦合滤波器为对象，当磁电复合材料板长、宽、厚度保持两项不变，只改变一项，测试发现，谐振频率都会有小幅度偏移，当宽度增加时，插入损耗会变大，带宽会变窄；当长度增加时，插入损耗会变小，带宽小幅度增加；当厚度变化时，带宽和插损几乎保持不变，仅仅是频率的偏移。

　　磁电双可调滤波器自提出以来吸引了众多射频领域学者的兴趣，逐渐成为工业界尤其是军工界关注的热点。但是其发展仍存在许多问题：一是磁电双可调滤波器的理论研究还不够深入，实现方式还比较单一，主要靠磁电复合材料；二是磁电双可调滤波器的性能还比较有限，大多仅能满足单一的可调性能，如带宽或中心频率可调，不能满足"全可调"模式，且损耗依然较大；三是磁电双可调滤波器目前主要还是传统的微带线结构，结构单一；四是磁调谐的偏置线圈导致其难以集成小型化。

　　针对上述问题，将基片集成波导小型化和谐振腔的高品质特性以及 LTCC 技术重量轻、损耗低、大规模制造成本低等众多优点与磁电双可调滤波器结合起来，开发出在性能和小型化方面更具优势的磁电双可调滤波器,具有巨大的前景。

本 章 文 献

[1] Caner W. Synthesis of linear communication network, McGraw-Hill Book Company, 1958.

[2] Cohn S B. Direct coupled resonator filters, Proc. IRE, 1957, Feb., Vol. 45, No. 2, pp. 187 - 196.

[3] Matthaei G L. Microwave filters, impendence-matching networks and coupling structure, Norwood, MA: Artech, 1980.

[4] Levy R. Theory of direct-coupled cavity filters, IEEE Transactions on microwave theory and techniques, 1972, Apr., Vol. MTT-15, No. 4, pp. 340 - 348.

[5] Scanlan S O, Rhodes J D. Microwave network with constant delay, IEEE Trans. Microw. Theory Tech., 1972, Apr., Vol. MTT-20, No. 4, pp. 258 - 265.

[6] Cohn S B. Generalized design of band-pass and other filters by computer optimization, IEEE MTT-S Int. Microwave Symposium Dig., 1974, Jun., Vol. 74, No. 1, pp. 272 - 274.

[7] Orchard H J. Filter design by iterated analysis, IEEE Trans. Circuit Systems, 1985, Nov., Vol. 32, No. 11, pp. 1089 - 1096.

[8] Atia A E, Williams A E. Narrow-bandpass waveguide filters, IEEE Trans. Microw. Theory Tech., 1972, Apr., Vol. MTT-20, No. 4, pp. 258 - 265.

[9] Cameron R J. General coupling matrix synthesis methods for Chebyshev filtering functions, IEEE Trans. Microw. Theory Tech., 1999, Apr., Vol. 47, No. 4, pp. 433 - 442

[10] 甘本祓,吴万春. 现代微波滤波器的结构与设计[M]. 北京:科学出版社,1973.

[11] 李嗣范. 微波元件原理与设计[M]. 北京:人民邮电出版社,1982.

[12] 林为干. 微波网络[M]. 北京:国防工业出版社,1978.

[13] 禹旭敏,吴须大. L 波段类椭圆函数微带滤波器,空间电子技术,2002,No. 1, pp. 45 - 48.

[14] 吴须大,杨军. 源/负载与谐振器交叉耦合技术在星上的应用,空间电子技术, 2002,No. 4, pp. 48 - 52.

[15] Furuyama H. JP Patent, Applicationno. H4—220881, 1992.

[16] Yamamoto M, Itoh K. Slot-coupled microstrip antenna with a triplate line feed where parallel-plate mode is suppressed[J]. Electronics Letters, 1997, 33(6): 441 - 443.

[17] Uchimura H, Takenoshita T, Fujii M. Development of a "laminated waveguide" [J]. Microwave Theory and Techniques, IEEE Transactions on, 1998, 46(12): 2438 - 2443.

[18] Deslandes D, Wu K. Integrated Microstrip and Rectangular Waveguide in Planar Form[J]. IEEE Microw. Wirel. Compon. Lett, 2001, 11(2): 68 - 70.

[19] David M. Pozar. 微波工程[M]. 3 版. 北京：电子工业出版社. 2008.

[20] 陈飞. 基片集成波导带通滤波器的研究[D]：[硕士学位论文]. 成都：电子科技大学，2009.

[21] 刘婷. 基片集成波导滤波器的研究[D]：[硕士学位论文]. 西安：西安电子科技大学，2010.

[22] 郭增旭. 基于 SIW 的新型带通滤波器研究[D]：[硕士学位论文]. 南京：南京理工大学，2013.

[23] Uchimura H，Takenoshita T. Development of a "laminated waveguide"[J]. IEEE Trans. Microwave Theory Tech，December 1998，46(12)：2438 – 2443.

[24] Deslandes D，Wu K. Integrated Microstrip and Rectangular Waveguide in Planar Form[J]. IEEE Microw. Wirel. Compon. Lett，2001，11(2)：68 – 70.

[25] Bozzi M，Georgiadis A，Wu K. Review of Substrate-Integrated Waveguide Circuits and Antennas[J]. IETMicrowaves，Antennas & Propagation，2011(5)：909 – 920.

[26] Che W Q，Li C，Deng K. A Novel Bandpass Filter Based on Complementary Split Rings Resonators (CSRR) and Substrate Integrated Waveguide (SIW) [J]. Microwave and Optical Technology Letters，2007(48)：1487 – 1491.

[27] Kim D Y，Lee J W，Lee T K. and Choon Sik Cho. Design of SIW Cavity-Backed Circular-Polarized Antennas Using Two Different Feeding Transitions[J]. IEEE Trans. Antennas Propag，2011，59(4)：1398 – 1403.

[28] Xu F，Wu K，Zhang X. Periodic Leaky-Wave Antenna for Millimeter Wave Applications Based on Substrate Integrated Waveguide[J]. IEEE Trans. Antennas Propag，2010，58(2)：340 – 347.

[29] Cheng Y J，Hong W，Wu K. Millimetre-Wave Monopulse Antenna Incorporating Substrate Integrated Waveguide Phase Shifter[J]. IET Microwaves，Antennas and Propagation，2008(2)：48 – 52.

[30] 汪睿. 折叠基片集成波导滤波器研究[D]：[硕士学位论文]. 上海：上海交通大学，2008.

[31] Falcone F，Lopetegi T，Baena J D，et al. Effective Negative-ε Stop-Band Microstrip Lines Based on Complementary Split-ring Resonators [J]. IEEE Microwave Wireless Compon Lett，2004，14(6)：280 – 282.

[32] Baena J D，Bonache J，Martin F，et al. Equivalent-Circuit Models for Split-Ring Resonators Coupled to Planer Transmission Lines[J]. IEEE Trans on Microwave Theory and Techniques，2005，53(4)：1451 – 1461.

[33] Hong，W，Liu B，Wang Y，et al. Half Mode Substrate Integrated Circuits-A New Concept for High-Frequency Electronics and Optoelectronics[J]. Telecommunications in Modern Satellite，Cable and Broadcasting Service，2003：1 – 3.

[34] 张传安. 高集成度基片集成波导无源器件研究[D]：[硕士学位论文]. 成都：电子科技大学，2012.

[35] Kimberley W. Eccleston. Half-Mode Buried Corrugated Substrate Integrated

Waveguide[J]. IEEE Microwave and Wireless Components Letters，2014，24(4)：215 - 217.

[36] Cheng Y J，Hong W，Wu K. Half Mode Substrate Integrated Waveguide（HMSIW）Directional Filter[J]. IEEE Microwave and Wireless Components Letters，2007(l7)：504 - 506.

[37] 李荣强，杜国宏，唐军. 半模基片集成波导十字型定向耦合器设计[J]. 微波学报，2014，30(1)：68 - 71.

[38] 谭立容，倪瑛，张照锋，伍瑞新. 基于半模基片集成波导的双频段缝隙天线[J]. 电子器件，2014，37(1)：5 - 8.

[39] UrRehman M Z，Baharudin Z，Zakariya M A，et al. Recent Advances in Miniaturization of Substrate Integrated Waveguide Bandpass Filters and its Applications in Tunable Filters[C]. IEEE Business Engineering and Industrial Applications Colloquium(BEIAC)，2013：109 - 114.

[40] Wang Y，Hong W，Dong Y，et al. Half Mode Substrate Integrated Waveguide（HMSIW）Bandpass Filter[J]，IEEE Microw. Wireless Compon. Lett. 2005，17：265 - 267.

[41] Liu B，Hong W，Wang Y Q，et al. Half Mode Substrate Integrated Waveguide（HMSIW）3-dB Coupler[J]. IEEE Microw. Wireless Compon. Lett，2007，17(1)：22 - 24.

[42] Xu J，Hong W，Tang H，et al. Half-mode Substrate Integrated Waveguide（HMSIW）Leaky-Wave Antenna for Millimeterwave Applications[J]. IEEE Antennas Wireless Propag. Lett，2008(7)：85 - 88.

[43] Razavi S A，Neshati M H. Development of a Low-Profile Circularly Polarized Cavity-Backed Antenna Using HMSIW Technique[J]. IEEE Trans. Antennas Propag. 2013，61(3)：1041 - 1047.

[44] Jin C，Li R，Alphones A，et al. Quarter-Mode Substrate Integrated Waveguide and Its Application to Antennas Design[J]. IEEE Transaction on Antennas and Propagation，2013，(61)6：2921 - 2928.

[45] Jin C，Li R，Hu S，et al. Self-Shield Circularly Polarized Antenna-in-Package Based on Quarter Mode Substrate Integrated Waveguide Subarray[J]. IEEE Transactions on Components，Packaging and Manufacturing Technology，2014，4(3)：392 - 399.

[46] Senior D E，Rahimi A，Jao P，et al. Flexible Liquid Crystal Polymer Based Complementary Split Ring Resonator Loaded Quarter Mode Substrate Integrated Waveguide Filters for Compact and Wearable Broadband RF Applications[C]. In：IEEE 64th Electronic Components & Technology Conference，Orlando，2014：789 -795.

[47] Jin C，Shen Z X，Li R，et al. Compact Circularly Polarized Antenna Based on Quarter-Mode Substrate Integrated Waveguide Sub-array[J]. IEEE Transactions

on Antennas and Propagation，2014，62(2)：963－967.

[48] Jiang Y，Lin X Q，Cheng F，et al. A Reconfigurable Filter Based on Quarter-Mode Substrate Integrated Waveguide (QMSIW) Resonator[C]. IEEE Cross Strait Radio Wireless Conference (CSRWC)，2013，Chengdu：5－7.

[49] Ur Rehman M Z，Baharudin Z，Zakariya M A，et al. Microwave Bandpass Filter Using QMSIW[C]. 2013 IEEE International RF and Microwave Conference (RFM2013)，2013，Penang：172－172.

[50] Zhang Z，Yang N，Wu K. 5 GHz Bandpass Filter Demonstration Using Quarter-Mode Substrate Integrated Waveguide Cavity for Wireless Systems[C]. In 2009 Radio and Wireless Symp，San Diego，Jan. 2009：94－98.

[51] 董亚洲，董士伟，朱忠博，等. 一种新型多层1/4模基片集成波导滤波器[J]. 空间电子技术，2012(4)：116－118.

[52] 张传安，程钰间，樊勇. 基片集成波导谐振腔小型化的研究及应用[J]. 微波学报，2012，28(2)：224－227.

[53] San S，Lim S. Electrically Small Eighth-Mode Substrate-Integrated Waveguide (EMSIW) Antenna With Different Resonant Frequencies Depending on Rotation of Complementary Split Ring Resonator[J]. IEEE Transactions on Antenna and Propagation，2013，61(10)：4933－4939.

[54] Kang H，Lim S. Compact Right-Angled Triangle-Shaped Eighth-Mode Substrate-Integrated Waveguide Antenna[J]. Microwave and Optical Technology Letters，2015，57(3)：690－694.

[55] Song C T，Duan Y B，Zhang X J，et al. Compact Wideband LTCC Bandpass Filter Exploiting Eighth-Mode SIW Loaded With CSRR[J]. Microwave and Optical Technology Letters，2014，56(9)：2164－2165.

[56] 翟国华. 新型基片集成波导结构的原理及应用研究[D]：[博士学位论文]. 南京：东南大学信息科学与工程学院，2009.

[57] 陈飞. 半模基片集成波导带通滤波器的设计与实现[J]. 真空电子技术，2011(6)：38－40.

[58] 刘冰，洪伟，陈继新，等. 半模基片集成波导(HMSIW)三分贝功率分配器[J]. 微波学报，2008，24(1)：52－60.

[59] 张彦，洪伟，刘冰. 半模基片集成波导窄壁缝隙耦合定向耦合器[J]. 微波学报，2008，24(2)：54－57.

[60] 任莘. 小型化基片集成波导谐振腔的研究与应用[D]：[硕士学位论文]. 西安：武警工程大学，2014.

[61] Grigoropoulos N，Izquierdo B S，Young P R. Substrate Integrated Folded Waveguides (SIFW) and Filters[J]. IEEE Microw. Wirel. Compon. Lett，2005，15(12)：829－831.

[62] Che W Q，Geng L，Deng K，et al. Analysis and Experiments of Compact Fold Substrate-Integrated Waveguide[J]. IEEE Trans. Microwave Theory Tech，2008，

56(1)：88－93.

[63] Chien H Y，Shen T M，Wu R B. Miniaturized Bandpass Filters With Double-Folded Substrate Integrated Waveguide Resonators in LTCC[J]. IEEE Trans. Microwave Theory Tech，2009，57(7)：1774－1782.

[64] Yang G，Liu W，Liu F L. Two New Electric Coupling Structures for Doubled Folded Substrate Integrated Waveguide Cavity Filters With Transmission Zeros[J]. Microwave and Optical Technology Letters，2013，55(8)：1815－1818.

[65] 翟国华，洪伟，吴柯等. 集成宽带折叠半模基片集成波导滤波器[J]. 电子学报，2010，38(4)：825－829.

[66] Zhai G H，Hong W，Wu K，et al. Folded Half Mode Substrate Integrated Waveguide 3dB Coupler[J]. IEEE Microwave and Wireless Components Letters，2008，18(8)：512－514.

[67] 韦婧. 加边微带线特性的研究及折叠半模基片集成波导滤波器的设计[D]：[硕士学位论文]. 南京：东南大学，2007.

[68] Wei H，Ke G. Miniaturization of Substrate Integrated Bandpass Filter[C]. Asia-Pacific Microwave Conference Proceedings (APMC)，Yokohama，2010：247－250.

[69] Chien H Y，Shen T M，Huang T Y，et al. Design of a vertically stacked substrate integrated folded waveguide resonator filter in LTCC [C]. Asia-Pacific Microw. Conf.，2007，4(7)：675－678.

[70] Zhai G H，Hong W，Wu K & Chen J X，Folded half mode substrate integrated waveguide 3dB coupler [J]. IEEE Microwave and Wireless Components Letters，2008，18 (8)：5l2－514.

[71] 洪伟. 微波理论与技术的新进展和发展趋势[J]. 微波学报，1996，12(4)：341－344.

[72] 魏启甫，李征帆，李霖. 一种基于低温共烧陶瓷的新型多层交叉耦合基片集成波导滤波器[J]. 上海交通大学学报，2010，44(2)：214－217.

[73] IEEE Std 1549. IEEE Standard for Microwave Filter Definitions[S].

[74] Chandler S R，Hunter I C，Gardiner J G. Active varactor tunable bandpass filter [J]. IEEE Microwave and Guided Wave Letters，1993，3(3)：70－71.

[75] Brown A R，Rebeiz G M. A varactor-tuned RF filter[J]. IEEE Transactions on Microwave Theory and Techniques，2000，48(7)：1157－1160.

[76] Torregrosa-Penalva G，López-Risueno G，Alonso J I. A simple method to design wide-band electronically tunable combline filters [J]. IEEE Transactions on Microwave Theory and Techniques，2002，50(1)：172－177.

[77] Moeckly，Brian H，Zhang Y M. Strontium titanate thin films for tunable YBa2Cu3O7 microwave filters[J]. IEEE transactions on applied superconductivity，2001，11 (1)：450－453.

[78] Tombak A，Ayguavives F T，Maria J P，et al. Tunable RF filters using thin film barium strontium titanate based capacitors[C]//Microwave Symposium Digest，2001 IEEE MTT-S International. IEEE，2001，3：1453－1456.

[79] Uher J, Arndt F, Bornemann J. Computer-aided design and improved performance of tunable ferrite-loaded E-plane integrated circuit filters for millimeter-wave applications[J]. IEEE transactions on microwave theory and techniques, 1988, 36 (12): 1841 – 1849.

[80] Tsutsumi M, Okubo K. On the YIG film filters[C]//Microwave Symposium Digest, 1992. , IEEE MTT-S International. IEEE, 1992: 1397 – 1400.

[81] Yun T Y, Chang K. Piezoelectric-transducer-controlled tunable microwave circuits [J]. IEEE Transactions on Microwave Theory and Techniques, 2002, 50(5): 1303 – 1310.

[82] A AT, Dussopt L, Rebeiz G M. Miniature and tunable filters using MEMS capacitors[J]. IEEE Transactions on Microwave Theory and Techniques, 2003, 51 (7): 1878 – 1885.

[83] Rebeiz G, Goldsmith C. WMB: MEMS, BAW, and micromachined filter technology [C]//Microwave Symposium Digest, 2004 IEEE MTT-S International. IEEE, 2004, 1: XII – XIII.

[84] Zhang R, Mansour R R. Low-cost dielectric-resonator filters with improved spurious performance [J]. IEEE Transactions on Microwave Theory and Techniques, 2007, 55(10): 2168 – 2175.

[85] Yan W D, Mansour R R. Tunable dielectric resonator bandpass filter with embedded MEMS tuning elements[J]. IEEE transactions on microwave theory and techniques, 2007, 55(1): 154 – 160.

[86] Sichak W, Augenblick H. Tunable waveguide filters[J]. Proceedings of the IRE, 1951, 39(9): 1055 – 1059.

[87] Potok M H N. Capacitive-iris-type mechanically tunable waveguide filters for the X-band[J]. Proceedings of the IEE-Part B: Electronic and Communication Engineering, 1962, 109(48): 505 – 510.

[88] Kaurs A R. A Tunable Bandpass Ring Filter for Rectangular Dielectric Waveguide Integrated Circuits (Short Papers)[J]. IEEE Transactions on Microwave Theory and Techniques, 1976, 24(11): 875 – 876.

[89] Burgess, James. Ferrite-Tunable Filter for Use in S Band[J]. Proceedings of the IRE, 11956, 10(44): 1460 – 1462.

[90] Greene C K. A microstrip nonreciprocal tunable YIG filter[J]. IEEE Journal of Solid-State Circuits, 1968, 3(2): 146 – 148.

[91] Baynham A C, Dunsmore M R B. New high-power magnetically tunable microwave filter[J]. Electronics Letters, 1971, 7(4): 90 – 92.

[92] Bex H. A New Yig Filter Permits Broadband Tunable Mode Separation[C]// Microwave Conference, 1973. 3rd European. IEEE, 1973, 2: 1 – 4.

[93] Simpson I T, Morton I F, Owens J M, et al. Tunable microwave filters using YIG grown by liquid phase epitaxy[C]//Microwave Conference, 1974. 4th European. IEEE, 1974: 590 – 594.

[94] Steber G R, Krueger R J. On a completely tunable active filter using fixed RC elements[J]. Proceedings of the IEEE, 1969, 57(4): 727 – 728.

[95] Bhattacharyya B B, Giguere J C, Swamy M N S. A completely tunable active filter using fixed RC elements[J]. Proceedings of the IEEE, 1967, 55(11): 2069 – 2070.

[96] Andrea J J, Debloois R C, Hogue N E. Phase locked loop with digital capacitor and varactor tuned oscillator: U. S. Patent 3, 538, 450[P]. 1970 – 11 – 3.

[97] Variable impedance device: U. S. Patent 2, 544, 211[P]. 1951 – 3 – 6.

[98] Hunter I C, Rhodes J D. Electronically tunable microwave bandstop filters[J]. IEEE Transactions on Microwave Theory Techniques, 1982, 30: 1361 – 1367.

[99] Ocera A, Farinelli P, Mezzanotte P, et al. A novel MEMS-tunable hairpin line filter on silicon substrate[C]//2006 European Microwave Conference. IEEE, 2006: 803 – 806.

[100] Brown A R, Rebeiz G M. A varactor-tuned RF filter[J]. IEEE Transactions on Microwave Theory and Techniques, 2000, 48(7): 1157 – 1160.

[101] Adhikari S, Ghiotto A, Wu K. Simultaneous electric and magnetic two-dimensionally tuned parameter-agile SIW devices [J]. IEEE Transactions on Microwave Theory and Techniques, 2013, 61(1): 423 – 435.

[102] Pozar D M. Microwave engineering[M]. John Wiley & Sons, 2009.

[103] Collin R E. Foundations for microwave engineering [M]. John Wiley & Sons, 2007.

[104] Marcuvitz N. Waveguide handbook[M]. Iet, 1951.

[105] Helszajn J. Ridge waveguides and passive microwave components[M]. Iet, 2000.

[106] Uchimura H, Takenoshita T, Fujii M. Development of a "laminated waveguide" [J]. IEEE Transactions on Microwave Theory and Techniques, 1998, 46(12): 2438 – 2443.

[107] Wu K. Integration and interconnect techniques of planar and non-planar structures for microwave and millimeter-wave circuits-current status and future trend[C]// Microwave Conference, 2001. APMC 2001. 2001 Asia-Pacific. IEEE, 2001, 2: 411 – 416.

[108] Deslandes D, Wu K. Integrated microstrip and rectangular waveguide in planar form[J]. IEEE Microwave and Wireless Components Letters, 2001, 11(2): 68 – 70.

[109] Wu K, Deslandes D, Cassivi Y. The substrate integrated circuits-a new concept for high-frequency electronics and optoelectronics [C]//Telecommunications in Modern Satellite, Cable and Broadcasting Service, 2003. TELSIKS 2003. 6th International Conference on. IEEE, 2003, 1: P-III-PX vol. 1.

[110] Deslandes D, Wu K. Integrated microstrip and rectangular waveguide in planar form[J]. IEEE Microwave and Wireless Components Letters, 2001, 11(2): 68 – 70.

[111] Xu F, Wu K. Guided-wave and leakage characteristics of substrate integrated waveguide[J]. IEEE Transactions on microwave theory and techniques, 2005, 53

(1)：66-73.

[112] Deslandes D, Wu K. Accurate modeling, wave mechanisms, and design considerations of a substrate integrated waveguide[J]. IEEE Transactions on microwave theory and techniques, 2006, 54(6): 2516 - 2526.

[113] Bozzi M, Georgiadis A, Wu K. Review of substrate-integrated waveguide circuits and antennas[J]. IET Microwaves, Antennas & Propagation, 2011, 5(8): 909 - 920.

[114] Tang H J, Hong W, Hao Z C, et al. Optimal design of compact millimetre-wave SIW circular cavity filters[J]. Electronics Letters, 2005, 41(19): 1.

[115] Zhang D D, Zhou L, Wu L S, et al. Novel bandpass filters by using cavity-loaded dielectric resonators in a substrate integrated waveguide[J]. IEEE Transactions on Microwave Theory and Techniques, 2014, 62(5): 1173 - 1182.

[116] Luo G Q, Hu Z F, Dong L X, et al. Planar slot antenna backed by substrate integrated waveguide cavity[J]. IEEE Antennas and Wireless Propagation Letters, 2008, 7: 236 - 239.

[117] Bohórquez J C, Pedraza H A F, Pinzon I C H, et al. Planar substrate integrated waveguide cavity-backed antenna[J]. IEEE Antennas and Wireless Propagation Letters, 2009, 8: 1139 - 1142.

[118] Chen J X, Hong W, Hao Z C, et al. Development of a low cost microwave mixer using a broad-band substrate integrated waveguide (SIW) coupler[J]. IEEE microwave and wireless components letters, 2006, 16(2): 84 - 86.

[119] Cassivi Y, Wu K. Low cost microwave oscillator using substrate integrated waveguide cavity[J]. IEEE Microwave and Wireless Components Letters, 2003, 13(2): 48 - 50.

[120] Zhong C, Xu J, Yu Z, et al. Ka-Band Substrate IntegratedWaveguide Gunn Oscillator[J]. IEEE Microwave and Wireless Components Letters, 2008, 18(7): 461 - 463.

[121] Jin H, Wen G. A novel four-way Ka-band spatial power combiner based on HMSIW[J]. IEEE Microwave and Wireless Components Letters, 2008, 18(8): 515 - 517.

[122] Abdolhamidi M, Shahabadi M. "X-band substrate integrated waveguide amplifier," IEEE Microwave Wireless Compon. Lett. , vol. 18, no. 12, pp. 815 - 817, 2008.

[123] Abdolhamidi M, Shahabadi M. X-band substrate integrated waveguide amplifier [J]. IEEE microwave and wireless components letters, 2008, 18(12): 815 - 817.

[124] Deslandes D, Wu K. Substrate integrated waveguide leaky-wave antenna: concept and design considerations[C]//Asia-Pacific Microw. Conf. 2005: 1 - 4.

[125] Saghati A P, Mirsalehi M M, Neshati M H. A HMSIW circularly polarized leaky-wave antenna with backward, broadside, and forward radiation[J]. IEEE Antennas and Wireless Propagation Letters, 2014, 13: 451 - 454.

[126] D′Orazio W，Wu K. Substrate-integrated-waveguide circulators suitable for millimeter-wave integration［J］. IEEE transactions on microwave theory and techniques，2006，54(10)：3675－3680.

[127] Armendariz M，Sekar V，Entesari K. Tunable SIW bandpass filters with PIN diodes［C］//Microwave Conference (EuMC)，2010 European. IEEE，2010：830－833.

[128] Sekar V，Armendariz M，Entesari K. A 1.2－1.6-GHz substrate-integrated-waveguide RF MEMS tunable filter［J］. IEEE Transactions on Microwave Theory and Techniques，2011，59(4)：866－876.

[129] Sirci S，Martinez J D，Taroncher M，et al. Varactor-loaded continuously tunable SIW resonator for reconfigurable filter design［C］//Microwave Conference (EuMC)，2011 41st European. IEEE，2011：436－439.

[130] Adhikari S，Ban Y J，Wu K. Magnetically tunable ferrite loaded substrate integrated waveguide cavity resonator［J］. IEEE Microwave and Wireless Components Letters，2011，21(3)：139－141.

[131] Adhikari S，Ghiotto A，Wu K. Simultaneous electric and magnetic two-dimensional tuning of substrate integrated waveguide cavity resonator［C］// Microwave Symposium Digest (MTT)，2012 IEEE MTT-S International. IEEE，2012：1－3.

[132] Anand A，Small J，Peroulis D，et al. Theory and design of octave tunable filters with lumped tuning elements［J］. IEEE Transactions on Microwave Theory and Techniques，2013，61(12)：4353－4364.

[133] Chen X P，Wu K. Substrate integrated waveguide filters：Design techniques and structure innovations［J］. IEEE Microwave Magazine，2014，15(6)：121－133.

[134] Sirci S，Martinez J D，Taroncher M，et al. Analog tuning of compact varactor-loaded combline filters in substrate integrated waveguide［C］//Microwave Conference (EuMC)，2012 42nd European. IEEE，2012：257－260.

[135] Sirci S，Martínez J D，Boria V E. Low-loss 3-bit tunable SIW filter with PIN diodes and integrated bias network［C］//Microwave Conference (EuMC)，2013 European. IEEE，2013：1211－1214.

[136] Almalkawi M，Zhu L，Devabhaktuni V. Magnetically tunable substrate integrated waveguide bandpass filters employing ferrites［C］//Infrared，Millimeter and Terahertz Waves (IRMMW-THz)，2011 36th International Conference on. IEEE，2011：1－2.

[137] 向乾尹. 平面小型化可调射频滤波器研究［D］.［博士学位论文］. 成都：西南交通大学，2012.

[138] 程飞. 可重构滤波器的实现及应用研究［D］.［博士学位论文］. 成都：电子科技大学，2016.

[139] D. J. Simpson and D. Psychogiou，Coupling Matrix-Based Design of Fully Reconfigurable Differential/Balanced RF Filters［J］，IEEE Microwave and

Wireless Components Letters，2018，28(10)：888－890.

[140] Zhang G，Xu Y，Wang X. Compact Tunable Bandpass Filter With Wide Tuning Range of Centre Frequency and Bandwidth Using Short Coupled Lines[J]. IEEE Access，2018，6：2962－2969.

[141] Guo J，You B，Luo G Q. A Miniaturized Eighth-Mode Substrate-Integrated Waveguide Filter With Both Tunable Center Frequency and Bandwidth[J]，IEEE Microwave and Wireless Components Letters，2019，29(7)：450－452.

[142] Yang T，Rebeiz G M. A 1.9－2.6GHz filter with both bandpass-to-bandstop reconfigurable function and bandpass-and-bandstop cascading function[C]// Ieee/ mtt-S International Microwave Symposium-Ims. IEEE，2017：264－266.

[143] 王星，焦永昌，张驰，等. 传输零点可调的带通滤波器[C]// 2017 年全国微波毫米波会议论文集(上册). 2017.

[144] Cho Y H，Rebeiz G M. 0.73－1.03GHz tunable bandpass filter with a reconfigurable 2/3/4-pole response[J]. IEEE Transactions on Microwave Theory and Techniques，2014，62(2)：290－296.

[145] 王焱飞. 负群时延滤波器的设计与研究[D]. 杭州电子科技大学，2017.

[146] Chaudhary G，Jeong Y，Im J. A Design of Reconfigurable Negative Group Delay Circuit Without External Resonators［J］. IEEE Antennas and Wireless Propagation Letters，2015，14：883－886.

[147] 贾世旺，赵飞. 一种 MEMS 可重构群时延均衡器的设计[J]. 无线电工程，2018，48(04)：308－313.

[148] 王晗丁. 平坦负群时延微波器件的研究[D]. 北京邮电大学，2019.

[149] 王焱飞，游彬. 中心频率和负群时延可调带阻滤波器的设计[J]. 杭州电子科技大学学报(自然科学版)，2017，37(05)：7-11.

[150] Luhrs N S，Simpson D J，Psychogiou D. Multiband Acoustic-Wave-Lumped-Element Resonator-Based Bandpass-to-Bandstop Filters［J］，IEEE Microwave and Wireless Components Letters，2019，29(4)：261－263.

[151] Chen C，Wang G，Li J. Microstrip Switchable and Fully Tunable Bandpass Filter With Continuous Frequency Tuning Range[J]，IEEE Microwave and Wireless Components Letters，2018，28(6)：500－502.

[152] Fan M，Song K，Zhu Y，et al. Compact Bandpass-to-Bandstop Reconfigurable Filter With Wide Tuning Range[J]，IEEE Microwave and Wireless Components Letters，2019，29(3)：198－200.

[153] 高雅，王璐. 可调微波滤波器专利分析[J]. 中国科技信息，2019，000(012)：29-30. (GAO Ya，WANG Lu. Patent analysis of the tunable microwave filter[J]. China Science and Technology Information，2019，000(012)：29－30.)

[154] 朱锋杰. 耦合带磁电可调滤波器的等效电路建模及器件设计[D]. 杭州：中国计量学院，2014. (ZHU Feng-jie. The lumped equivalent circuit research of magnetoelectric tunable couple microstrip filter and microwave device design[D].

Hangzhou，Zhejiang，China：China Jiliang University，2014.）

[155] 廉靖．基于双层磁电结构多功能微波器件设计及等效电路研究[D]. 杭州：中国计量学院，2015.（LIAN Jing. The multifunctional microwave device design and equivalent circuit based on double layered magnetoelectric structure［D］. Hangzhou，Zhejiang，China：China Jiliang University，2015.）

[156] Srinivasan G，Tatarenko A S，Bichurin M I. Electrically tunable microwave filters based on ferromagnetic resonance in ferrite-ferroelectric bilayers[J]. Electronics Letters，2005，41(10)：596－598.

[157] Tatarenko A S，Gheevarughese V，Srinivasan G. Magnetoelectric microwave bandpass filter[J]. Electronics Letters，2006，42(9)：540－541.

[158] 宣立明．多铁材料多场耦合理论及在微波滤波器中的应用[D]. 杭州：中国计量学院，2012.（XUAN Li-ming. The multi-field coupling mechanism of multiferroic material and application in microwave filter［D］. Hangzhou，Zhejiang，China：China Jiliang University，2012.）

[159] Tatarenko A S，Gheevarughese V，Srinivasan G，et al. Microwave magnetoelectric effects in ferrite—piezoelectric composites and dual electric and magnetic field tunable filters[J]. Journal of electroceramics，2010，24(1)：5－9.

[160] Yang G M，Lou J，Wu J，et al. Dual H-and E-field tunable multiferroic bandpass filters with yttrium iron garnet film［C］//2011 IEEE MTT-S International Microwave Symposium. IEEE，2011：1－4.

[161] Xuan L M，Zhou H M，Li F. Design of dual-stop-band microwave filter based on the magnetoelectric composite［C］//2011 Eighth International Conference on Fuzzy Systems and Knowledge Discovery (FSKD). IEEE，2011，4：2263－2266.

[162] Zhou H M，Zhu F J，Li C，et al. Ferrite-piezoelectric layered composite materials for magnetoelectric tunable dual-band bandpass filter[C]//Applied Mechanics and Materials. Trans Tech Publications Ltd，2013，303：1793－1797.

[163] Lin H，Wu J，Yang X，et al. Integrated non-reciprocal dual H-and E-Field tunable bandpass filter with ultra-wideband isolation［C］//2015 IEEE MTT-S International Microwave Symposium. IEEE，2015：1－4.

[164] Adhikari S，Ghiotto A，Wu K. Simultaneous electric and magnetic two-dimensionally tuned parameter-agile SIW devices［J］. IEEE Transactions on Microwave Theory and Techniques，2012，61(1)：423－435.

[165] Wu，Ke，Adhikari，et al. Magnetically Tunable Ferrite-Loaded Half-Mode Substrate Integrated Waveguide[J]. IEEE Microwave & Wireless Components Letters A Publication of the IEEE Microwave Theory & Techniques Society，2015.

[166] 张巧利，王秉中．一种频率带宽可调的电磁二维可重构滤波器：中国，201810681149.9［p］.2018.11.13.（ZHANG Qiao-li，WANG Bing-zhong. An electromagnetic two-dimensional reconfigurable filter with tunable frequency and bandwidth：China，201810681149.9[p].2018.11.13.）

[167]　朱锋杰，周浩淼，肖英，等．一种磁电可调双通带滤波器[J]．杭州电子科技大学学报，2012，032(005)：17－20.（ZHU Feng-jie，ZHOU Hao-miao，XIAO Ying. A magnetoelectric tunable double pass band filter[J].Journal of Hangzhou Dianzi University(Social Sciences)，2012，032(005)：17－20.）

[168]　Tatarenko A S，Murthy D V B，Srinivasan G. Hexagonal ferrite-piezoelectric composites for dual magnetic and electric field tunable 8－25 GHz microstripline resonators and phase shifters[J]. Microwave and Optical Technology Letters，2012，54(5)：1215－1218.

[169]　Tatarenko，A. S，Bichurin，M. I. Electrically Tunable Resonator for Microwave Applications Based on Hexaferrite-Piezoelectrc Layered Structure[J]. American Journal of Condensed Matter Physics，2012.

[170]　Ustinov A B，Srinivasan G，Fetisov Y K. Microwave resonators based on single-crystal yttrium iron garnet and lead magnesium niobate-lead titanate layered structures[J]. Journal of Applied Physics，2008，103(6)：063901.

[171]　Yang X，Gao Y，Wu J，et al. Dual H- and E-Field Tunable Multiferroic Bandpass Filter at KU-Band Using Partially Magnetized Spinel Ferrites [J]. IEEE Transactions on Magnetics，2013，49(11)：5485－5488.

[172]　Zhou H M，Xia Z L，Deng J H. The research of dual-tunable magnetoelectric microwave filters：Numerical simulation of the magnetoelectric microwave filters based on theoretical model of electric tuning ferromagnetic resonance[C]//2011 Third International Conference on Communications and Mobile Computing. IEEE，2011：258－261.

[173]　Zhou H M，Zhang Q S，Lian J，et al. A Lumped Equivalent Circuit Model for Symmetrical T-shaped Microstrip Magnetoelectric Tunable Microwave Filters[J]. IEEE Transactions on Magnetics，2016：1－1.

第 2 章　传输函数的综合与边带优化

基于传输函数的零、极点分布进行滤波器的直接综合，是滤波器设计中的高级技术，作为滤波器的精确、灵活、快速设计技术正被广泛应用。通过该技术综合的滤波器可实现多种特殊性能，如改善滤波器的矩形特性等。而边带斜率是反映滤波器矩形特性好坏的重要指标，充分应用传输零点的个数与位置提高滤波器的性能是滤波器设计的重要途径。因此对传输函数理论，网络综合方法，传输零、极点技术的深刻理解是设计高性能滤波器的关键。

本章首先深入分析了传输函数等一些重要的概念，总结了传输零、极点的分布位置，作用，移动原则，介绍了交叉耦合滤波器零点分布的特点；然后在此基础上重点分析了具有传输零点的椭圆函数和准椭圆函数的边带特性，通过充分利用滤波器阶数的"余量"，获得更合适的截止频率 ω'_s，使滤波器的边带特性最大化，以改善矩形特性，但不增加滤波器的阶数；最后利用传输零点对边带特性的影响，实现了广义 Chebyshev 函数滤波器的阶数最小化、边带最大化的优化设计，为小型化高性能滤波器的设计提供了依据。

2.1　传输函数的综合[1]

滤波网络传输函数的零、极点位置对滤波性能起着决定作用。全极点滤波器的所有衰减极点都位于 DC 和∞处。如果将传输零点放在 S 面有限频率处，则会形成特殊频率响应：虚轴上（实频）的传输零点，可形成准椭圆函数的陡降幅频响应；而实轴上（虚频）的和复数（实部非零）传输零点则起到类似时延均衡网络的作用，可实现线性相位传输响应。本节总结了传输函数、特征函数以及滤波网络综合中的一些重要概念，讨论了几种运用特殊的传输零点放置来实现特殊滤波响应的设计应用。

2.1.1　滤波器网络基础

1. 传输函数 $H(S)$

网络的传输函数有如下两种定义方式

定义 1：

$$H(S) = t = \frac{E_L}{E_{avail}} \tag{2-1}$$

式中：E_L 为负载 R_L 上的电压，E_{avail} 为负载 R_L 上的最大可用电压。$S=\sigma+j\omega$ 为复频变量，虚部为实频 ω(rad/s)，实部为虚频 σ(neper/s)。$|H(S)|\leqslant1$，网络功率损耗 $L_A=-20\lg|H(S)|$，$L_A\geqslant0$。

功率传输系数为

$$t^2 = |H(S)|^2 \frac{P_L}{P_{avail}} \tag{2-2}$$

式中：P_L 为传输到负载的功率，P_{avail} 为负载 R_L 上的最大可用功率。

定义 2：$H(S) = \dfrac{1}{t}$（Voltage Attenuation Coefficient）

$$|H(S)| \geqslant 1 \tag{2-3}$$

网络功率损耗 $L_A = 20\ \lg|H(S)|$，$L_A \geqslant 0$。

一般应用中常采用定义 1，因为 $H(S) =$ 响应／激励更合常规，以下讨论均基于定义 1 展开。

2. 特征函数 $K(S)$

实际的滤波网络都是有损耗的，可用功率 P_{avail} 一部分传输至负载，一部分反射至源端，其余耗散在网络中。在综合滤波网络时都是假设电抗元件无耗的，即没有传输到负载的那部分功率将全部被反射回信号源。

$K(S)$ 定义为反射电压与传输电压之比

$$K(S) = \frac{E_r}{E_L} \tag{2-4}$$

$$|K(S)|^2 = \frac{P_r}{P_L} \tag{2-5}$$

式中：E_r 为反射回 R_g 的电压波，P_r 为反射功率，E_L 为实际传输到负载 R_L 上的电压波；P_L 为实际传输到负载的功率。由式（2-1）、式（2-4）得输入电压反射系数 ρ_1

$$\rho_1 = \frac{E_r}{E_{avail}} = \left[\frac{Z_i - R_g}{Z_i + R_g}\right] = K(S) \cdot H(S) \tag{2-6}$$

对无耗纯电抗网络，有

$$P_{avail} = P_r + P_L \tag{2-7}$$

由式（2-2）、式（2-5）得

$$|H(S)|^2 = \frac{1}{1 + |K(S)|^2} \tag{2-8}$$

式（2-8）就是著名的 Feldtkeller Equation，或写为

$$H(S)H(-S) = \frac{1}{1 + K(S)K(-S)} \tag{2-9}$$

当传输函数 $H(S)$ 按定义 2 时，Feldtkeller Equation 即为

$$H(S)H(-S) = 1 + K(S)K(-S) \tag{2-10}$$

显然，$|K(S)|^2$ 为零，网络功率损耗 L_A 也为零，而且 $|H(S)|^2$ 为 1 时，L_A 才为零，这也是特征函数的一个特点。

3. 滤波器网络综合

滤波器网络综合理论中，网络传输函数可表示为两个复频变量 S 的多项式（2-11）是基于传输函数定义 1。

$$H(S) = \frac{Q(S)}{E(S)} \tag{2-11}$$

$$K(S) = \frac{F(S)}{Q(S)} \tag{2-12}$$

由式(2-9)、式(2-11)、式(2-12)得

$$E(S)E(-S) = Q(S)Q(-S) + F(S)F(-S) \tag{2-13}$$

式(2-13)与传输函数采用定义 1 或定义 2 无关，因为如采用定义 2，则

$$H(S) = \frac{F(S)}{Q(S)} \tag{2-14}$$

由式(2-6)或由式(2-11)、式(2-12)得

$$\rho_1 = K(S) \cdot H(S) = \frac{F(S)}{E(S)} \tag{2-15}$$

如果 $H(S)$ 采用定义 2，则有

$$\rho_1 = \frac{K(S)}{H(S)} = \frac{F(S)}{E(S)} \tag{2-16}$$

传输函数的极点(Poles)即为 $E(S)$ 多项式的根，也叫本征频率。$E(S)$ 是严格的胡维茨多项式(Strictly Hurwitz Polynomial)，即传输函数的极点必须位于 S 面的开左半平面 $(\sigma < 0)$，不能在虚轴上和 S 面右半面内，否则会导致纯电抗双端口网络有负阻振荡的错误结论[2-3]。传输函数的零点(Zeros)即传输零点(Transmission zeros)为 $Q(S)$ 多项式的根，也叫衰减极点，全极点(All-pole)滤波网络的传输零点(衰减极点)全部在 DC 和 ∞ 处。对于一个可以实现(综合)的 LC 滤波网络，$Q(S)$ 为一纯奇或偶次多项式，其根的分布如图 2-1 所示的 5 种情况[2]：

(1) 虚轴上(实频)有限频率共轭对；

(2) 实轴(虚频)上正、负对；

(3) 以原点对称分布的共轭对、正负实部对同时存在(Quad Arranged)的四组合零点；

(4) 原点(DC)处零点；

(5) 无限远 (∞) 处零点，图 2-1 示意。

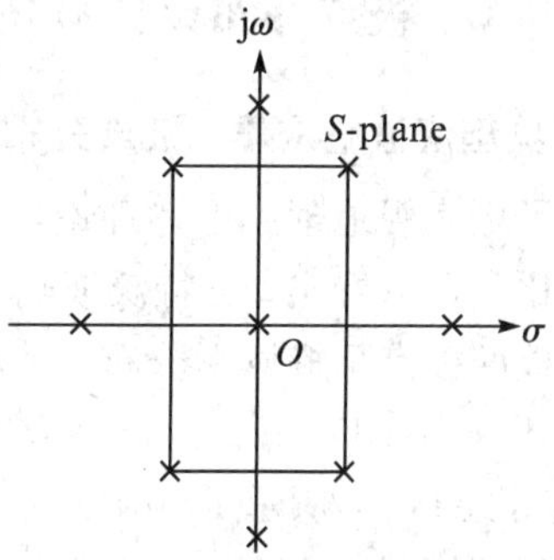

图 2-1　可实现的 LC 低通网络传输零点分布

每种情况零点的阶数(Multiplicity of Zero)都可以是多阶的，比如 $Q(S)$ 中如有 S^2 项，则在 DC 处有 2 阶零点。∞ 处零点阶数为特征函数 $K(S)$ 的分子多项式 $F(S)$ 阶数与分母多项式 $Q(S)$ 阶数之差。对 LC 梯形网络，传输零点全部在 $j\omega$ 轴上且共轭成对，四组合原点对称分布的复数传输零点将导致具有 Bridged-T 或 Twin-T 节的非梯形网络，它起到类似时延均衡器(Delay Equalizer)的作用，但比时延均衡器更有效。时延均衡器的传输函数有着不同于它的零、极点分布为[3]：极点在 S 面左半面内共轭成对(本征频率)，传输零点与极点关于 $j\omega$ 对称。如果极点在实轴上，则是一阶均衡网络(C-Type)，如果极点虚部非零，则为二阶均衡网络(D-Type)。美国 Nuhertz Technologies，LLC 公司的 Filter solution 软件可根据特定的极点位置综合时延均衡网络。

如上所述，对可实现的 LC 滤波网络来说，$Q(S)$ 为一纯奇或偶次多项式。然而，通信技术的发展对滤波器综合技术提出了更新的要求，一种将非相邻谐振器耦合(Cross-coupled)[4] 进而实现有限传输零点的腔体滤波器广泛应用于民用、军事领域中，典型产品为基站用准椭圆函数腔体滤波器、线性功放用腔体延时线滤波器等。为使该类滤波器得以综合，Richard Cameron 发明了一个随频率变化而不变的恒定电纳元件 jB[5]，含有该特殊元件的

低通网络可以有非对称分布的传输零点，其 $Q(S)$ 多项式中既有奇次项又有偶次项[6]。由于该元件实际上并不存在，这样的 LC 网络物理上无法构造，但经过低通到带通变换后，代表谐振频率偏差的 jB 可被谐振回路吸收，形成的带通网络的 $Q(S)$ 将恢复其传输零点对称分布的特性，从而使带通网络是可实现的，典型结构为 Coupled Triplet 或 Quadruplet[21]。特征函数 $K(S)$ 的零点，即分子多项式 $F(S)$ 的零点就是输入电压反射系数 ρ_1 的零点，$F(S)$ 可以是胡维茨多项式，也可是非胡维茨多项式，它的根可在 S 面的任何位置，也未必共轭成对存在，因为 $F(S) \cdot F(-S)$ 为一纯偶次多项式，$|F(S)|^2$ 的根也按图 2.1 所示成对或者有四组合出现，将根 ρ_1 分配给 $F(S)$，$-\rho_1$ 分配给 $F(-S)$ 即可。对于绝大部分的滤波网络来说，$F(S)$ 和 $F(-S)$ 的根都在 $j\omega$ 轴上，但有些特殊滤波器，如线性相位（Bessel）或按特定 $F(S)$ 综合的滤波器，需要使用复数根。此时实部的正、负符号选择对综合出的网络元件值合理性起重要作用。一些专业软件，如 FLSYN，允许将不同符号组合的根赋予 $F(S)$ 并综合相应网络，但考虑实际应用很少，这里只是定性说明一下 $F(S)$ 在网络综合中这一应用特点。值得强调的是，$F(S)$ 的零点就是输入驻波最小点，而输出驻波最小点是 $F(-S)$ 的零点。特征函数 $K(S)$ 既包含了反射系数零点，也包含了传输零点。

2.1.2 零、极点分布设计应用

1. 典型滤波响应零、极点分布对照[1]

为了更直观地理解上述理论，图 2-3 给出了几种典型低通滤波响应函数的极点、零点分布对比。可以看出，巴特沃斯响应的极点（本征频率）呈圆形分布，而贝塞尔、切比雪夫、椭圆函数的极点呈椭圆形分布，极点都在 S 面开左半面内共轭成对分布。注意，低通滤波器的阶数（Filter Degree）是指该低通网络传输零点（衰减极点）的个数（包括 $S=\infty$），图 2-3 (d)示意了图 2-2 所示 LC 网络的零、极点分布：在 ∞ 处零点阶数为 2，加上 2 个有限传输零点及其共轭对，总阶数为 6 阶。

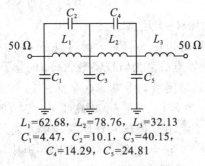

$L_1=62.68$, $L_2=78.76$, $L_3=32.13$
$C_1=4.47$, $C_2=10.1$, $C_3=40.15$,
$C_4=14.29$, $C_5=24.81$

图 2-2　电路图及元件值

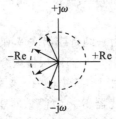

（a）4阶巴特沃斯函数极点分布

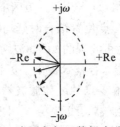

（b）4阶贝塞尔函数极点分布

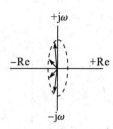　　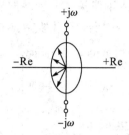

　　（c）4阶切比雪夫函数极点分布　　　　　　（d）6阶椭圆函数零、极点分布

图 2-3　典型滤波函数响应零、极点位置对照

2. 传输零点移动规则及其经典模型[7]

考虑电路元件改变后传输零点的相应移动，能够让我们更好地研究和理解关于任意带宽的交叉连接滤波器的响应情况。元件的改变不仅可以包括元件的值从零到无穷大这样的改变，而且可以是增加元件这样以前所不存在的定义。实际电路中传输零点的位置移动服从以下规则：

（1）所有传输零点在复平面关于象限对称。

（2）改变元件值使得传输零点连续变化，例如，传输零点不会一下子便跳跃到其他位置。

（3）改变元件值不可能使相联系的传输零点有类似的变化。例如，它们会逐渐靠近或远离，而不可能同时向同一方向移动。

除了上面的三个规则外，还可以将传输零点的移动分为以下两种类型：

（1）零点被约束在实频率范围内。

（2）零点可以在实频率或复频率内。

在任意给定电路中，零点的移动类型由其电路拓扑结构和特殊电路元件所决定的。

3. 带有非相邻耦合的带通滤波器

一些分布参数滤波结构，如同轴腔、矩形波导腔、微波介质腔、微带环形谐振器等，以其灵活的物理排列结构为特殊传输零点的引入提供了可能，可以很方便地通过折叠排列，使非相邻谐振器以容性或感性耦合系数耦合起来，实现实频传输零点（准椭圆函数）和虚频或复数传输零点（带时延均衡的线性相位传输）。这类滤波器统称为带有非相邻或附加耦合的滤波器（Cross-coupled Filter），对于一个有 n 个谐振器的滤波器，当源和负载分别仅连接到首、末谐振器时，最多可引入 $n-2$ 个传输零点[8]。

图 2-4 示意了一个六谐振器单附加耦合结构，注意各相邻谐振器之间为磁（感性）耦合，该结构滤波网络传输函数具有一对符号相反的虚频（实轴）传输零点，同时还有一对实频（虚轴）传输零点。前者对中心频率处的时延明显提升以起到相位均衡作用，而后者则在通带左、右侧形成了一对衰减极点。

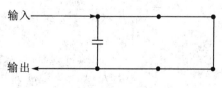

图 2-4　一个容性附加耦合的滤波器

图 2-5 为依此实际设计的一个通带范围 1910 MHz～1990 MHz 的腔体滤波器仿真结果，图中给出了和没有附加耦合时的直接耦合（Direct Coupled）结构的比较情况。可以看

出,附加耦合的引入不但提高了近端抑制度,还对通带中心区域的时延起到了均衡作用,通过控制附加耦合的强弱,可使阻带抑制和相位均衡效果达到最佳。

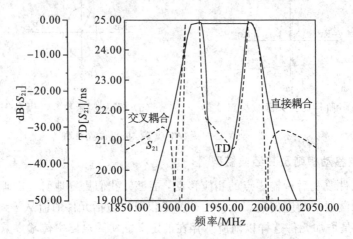

图 2-5　六阶谐振器直接耦合与交叉耦合仿真对比

2.2　椭圆函数的边带优化设计

椭圆滤波器在有限的实频率上的零点和极点在通带与阻带上产生相同的纹波,通带内衰减在零值和设计最大值之间波动,阻带内衰减在无穷大和设计最小值之间波动,零点决定阻带上的波纹响应,使滤波器具有更窄的过渡带,在相同的逼近阶数下,椭圆滤波器比其他几种滤波器衰减速率更快。椭圆滤波器还有另外一个优势,能够提供几个自由度来控制其响应,其中包括对边带选择性的控制。本节提出了采用了一种边带特性优化方法设计椭圆滤波器,在不增加阶数的前提下使其边带选择性最大化,从而有效地使过渡带更窄。

2.2.1　椭圆函数滤波器的设计方法[9]

椭圆函数滤波器的低通原型增益函数为

$$|H(j\omega)|^2=\frac{1}{1+\varepsilon^2 F_n^2(\omega)} \tag{2-17}$$

式中,n 为椭圆函数的阶数,ε 为通带波纹系数,$F_n(\omega)=sn(\varphi;m')$,$m'=(\varepsilon/\varepsilon_1)^2$,$\varepsilon_1$ 为阻带波纹系数。一般地,$F_n(\omega)$ 又可描述为

$$F_n=\left(\frac{k^n}{k_1}\right)^{1/2}\frac{\omega(\omega_1^2-\omega^2)(\omega_2^2-\omega^2)\cdots(\omega_p^2-\omega^2)}{(1-k^2\omega_1^2\omega^2)(1-k^2\omega_2^2\omega^2)\cdots(1-k^2\omega_p^2\omega^2)},\ p=\frac{1}{2}(n-1)(n=\text{odd}) \tag{2-18}$$

$$F_n=\left(\frac{k^n}{k_1}\right)^{1/2}\frac{(\omega_1^2-\omega^2)(\omega_2^2-\omega^2)\cdots(\omega_p^2-\omega^2)}{(1-k^2\omega_1^2\omega^2)(1-k^2\omega_2^2\omega^2)\cdots(1-k^2\omega_p^2\omega^2)},\ p=\frac{n}{2}(n=\text{even}) \tag{2-19}$$

式中,ω_p 是带内极点,$k^2=(1/\omega_s)^2$,ω_s 是归一化阻带截止频率,$k_1=\varepsilon/\varepsilon_1$。

椭圆函数滤波器的综合有以下四个主要的参数:

(1) n,它不同于 Butterworth 或 Chebyshev 响应中的 n(即为元件数目)。在椭圆函数响应中,由于有并联(或串联)电路,n 通常不代表元件的数目。例如 $n=3$ 时,元件数目=4。

（2）ε，它与通带内的纹波幅度有关。

（3）k，这个参数由阻带边沿频率决定。

（4）k_1，它与阻带内的最大增益有关。

需要注意的是，上述四个参量不是完全独立的，它们受下列两个式子的约束：

$$N = \frac{KK_1'}{K_1 K'} \tag{2-20}$$

$$k_1 = \frac{\varepsilon}{\varepsilon_1} \tag{2-21}$$

椭圆函数滤波器的设计步骤如下：

（1）由给定的带内损耗指标给出波纹系数 ε：

$$\varepsilon = \sqrt{10^{\frac{L_{Ar}}{10}} - 1} \tag{2-22}$$

式中，L_{Ar} 是带内损耗指标。

（2）由阻带边频给出模数 k 的值：

$$\frac{1}{k} = \omega_s \tag{2-23}$$

式中，ω_s 为归一化阻带截止频率。

（3）由 k 的余模数 k_1 的值修正带外衰减 AS 的值，由带外衰减给出模式 k_1 的值：

$$L_{AS} = 10\,\log\left(1 + \frac{\varepsilon^2}{k_1^2}\right) \tag{2-24}$$

式中，L_{AS} 是阻带的衰减要求。

（4）利用式（2-20）计算椭圆函数的级数 n。其中，K 是以 k 为模数的第一类完全椭圆积分；K' 是以 k' 的余模数 $k' = \sqrt{1 - k^2}$ 为模数的第一类完全椭圆积分；K_1 是以 k_1 为模数的第一类完全椭圆积分；K_1' 是以 k_1' 的余模数 $k_1' = \sqrt{1 - k_1^2}$ 为模数的第一类完全椭圆积分。一般地椭圆函数的阶数 $n = [N]$，滤波器的节数选用大于 n 的整数，为 $n+1$。

（5）低通原型中带内极点的值为：

$$\omega_p = sn\left(\frac{2p}{n}K,\,k\right), \qquad p = 0,\,1,\,\cdots,\,\frac{1}{2}(n-1), \quad n\ \text{为奇数} \tag{2-25a}$$

$$\omega_p = sn\left(\frac{2p-1}{n}K,\,k\right), \qquad p = 0,\,1,\,\cdots,\,\frac{1}{2}n, \quad n\ \text{为偶数} \tag{2-25b}$$

对应传输零点的值为：

$$\omega_z = \frac{1}{k\omega_p} \tag{2-26}$$

当 n 为偶数，$\omega' \to \infty$ 时，$G(\omega'^2) \to G_{max}$（G_{max} 是阻带等波纹响应的最大值）。这时，综合网络会存在一定的问题。为了改变这一性质，一般还要采用频率变换。并且，偶数阶椭圆函数由于自身函数的特点，无法接对称负载，所以在接对称负载时，一般都要将函数的阶数加上 1，变成奇数阶。因此，n 为偶数阶的 Jacoby 椭圆函数综合应用不是很普遍。

2.2.2　椭圆函数滤波器的边带优化方法

滤波器的边带选择性（Band-edge Selectivity，BES）是归一化角频率幅度响应的斜率，是通带截止速度的度量。其定义为[10]

$$BES = -\frac{d\,|\,H(j\omega)\,|}{d\omega}\Bigg|_{\omega=1} \tag{2-27}$$

$$BES = \frac{\varepsilon^2}{(1+\varepsilon^2 F_n^2(\omega))^{3/2}}F_n^2(\omega)F'_n(\omega)\Bigg|_{\omega=1} \tag{2-28}$$

由于 $F_n(1)=1$, $F'_n(\omega) = \dfrac{dF_n(\omega)}{d\omega} = n^2\left(\dfrac{1-m'}{1-m}\right)\Bigg|_{\omega=1}$

其中 $m=k^2$。一般地 $\varepsilon_1 \gg \varepsilon$,使 $m' \approx 0$,那么式(2-28)变为

$$BES = \frac{\varepsilon^2 n^2}{(1+\varepsilon^2)^{3/2}}\left(\frac{\omega_s^2}{\omega_s^2-1}\right) \tag{2-29}$$

式(2-29)表明:如果通带和阻带的波纹固定,则 ω_s 是在不增加阶数的前提下使 BES 最大化的唯一自由度。

椭圆函数滤波器的阶数可以用式(2-20)计算。得到滤波器的阶数有一定的"余量",这样可以充分利用余量,获得更合适的截止频率 ω_s',使 BES 最大化,但不增加阶数。方法如下:

(1) 首先利用技术指标求出滤波器的阶数 N 和 n。

(2) 再将 n 代入式(2-20),利用 MATLAB 中的 fminsearch 命令求出在阶数 n 固定下使 BES 最大化的归一化截止频率 ω_s'。

(3) 利用 ω_s',求得新的传输零点和极点。

这样在不增加阶数的前提下使滤波器的边带选择性最大化,有效地减小了过渡带宽。

2.2.3　设计实例

为了证明上述方法的有效性,考虑下面的低通滤波器设计:通带损耗 $L_{Ar}=1.25$ dB,阻带衰减 $L_{AS}=30$ dB,通带频率 $f_0=1$ GHz,阻带截止频率 $f_s=2$ GHz。由 $L_{Ar}=1.25$ dB,可得 $\varepsilon=0.5775$。由 $L_{AS}=30$ dB,可得 $\varepsilon_1=31.6070$。归一化截止频率 $\omega_s=2$。其传输零点为 $\omega_{z1}=2.1409$,计算椭圆函数的阶数 $N=2.6816$,取相邻的最大整数可得 $n=3$。利用上述方法优化滤波器的边带特性,求得使 BES 最大化的归一化截止频率 $\omega_s'=1.6747$,所得新的传输零点为 $\omega'_{z1}=1.9349$。边带优化前与优化后的曲线如图 2-6 所示,可见,在满足设计指标的前提下,优化后的曲线具有更窄的过渡带,能够明显地提高滤波器的矩形选择性。

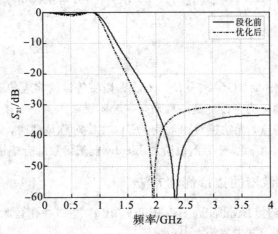

图 2-6　优化前后的传输响应曲线

2.3 基于边带优化的准椭圆函数滤波器设计

椭圆函数在有限的实频率上具有传输零点，因而在相同的频率和衰减要求下，它需要的阶数最少，在相同的逼近阶数下比其他几种传统滤波器衰减速率更快[11]。故常用修正的椭圆函数作为交叉耦合滤波器的逼近函数，综合出低通电路模型的耦合矩阵。然而目前的文献中一般是直接给出多耦合滤波器的耦合矩阵，或是从准椭圆函数滤波器增益求得多耦合滤波器的耦合矩阵，而鲜有介绍如何从滤波器设计指标综合出准椭圆函数滤波器的增益[12-13]。文献[9]作了一些有益的探讨，提出的带内等波纹修正法能够提高奇数阶准椭圆函数的带外特性，然而，一般准椭圆函数的阶数取大于按技术指标计算出来的 N 值，导致按此法修正后的准椭圆函数滤波器的带宽增加，从而影响窄带滤波器的设计效果。且当 n 值过大时，此法较为繁琐。

本节提出了一种新的准椭圆函数构造方法。首先介绍了交叉耦合滤波器的等效电路模型和准椭圆函数间的关系，然后对标准椭圆函数进行边带优化设计，再令标准椭圆函数与修正后的准椭圆函数在边带上的衰减相等，来修正等波纹系数。这样修正出的准椭圆函数既保证了滤波器的带宽基本不变，又能提高它的带外选择性。最后给出实例进行了验证。

2.3.1 交叉耦合滤波器的等效电路模型[9]

具有带外有限传输零点的滤波器，常常采用谐振腔多耦合的形式实现。这种形式的特点是在谐振腔级联的基础上，非相邻腔之间可以相互耦合，即"交叉耦合"。甚至，可以采用源与负载也向多腔耦合，以及源与负载之间的耦合。交叉耦合带通滤波器的等效电路如图 2-7 所示。

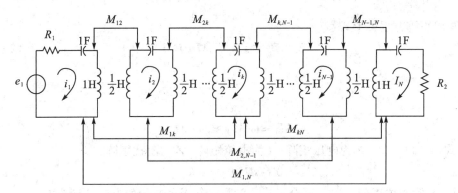

图 2-7 N腔交叉耦合谐振器滤波器等效电路图

在图 2-7 所示的等效电路模型中，e_1 表示激励电压源，R_1、R_2 分别为电源内阻和负载电阻，$i_k(k=1,2,3,\cdots,N)$ 表示各谐振腔的回路电流，M_{ij} 表示第 i 个谐振腔与第 k 个谐振腔之间的互耦合系数($i,j=1,2,3,\cdots,N$ 且 $i\neq j$)。在这里，已取 $\omega_0=1$，即各谐振回路的电感 L 和电容 C 均取单位值。$M_{kk}(k=1,2,3,\cdots,N)$ 表示各谐振腔的自耦合系数。

对于窄带滤波器，做如下规一化：

$$\omega_0=1,\ \Delta\omega=1 \tag{2-30}$$

电流回路方程：

$$
\begin{cases}
e_1 = \left(R_1 + \left(\mathrm{j}\omega + \dfrac{1}{\mathrm{j}\omega}\right) + \mathrm{j}\,M_{11}\right)i_1 + \mathrm{j}\,M_{12}i_2 + \cdots + \mathrm{j}M_{1,\,N-1}i_{N-1} + \mathrm{j}M_{1N}i_N \\[2mm]
0 = \mathrm{j}\,M_{12}i_1 + \left(\left(\mathrm{j}\omega + \dfrac{1}{\mathrm{j}\omega}\right) + \mathrm{j}\,M_{22}\right)i_2 + \cdots + \mathrm{j}M_{2,\,N-1}i_{N-1} + \mathrm{j}M_{2,\,N}i_N \\[2mm]
0 = \mathrm{j}\,M_{13}i_1 + \mathrm{j}\,M_{12}i_2 + \left(\left(\mathrm{j}\omega + \dfrac{1}{\mathrm{j}\omega}\right) + \mathrm{j}\,M_{33}\right)i_3 + \cdots + \mathrm{j}M_{3,\,N-1}i_{N-1} + \mathrm{j}M_{3,\,N}i_N \\[2mm]
\cdots \\[2mm]
0 = \mathrm{j}\,M_{1,\,N-1}i_1 + \mathrm{j}\,M_{2,\,N-1}i_2 + \mathrm{j}\,M_{3,\,N-1}i_3 + \cdots + \mathrm{j}\left(\left(\mathrm{j}\omega + \dfrac{1}{\mathrm{j}\omega}\right) + \mathrm{j}\,M_{N-1,\,N-1}\right)i_{n-1} + \mathrm{j}\,M_{N-1,\,N}i_N \\[2mm]
0 = \mathrm{j}\,M_{1N}i_1 + \mathrm{j}\,M_{2N}i_2 + \mathrm{j}\,M_{3N}i_3 + \cdots + \mathrm{j}\,M_{N-1,\,N}i_{N-1} + \left(R_2 + \left(\mathrm{j}\omega + \dfrac{1}{\mathrm{j}\omega}\right) + \mathrm{j}M_{NN}\right)i_N
\end{cases}
$$

$$(2-31)$$

式（2－31）中，$M_{kk}(k=1,2,3,\cdots,N)$ 表示各谐振腔的自耦合系数。在本论文中，只考虑各谐振腔同步调谐的情况，则 $M_{kk}=0(k=1,2,3,\cdots,N)$。式（2－31）可以重新写成矩阵的形式为

$$
\begin{bmatrix} e_1 \\ 0 \\ 0 \\ \vdots \\ 0 \\ 0 \end{bmatrix}
=
\begin{bmatrix}
R_1+s & \mathrm{j}\,M_{12} & \mathrm{j}\,M_{13} & \cdots & \mathrm{j}\,M_{1,\,N-1} & \mathrm{j}\,M_{1N} \\
\mathrm{j}\,M_{12} & s & \mathrm{j}\,M_{23} & \cdots & \mathrm{j}\,M_{2,\,N-1} & \mathrm{j}\,M_{2N} \\
\mathrm{j}\,M_{13} & \mathrm{j}\,M_{23} & s & \cdots & \mathrm{j}\,M_{3,\,N-1} & \mathrm{j}\,M_{3N} \\
\vdots & \vdots & \vdots & & \vdots & \vdots \\
\mathrm{j}\,M_{1,\,N-1} & \mathrm{j}\,M_{2,\,N-1} & \mathrm{j}\,M_{3,\,N-1} & \cdots & s & \mathrm{j}\,M_{N-1,\,N} \\
\mathrm{j}\,M_{1N} & \mathrm{j}\,M_{2N} & \mathrm{j}\,M_{3N} & \cdots & \mathrm{j}\,M_{N-1,\,N} & s+R_2
\end{bmatrix}
\begin{bmatrix} i_1 \\ i_2 \\ i_3 \\ \vdots \\ i_{N-1} \\ i_N \end{bmatrix}
$$

$$(2-31\mathrm{a})$$

或者，写成矩阵方程的形式：

$$\boldsymbol{E} = \boldsymbol{ZI} = (s\,\boldsymbol{U}_0 + \mathrm{j}\boldsymbol{M} + \boldsymbol{R})\boldsymbol{I} \tag{2-31b}$$

式中：

$$s = \mathrm{j}\omega' = \mathrm{j}\omega + \frac{1}{\mathrm{j}\omega} = \mathrm{j}\left(\omega - \frac{1}{\omega}\right) \tag{2-32}$$

$$\mathrm{j}\,M_{ij} \approx \mathrm{j}\omega\,M_{ij} \approx \mathrm{j}\,\omega_0\,M_{ij}$$

在式（3－11b）中，$\boldsymbol{E}$ 为电压矩阵，$\boldsymbol{I}$ 为电流矩阵，$\boldsymbol{Z}$ 为阻抗矩阵：

$$\boldsymbol{Z} = s\boldsymbol{U}_0 + \mathrm{j}\boldsymbol{M} + \boldsymbol{R} \tag{2-33}$$

$\boldsymbol{U}_0$ 是 $N\times N$ 阶单位矩阵。$\boldsymbol{M}$ 是耦合矩阵，它是一个 $N\times N$ 阶的方阵，形式如下：

$$
\boldsymbol{M} =
\begin{bmatrix}
0 & M_{12} & M_{13} & \cdots & M_{1,\,N-1} & M_{1,\,N} \\
M_{12} & 0 & M_{23} & \cdots & M_{2,\,N-1} & M_{2,\,N} \\
M_{13} & M_{23} & 0 & \cdots & M_{3,\,N-1} & M_{3,\,N} \\
\vdots & \vdots & \vdots & & \vdots & \vdots \\
M_{1,\,N-1} & M_{2,\,N-1} & M_{3,\,N-1} & \cdots & & M_{N-1,\,N} \\
M_{1N} & M_{2N} & M_{3N} & \cdots & M_{N-1,\,N} & 0
\end{bmatrix}
\tag{2-34}
$$

其中对角线上的元素代表每一个谐振腔回路的自耦合，即代表每一个谐振腔谐振频率 f_i 与

中心频率 f_c 之间的偏差。在这里，只考虑同步调谐的情况，认为它们的值都取零。

R 矩阵是 $N \times N$ 阶方阵，除 $\boldsymbol{R}(1,1) = R_1$，$\boldsymbol{R}(N,N) = R_2$ 为非零量以外，其他元素值都等于零。不失一般性，令 $R_1 = R_2 = R$。

那么，这个电路的传输函数可以写为

$$t(s) = \frac{i_N R}{\dfrac{e_1}{2}} = \frac{2R \cdot D(\text{cof } Z_{1N})}{D(\boldsymbol{Z})} \tag{2-35}$$

相应的通带增益频响特性为

$$G(s^2) = 4 \left| \frac{i_N R_2}{e_1} \right|^2 = 4 \left| \frac{R \cdot D(\text{cof } Z_{1N})}{D(\boldsymbol{Z})} \right|^2 \tag{2-36}$$

对式 (2-36) 做进一步分析，可以发现，其分子与分母相差 4 阶。观察式 (2-17) 和式 (2-18) 即可知，奇数阶椭圆函数滤波器增益函数分子和分母阶数相差 2。因此，要实现交叉耦合电路结构，必须对标准椭圆函数进行修正。

2.3.2　椭圆函数的修正

由前文的分析可知，用标准椭圆函数作为交叉耦合滤波器的逼近函数是不可行的，必须对其进行适当的修正。修正所得的逼近函数称为"准椭圆函数"。在这一节里，就以 4 腔交叉耦合滤波器为例，介绍准椭圆函数的构造过程。

不失一般性，令电源内阻和负载电阻 $R_1 = R_2 = R$，e_1 和 e_4 分别为输入和输出电压。4 腔交叉耦合滤波器等效电路模型如图 2-8 所示。

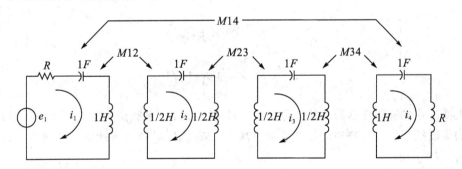

图 2-8　4 腔交叉耦合滤波器等效电路

由式 (2-35) 容易得到它的增益表达式为

$$G(-s^2) = 4 \left| \frac{e_4}{e_1} \right|^2 = 4 \left| \frac{R i_4}{e_1} \right|^2 = 4 \left| \frac{R D(\text{cof} \boldsymbol{Z}_{14})}{D(\boldsymbol{Z})} \right|^2 \tag{2-37}$$

其中，**Z** 为该二端口网络的阻抗矩阵，表达式为

$$\boldsymbol{Z} = \begin{bmatrix} R_1 + s & \mathrm{j} M_{12} & 0 & \mathrm{j} M_{14} \\ \mathrm{j} M_{12} & s & \mathrm{j} M_{23} & 0 \\ 0 & \mathrm{j} M_{23} & s & \mathrm{j} M_{12} \\ \mathrm{j} M_{14} & 0 & \mathrm{j} M_{12} & s + R_2 \end{bmatrix} \tag{2-38}$$

其中，$s = \mathrm{j} W = \mathrm{j}\omega + \dfrac{1}{\mathrm{j}\omega} = \mathrm{j}\left(\omega - \dfrac{1}{\omega} \right)$。

这里，假设该四腔交叉耦合滤波器为对称网络，即阻抗矩阵 $\mathbf{Z}$ 为对称矩阵。

根据式(2-32)、式(2-37)和式(2-38)可以得到：

$$G(W^2) = \frac{4 R^2 \{-M_{12} M_{23} - W^2 M_{14} + M_{23}^2 M_{14}\}^2}{D'} \qquad (2-39)$$

其中：

$$D' = W^8 + W^6(2C + 4 R^2) + W^4[2D + C^2 - 8 R^2(M_{12}^2 + M_{23}^2)] +$$
$$W^2[2CD + 4 R^2(M_{12}^2 + M_{23}^2)] + D^2$$
$$C = -R^2 - M_{23}^2 - M_{14}^2 - 2 M_{12}^2$$
$$D = M_{23}^2 R^2 + (M_{12}^2 - M_{23} M_{14})^2$$

观察式(2-39)可知，交叉耦合滤波器增益函数的分子多项式比分母多项式低 4 阶。由式(2-17)、式(2-18)可以看出，奇数阶标准椭圆函数增益函数分子多项式比分母多项式低 2 阶。因此，必须对标准椭圆函数进行修正，才能作为交叉耦合滤波器的逼近函数。下面，就针对逼近函数的修正方法进行详细的说明。

3 阶标准椭圆函数滤波器的低通增益函数为：

$$|H(\mathrm{j}\omega)|^2 = \frac{1}{1 + \varepsilon^2 F_n^2(\omega)} \qquad (2-40)$$

其中，

$$F_3(\omega') = \left(\frac{k^n}{k_1}\right)^{1/2} \frac{\omega'(\omega_1^2 - \omega'^2)}{(1 - k^2 \omega_1^2 \omega'^2)} \qquad (2-41)$$

分子分母相差仅为 2 阶，所以做修正为

$$G(\omega'^2) = \frac{H_n}{1 + \varepsilon_1^2 E_3^2(\omega')} \qquad (2-42)$$

其中，

$$E_3(\omega') = F_3(\omega') \cdot \omega' = \left(\frac{k^n}{k_1}\right)^{1/2} \frac{\omega'^2(\omega_1^2 - \omega'^2)}{(1 - k^2 \omega_1^2 \omega'^2)} \qquad (2-43)$$

上面所述的准椭圆函数的构造方法中，必须对等波纹系数进行适当的修正，以得到修正后的等波纹系数 ε_1。修正波纹系数的方法是：取 $\omega' F_n$ 导数为零的点，得到 $(-1,1)$ 内各点的最大值 α，有

$$\varepsilon_\alpha = \frac{\varepsilon_o}{\alpha} \qquad (2-44)$$

2.3.3　一种新的准椭圆函数构造方法[14]

对于多级交叉耦合电路，偶数阶椭圆函数无法接对称负载，这种方法工程中并不常用，而是通过修正奇数阶椭圆函数获得所要的增益响应，因此准椭圆函数的阶数 $n = [N]$ 或者 $[N] + 1$。以往的设计中，准椭圆函数的阶数 n 确定后，ω_s 等技术指标不变，直接求得滤波器的增益函数。然而 $n > N$，据此修正后的准椭圆函数带宽有很大变化。如设计中心频率 $f_0 = 900$ MHz，带内插损 0.5 dB，相对带宽 0.5 MHz，在 907 MHz 处衰减为 60 dB 的滤波器。求得 $\varepsilon = 0.3493$，$N = 1.99 \approx 2$，计算出的 ω_s 为 27.8920。因为准椭圆函数的 n 一般取奇数，所以过去的设计中直接用 $n = 3$ 来综合滤波器的增益响应。其传输零点是由

ω_s、而非 ω_s' 求得。图 2-9 在 ω_s 等技术指标不变的前提下，给出了 $n=2$，$n=3$ 的标准椭圆函数增益响应曲线。可见在 $n=3$ 时，带宽已明显增加，若在此基础上修正标准椭圆函数，得到的准椭圆函数的带宽必然也不符合要求。

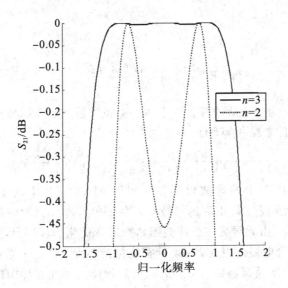

图 2-9　边带优化前的标准椭圆函数曲线

　　如前所述，按照过去的方法设计出的准椭圆函数往往带宽不满足要求，因此必须改进。

　　利用前文提出的椭圆函数的边带优化方法，在 $n=3$ 时，计算新的归一化截止频率 ω_s 以保持修正后的带宽与设计指标一致。$\omega_s=5.6794$，其他指标不变，重新综合标准椭圆函数的增益曲线（见图 2-10），可见带宽满足设计指标。在此基础上再进行准椭圆函数的构造，才能保证指标的统一性。

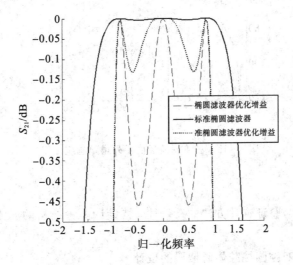

图 2-10　三阶滤波器的带内增益响应曲线

　　这里仍以 3 阶椭圆函数修正为例，四腔交叉耦合滤波器（不含源负载交叉耦合）增益函数的分子多项式比分母多项式低 4 阶。而奇数阶标准椭圆函数增益函数分子多项式比分母多项式低两阶。因此，必须对标准椭圆函数进行修正。修正后的函数为：

$$|H(\mathrm{j}\omega)|^2=\frac{1}{1+\varepsilon'^2 E_3^2(\omega)} \tag{2-45}$$

其中，

$$E_3=\left(\frac{\tilde{k}^3}{k_1}\right)^{1/2}\frac{\omega^2(\omega_1^2-\omega^2)}{(1-k^2\omega_1^2\omega^2)} \tag{2-46}$$

　　这里 $\tilde{k}=1/\omega_s'$，ε' 为修正后的等波纹系数。修正方法为：令标准椭圆函数与修正后的准椭圆函数在边带上的衰减相等，即 $\omega=1$ 时，两者的 BES 相等。

$$\frac{\varepsilon^2}{(1+\varepsilon^2)^{3/2}}\left(\frac{n^2\omega_s'^2}{\omega_s'^2-1}\right)=\frac{\varepsilon'^2}{(1+\varepsilon'^2)^{3/2}}\left(1+\frac{n^2\omega_s'^2}{\omega_s'^2-1}\right) \tag{2-47}$$

其中，ε 是标准椭圆函数中的等波纹系数。利用 MATLAB 中的 fminsearch 命令从式 (2-47) 求出 ε'。前文例子中修正后的等波纹系数 $\varepsilon'=0.3288$。带内与带外响应曲线如图 2-10 和图 2-11 所示，由此可见在标准椭圆函数边带优化的基础上，利用边带衰减相等，修正出的多级交叉耦合电路的逼近函数，带宽能保持不变，且由于修正因子 ω 在 $[-1,1]$ 之外大于 1，所以在此准椭圆函数的带外衰减下降加剧。因此这种构造准椭圆函数的方法更准确。

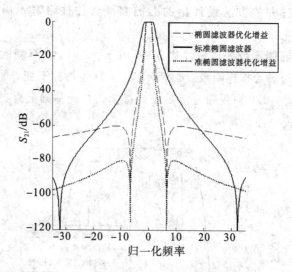

图 2-11　三阶滤波器的带外增益响应曲线

2.3.4　设计实例

　　根据以上分析，为验证这种方法的有效性，特设计两种结构的滤波器予以证明，设计如下。

1. 设计实例 1：四腔圆柱腔体滤波器的设计

　　设计中心频率 f_0 为 900 MHz，带内插损为 0.5 dB，相对带宽为 0.5 MHz，在 907 MHz 处衰减为 60 dB 的同轴腔体滤波器。求得 $\varepsilon=0.3493$，$N=1.99\approx2$，因为准椭圆

函数的 n 一般取奇数，所以取 $n=3$ 来综合滤波器的增益响应。新的归一化截止频率 $\omega_s' = 5.6794$，高端传输零点为 $\omega_z' = 6.6330$，修正后的等波纹系数 $\varepsilon' = 0.3288$。由准椭圆函数综合出多级交叉耦合电路的耦合矩阵为[9]

$$M = \begin{bmatrix} 0 & 0.7838 & 0 & -0.091 \\ 0.7838 & 0 & 0.6482 & 0 \\ 0 & 0.6482 & 0 & 0.7838 \\ -0.091 & 0 & 0.7838 & 0 \end{bmatrix} \tag{2-48}$$

而 $R_1 = R_2 = 0.9569$。

图 2-12 给出了四腔同轴滤波器的 HFSS 建模图形。腔体的尺寸为 $100 \times 101 \times 101 (\mathrm{mm}^3)$。圆柱体半径为 7 mm，高度为 74.5 mm。

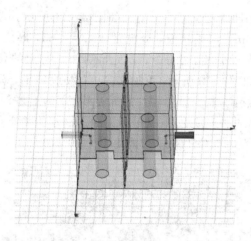

图 2-12　四阶同轴滤波器的模型

图 2-13 给出了仿真曲线与理想函数曲线的比较图。可见仿真曲线基本满足设计要求，带内最小插损为 0.33 dB，在 907 MHz 处衰减为 75 dB。表明了这种设计方法的有效性，保证了滤波器的高选择性。

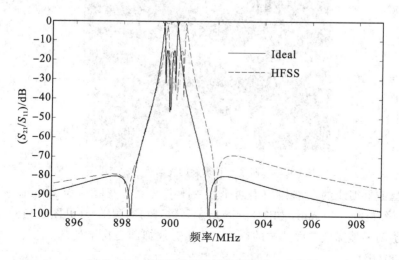

图 2-13　四腔圆柱腔体滤波器的响应曲线图

2. 设计实例 2：四腔 SIR 螺旋形滤波器的设计

设计一个中心频率为 1.93 GHz，带宽为 2%，回波损耗为 20 dB，在 2.03 GHz 处最小衰减为 30 dB 的滤波器。求得 $N=2.4111$，取 $n=3$，边带优化后的归一化截止频率 $\omega_s'=2.7917$，高端传输零点为 $\omega_z'=3.2688$，修正后的 $\varepsilon'=0.0959$。由准椭圆函数综合出多级交叉耦合电路的耦合矩阵为[9]：

$$M=\begin{bmatrix} 0 & 1.0489 & 0 & -0.0880 \\ 1.0489 & 0 & 0.8034 & 0 \\ 0 & 0.8034 & 0 & 1.0489 \\ -0.0880 & 0 & 1.0489 & 0 \end{bmatrix} \qquad (2-49)$$

而 $R_1=R_2=1.4574$。

采用 SIR 螺旋单元的四腔交叉耦合结构，如图 2-14 所示。谐振单元的尺寸为 $14\times14\ \text{mm}^2$，馈线宽度为 2 mm。所用基板的介电常数 $\varepsilon_r=2.65$，厚度为 1.15 mm。利用 EM 全波仿真软件（HFSS）进行分析，并进行了实际制作。实测的传输零点是 1.87 GHz、2.03 GHz。如图 2-15 和图 2-16 所示，可见实测值与仿真结果、理论值吻合较好，证明了这种综合设计方法的有效性。与文献[15]中的螺旋形交叉耦合滤波器相比，这种 SIR 螺旋形结构尺寸更小，阻带高端的衰减更好（文献[15]中的高端传输零点是 2.045 GHz），且能够抑制二次谐波的产生（在 4.5 GHz 内，带外均小于 30 dB）。

图 2-14　四级 SIR 螺旋的交叉耦合滤波器

若在此滤波器馈线的两端各加上两个发夹形传输线，宽度均为 2 mm，一个长度为 22 mm，另一个长度为 17 mm，如图 2-17 所示。仿真与实测结果（见图 2-18）表明此结构的滤波器能够明显地降低二次谐波的影响，并能有效抑制三次谐波的产生（在 8 GHz 内，带外均小于 30 dB）。

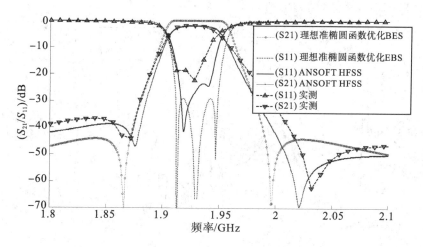

图 2-15　响应曲线图

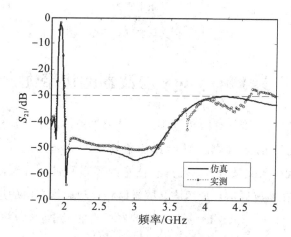

图 2-16　实测响应曲线图

图 2-17　宽阻带滤波器实物图

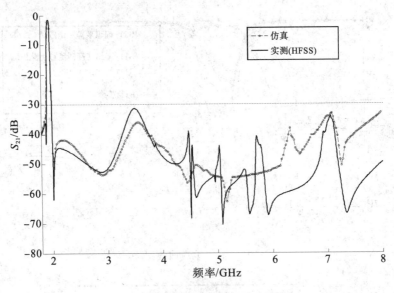

图 2-18　仿真与实测响应曲线图

2.4　广义 Chebyshev 滤波器的边带优化设计

　　准椭圆函数滤波器具有带外有限传输零点和带内带外均近似等波纹的特性。但是，准椭圆函数只能设计对称的滤波器，而且其传输零点并不是任意的。与之相比，广义 Chebyshev 滤波器也能引入交叉耦合，且具有任意的零点和带内等波纹特性，提高了通道的选择性。这使得它在微波通信，尤其是卫星通信和移动通信方面的运用十分广泛。然而正是其零点的任意性，使得广义 Chebyshev 滤波器所需的最小阶数很难精确计算。一般都是通过估算或者计算机优化来实现广义 Chebyshev 滤波器的设计[4,6,9]。文献[16]提出了一种多个对称零点的滤波器设计，但是仅适用于带内具有 Butterworth 特性的滤波器。文献[17]提出了"带外等波纹广义 Chebyshev 函数最优特性"，然而并没有给出在实际设计中如何构造带外等波纹广义 Chebyshev 函数的方法。

　　本节提出了一种基于边带优化的带外等波纹广义 Chebyshev 滤波器的设计方法。这种方法能够保证在满足设计指标的同时，用最少的滤波器单元实现最优的边带特性。

2.4.1　传输零点对边带特性的影响

　　Cameron 给出了广义 Chebyshev 滤波器的原型传输函数[6]，即

$$|H(\mathrm{j}\omega)|^2 = \frac{1}{1+\varepsilon^2 C_N^2(\omega)} \qquad (2-50)$$

这里，

$$C_N(\omega) = \cosh\left(\sum_{i=1}^{k}\cosh^{-1}(x_i) + m\cosh^{-1}(\omega)\right) \qquad (2-51)$$

$$x_i = \frac{1 - \omega\omega_{0i}}{\omega - \omega_{0i}} \qquad (2-52)$$

$$m = n - k \qquad (2-53)$$

以上方程中，n 是滤波器的阶数，k 有限的实频率上传输零点的个数，ω_{0i} 是第 i 个传输零点，ε 是带内波纹系数，由在 $\omega = 1$ 处的衰减决定。

$$\varepsilon = \sqrt{10^{(-a_{\max}/10)} - 1} \qquad (2-54)$$

这里的 $a_{\max}$ 是带内的最大衰减值。

滤波器的边带选择性（BES）是归一化角频率幅度响应的斜率或边带衰减曲线倾斜度，是通带截止速度的度量。这里仅讨论通带右侧的边带选择性（通带左侧的边带选择性与右侧的相似），其定义为[10]

$$\text{BES} = -\frac{\mathrm{d}|H(\mathrm{j}\omega)|}{\mathrm{d}\omega}\bigg|_{\omega=1} \qquad (2-55)$$

一般认为边带选择性 BES 是滤波器的性质，而不是滤波器的设计目标。实际上可以把滤波器的选择性作为一个设计参数并进行优化处理。将式（2-55）代入式（2-50）可得

$$\text{BES} = \frac{\varepsilon^2}{(1+\varepsilon^2)^{3/2}} \left(\sum_{i=1}^{k} \sqrt{\frac{\omega_{0i}+1}{\omega_{0i}-1}} + m \right)^2 \qquad (2-56)$$

而传统 Chebyshev 函数的 BES 可表示为[18]

$$\text{BES} = \frac{\varepsilon^2 n^2}{(1+\varepsilon^2)^{3/2}} \qquad (2-57)$$

若 ε 与 n 值一定，比较式（2-56）和式（2-57），可有以下结论：

（1）若 $\omega_{0i} > 1$，$\left(\sum_{i=1}^{k} \sqrt{\frac{\omega_{0i}+1}{\omega_{0i}-1}} + m \right) > (k+m=n)$，即传输零点在通带的高端，则广义 Chebyshev 滤波器的边带选择性优于传统的 Chebyshev 滤波器，具有更窄的过渡带。且 ω_{0i} 越接近于 1，边带选择性越好。反之，$\omega_{0i} < -1$，亦然。如图 2-19 所示，ε 与 n 值一定，在通带低端增加一个传输零点，滤波器的选择性有了很大改善。

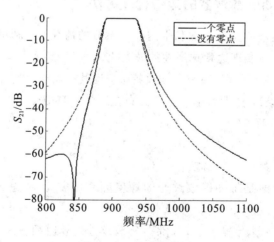

图 2-19　响应曲线图

（2）若 $\omega_{0i} > 1$，$\left(\sum_{i=1}^{k+1} \sqrt{\frac{\omega_{0i}+1}{\omega_{0i}-1}} + m - 1 \right) > \left(\sum_{i=1}^{k} \sqrt{\frac{\omega_{0i}+1}{\omega_{0i}-1}} + m \right)$，即传输零点在通带的

高端，增加高端传输零点的个数，可以提高广义 Chebyshev 滤波器的边带选择性。

（3）若 $\omega_{0i} < -1$，$\left(\sum_{i=1}^{k} \sqrt{\dfrac{\omega_{0i}+1}{\omega_{0i}-1}} + m\right) < (k+m=n)$，即传输零点全在通带的低端，则广义 Chebyshev 滤波器通带高端的边带选择性随着传输零点个数的增加变得越来越差。反之亦然。可见，只有在同一侧增加传输零点的个数，BES 才会变好，否则，n 值一定，多于 i 个传输零点的滤波器 BES 并不一定比 i 个传输零点的边带特性好。如图 2-20 所示，ε 与 n 值一定，继续在通带的高端增加两个传输零点，则改善了高端的边带特性，但低端的边带特性相对于仅有低端一个传传输零点时，却变差了。

由上可见，在给定的 n 值、传输零点的个数和带内波纹系数的情况下，传输零点的位置是最大化 BES 的唯一自由度。

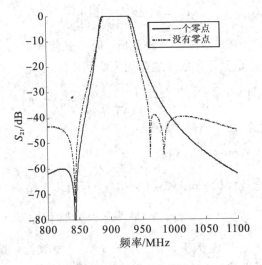

图 2-20　响应曲线图

2.4.2　广义 Chebyshev 滤波器的边带优化方法[19]

在给定的 n 值、传输零点的个数和带内波纹系数的情况下，利用传输零点与带外等波纹峰值频率的关系，可以实现边带选择性的最大化。

根据广义 Chebyshev 函数的带纹等波纹特性，当其一阶倒数等于零时，有最大值。不是一般性，这里令 $\omega_{0i} > 1$，亦即传输零点全分布在通带的高端（$\omega_{0i} < -1$ 时分析方法相同），对传输函数求导可得方程

$$\sum_{i=1}^{k} \left(1 - \frac{\sqrt{\omega_{0i}^2 - 1}}{(\omega_{0i} - \omega)}\right) = n \tag{2-58}$$

方程（2-58）的根即是带外等波纹处的峰值频率 ω_{ei}。不考虑源与负载耦合的情况，$k \leqslant n-2$。

当 $k=1$，即存在一个传输零点时，带外等波纹处的峰值频率为

$$\omega_{e1} = \omega_{01} + \frac{\sqrt{\omega_{01}^2 - 1}}{m} \tag{2-59}$$

当 $k=2$，即存在两个传输零点时，带外等波纹处的峰值频率为

$$\omega_{ei} = \frac{-b \pm \sqrt{b^2 - 4ac}}{2a} \quad (i = 1,2) \tag{2-60}$$

$$a = m \tag{2-61}$$

$$b = -m(\omega_{01} + \omega_{02}) - \sqrt{\omega_{01}^2 - 1} - \sqrt{\omega_{02}^2 - 1} \tag{2-62}$$

$$c = m\omega_{01}\omega_{02} + \omega_{02}\sqrt{\omega_{01}^2 - 1} + \omega_{01}\sqrt{\omega_{02}^2 - 1} \tag{2-63}$$

当 $k = 3$，即存在三个传输零点时，由式（2-58）可得

$$a_3\omega^3 + a_2\omega^2 + a_1\omega + a_0 = 0 \tag{2-64}$$

这里

$$a_3 = -m \tag{2-65}$$

$$a_2 = \sum_{i=1}^{3} \sqrt{\omega_{01}^2 - 1} + m\prod_{i=1}^{3} \omega_{0i} \tag{2-66}$$

$$a_1 = -\sum_{i=1}^{3} \sqrt{\omega_{0i}^2 - 1}\left(\sum_{j=1, j\neq i}^{3} \omega_{0j}\right) - m\sum_{i=1}^{3}\left(\prod_{j=1, j\neq i}^{3} \omega_{0j}\right) \tag{2-67}$$

$$a_0 = \sum_{i=1}^{3} \sqrt{\omega_{0i}^2 - 1}\left(\prod_{j=1, j\neq i}^{3} \omega_{0j}\right) + m\prod_{i=1}^{3} \omega_{0i} \tag{2-68}$$

当 $k = 4$，即存在四个传输零点时，由式（2-58）可得

$$b_4\omega^4 + b_3\omega^3 + b_2\omega^2 + b_1\omega + b_0 = 0 \tag{2-69}$$

这里

$$b_4 = -m \tag{2-70}$$

$$b_3 = \sum_{i=1}^{4} \sqrt{\omega_{01}^2 - 1} + m\prod_{i=1}^{4} \omega_{0i} \tag{2-71}$$

$$b_2 = -\sum_{i=1}^{4} \sqrt{\omega_{0i}^2 - 1}\left(\sum_{j=1, j\neq i}^{4} \omega_{0j}\right) - m\sum_{i=1}^{4}\left(\prod_{j=1, j\neq i}^{4} \omega_{0j}\right) \tag{2-72}$$

$$b_1 = \sum_{i=1}^{4} \sqrt{\omega_{0i}^2 - 1}\left(\sum_{j=1, j\neq i}^{4}\left(\prod_{k=1, k\neq i, k\neq j}^{4} \omega_{0k}\right)\right) + m\sum_{i=1}^{4}\left(\prod_{j=1, j\neq i}^{4} \omega_{0j}\right) \tag{2-73}$$

$$b_0 = -\sum_{i=1}^{4} \sqrt{\omega_{0i}^2 - 1}\left(\prod_{j=1, j\neq 1}^{4} \omega_{0j}\right) - m\prod_{i=1}^{4} \omega_{0i} \tag{2-74}$$

对于 $k = 3$，$k = 4$ 的情况，利用 Cardan 法[22]可以求得带外等波纹处的峰值频率。而当 $k > 4$ 时，现有数学方法无法精确求得等波纹处的峰值频率，故暂不讨论。

将以上所得等波纹处的峰值频率代入方程

$$\alpha_{\min} = -10\log\left(1 + \varepsilon^2\cosh^2\left(\cosh^{-1}\left(\frac{1 - \omega_{ei}\omega_{0i}}{\omega_{ei} - \omega_{0i}}\right) + m\cosh^{-1}(\omega_{ei})\right)\right) \tag{2-75}$$

$\alpha_{\min}$ 为带外最小衰减值。对这 k 个非线性方程进行求解，可得传输零点的频率 ω_{0i}，再返回求得带外衰减第一次达到 $\alpha_{\min}$ 时的频率值 $\omega_1^{n,k}$ 以及各等波纹处的峰值频率。因此利用广义 Chebyshev 函数的带外等波纹特性，可以对广义 Chebyshev 函数的传输零点进行精确设计，实现边带选择性的最大化和滤波器级数的最小化。

具体方法如下：

（1）根据已知条件 $\alpha_{\max}$，$\alpha_{\min}$ 和截止频率 ω^1，从 $k = 1$，$n = 3$ 开始计算传输零点的频率 ω_{0i} 和带外衰减第一次达到 $\alpha_{\min}$ 时的频率值 $\omega_1^{n,k}$；

（2）比较 $|\omega_1^{n,k}|$ 与 $|\omega_1|$ 的大小，若 $|\omega_1^{n,k}| < |\omega_1|$，则满足设计条件，计算结束，反之，则增加一个滤波器级数，取 $n + 1$，零点的个数为 $k + 1$，再计算出新的 ω_{0i} 和 $\omega_1^{n+1, k+1}$，比较

$|\omega_1^{n+1,k+1}|$ 与 $|\omega_1|$ 的大小。若满足 $|\omega_1^{n+1,k+1}|<|\omega_1|$，则计算结束，反之，增加一个滤波器级数和零点的个数，再重新计算。如此循环，直至满足条件。计算步骤如图 2-21 所示。

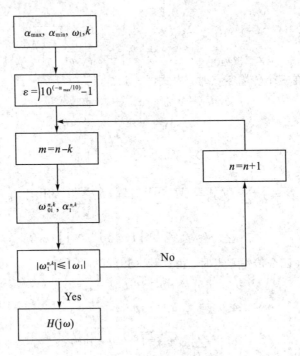

图 2-21　边带最优化计算框图

2.4.3　设计实例

为了验证上述方法的有效性，这里通过两个设计实例来证明。第一个例子来源于文献[4]，通过与文献[4]中传统方法的比较，可以看出边带优化设计的优越性。

设计实例 1：中心频率 $f_0=910$ MHz，带宽 $\Delta f=40$ MHz，带内反射损耗<-20 dB，带外抑制(843 MHz)<-35 dB。

利用图 2-21 的计算程序，可得出指标中的归一化截止频率 $\omega_1=-3.4831$，根据边带最优化，阶数最小化的原则，取 $n=3$，$k=1$，则传输零点的位置是 $\omega_{01}=-2.8572$，依此算出的 $\omega_1^{3,1}=-2.5781$。$\omega_1^{3,1}$ 是带外第一个达到 α_{min} 的频率。带外波纹的峰值频率是 $\omega_e=-4.1955$。因为 $|\omega_1^{3,1}|\leqslant|\omega_1|$，所以满足设定条件，程序运行结束。然而在文献[4]中的传输零点约在 $\omega_{01}=3.20$ 处。如图 2-22 所示，利用本节的方法，能够缩小过渡带，提高滤波器的选择性。

设计实例 2：

带内插损 $\alpha_{max}=-0.02$ dB，$\omega_1=1.4$ 处的 $\alpha_{min}=-50$ dB。

利用图 2-21 的计算程序，先取 $n=3$，$k=1$，则传输零点的位置是 $\omega_{01}=3.2268$，依此算出的 $\omega_{01}=3.2268$，$\omega_e=1.3560$，$\omega_1^{3,1}=3.1524>\omega_1=1.4$。因此 $\omega_1^{3,1}$ 不满足设定的条件，继续下一个循环，取 $n=4$，$k=1$，依此算出的 $\omega_{01}=2.1159$，$\omega_{02}=3.1594$，$\omega_1^{4,2}=2.00>$

$\omega_1 = 1.4\omega_1^{4,2}$ 还是不满足设定的条件，继续下一个循环，取 $n=5$，$k=3$，依此算出的 $\omega_{01} = 1.3560$，$\omega_{02} = 1.5854$，$\omega_{03} = 2.5795$，$\omega_1^{5,3} = 1.330 < \omega_1 = 1.4$。显然满足设定条件，循环结束。所得结果如图 2-23 所示。

可见，两个设计实例有力地证明了这种设计方法能够保证在最小阶数的情况下保持最大的边带选择性。

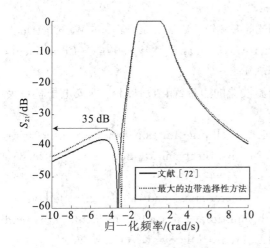

图 2-22　两种方法计算的响应曲线　　　　图 2-23　五阶边带优化的滤波器响应曲线

本 章 文 献

[1]　李宏军，传输函数在滤波器综合中的应用，现代雷达，2006，May，Vol. 28，No. 5，pp. 63 - 67.

[2]　Gabor C T，Sanjit K M. Modern filter theory and design，JohnWiley & Sons，1973.

[3]　刘红，王小峯. 微波网络及其应用，成都：电子科技大学，1991.

[4]　Levy R. Direct synthesis of cascaded quadruplet（CQ）filters，IEEE Trans. Microw. Theory Tech.，1995，Dec.，vol. 43，No. 12，pp. 2940 - 2944.

[5]　Cameron R J. General prototype network synthesis methods for microwave filters，ESA Journal，1982，Vol. 6，pp. 193 - 206.

[6]　Cameron R J. General coupling matrix synthesis methods for Chebyshev filtering functions，IEEE Trans. Microw. Theory Tech.，1999，Apr.，Vol. 47，No. 4，pp. 433 - 442

[7]　Wenzel R J. Understanding transmission zero movement in cross-coupled filters，IEEE MTT-S Int. Microwave. Symp. Dig.，2003，Jun.，vol. 3，pp. 1459 - 1462.

[8]　Amari S. Uwe Rosenberg，Jens Bornemann，Adaptive synthesis and design of resonator filters with source/load multi-resonator coupling. IEEE Trans. Microwave Theory Tech.，2002，Aug.，Vol. 50，No. 8，pp. 1969 - 1977.

[9]　苏涛. 多路耦合器及其相关理论和技术研究，博士学位论文，西安电子科技大学，2004.

[10]　Corral C A. Lindquist C S. Optimizing Elliptic Filter Selectivity，Analog

Integrated Circuits and Signal Processing, 2001. Jul., Vol. 28, No. 1, pp. 53 – 61.

[11] Orchard H J. Willson A N. Elliptic Functions for Filter Design, IEEE Transactions on Circuits and Systems. 1997, Apr., Vol. 44, No. 4, pp. 273 – 287.

[12] Kuo J T. Maa M J. Lu P H. A Microstrip Elliptic Function Filter with Compact Miniaturized Hairpin Resonators, IEEE Microwave and Guided Wave Letters, 2000. Mar., Vol. 10, No. 3, pp. 94 – 95.

[13] Kuo J T. Cheng H S. Design of Quasi-Elliptic Function Filters With a Dual-Passband Response, IEEE Microwave and Wireless Components Letters. 2004. Oct., Vol. 14, No. 10, pp. 472 – 474.

[14] 朱永忠，谢拥军，谢文宣. 准椭圆函数滤波器的边带优化设计[J]. 西安电子科技大学学报，2009, 36(3)：448 – 467.

[15] Chi T K, M Z W, Shi Y K. Design of an elliptic-function bandpass filter using microstrip spiral resonators, IEICE Trans. Electronics, 2005. Dec., Vol. 88, No. 12, pp. 1040 – 1048.

[16] Huruya J, Sato R. Transmission characteristics and a design method of transmission-line low-pass filters with multiple pairs of coincident zeros and multiple pairs of coincident poles, IEEE Trans. Microwave Theory Tech., 1980, Aug., Vol. 28, No. 8, pp. 865 – 874.

[17] 苏涛，梁昌洪，谢拥军，广义 Chebyshev 最优滤波器设计，电子学报，2003, Dec., Vol. 31 No. 12A, pp. 2018 – 2020.

[18] Corral C A. Lindquist C S. Aronhime P B. Sensitivity of the band-edge selectivity of various classical filters, Proceedings of the 40th Midwest Symposium on Circuits and Systems, 1997, Aug., Vol. 1, pp. 324 – 327.

[19] 朱永忠，刘建平. 广义 Chebyshev 滤波器的边带优化设计[J]. 西南交通大学学报 2011, 46(5)：797 – 802.

[20] Abramowitz M, Stegun I A. Handbook of Mathematical, Functions. New York：Dover, 1970.

[21] Hong J S, Lancaster M J. Microstrip filters for RF/microwave application, Wiley, 2001, pp. 338 – 339.

[22] Amari S. Direct synthesis of folded symmetric resonator filters with source-load coupling, IEEE Microwave and Wireless Component Letters, 2001, Jun., Vol. 11, No. 6, pp. 264 – 266.

第 3 章　小型化基片集成波导滤波器

随着微波毫米波电路与系统的广泛应用，人们在逐渐探索新的导波结构，期待能够综合传统导波结构的优势来满足人们对通信系统更高的要求，基片集成波导（Substrate Integrated Waveguide，SIW）技术应运而生。1998 年，日本学者 Takeshi Takensoshita 和 Hiroshi Uchimura 最先系统研究了这种新型的导波结构。2001 年，加拿大的吴柯教授第一次正式提出了基片集成波导的概念。自此以后，基片集成波导技术成为微波毫米波领域的研究热点。SIW 是通过在低损耗介质基片上下表面附金属层，侧边排列周期性金属化通孔实现导波功能的一种新型波导结构。在继承了传统金属波导高 Q 值、大功率容量等特点的基础上，SIW 在小型化方面比金属波导更具优势，结构上易与其他平面微波结构集成。另外，在加工工艺方面，这种基片上排列周期性通孔的结构利用 PCB 或者 LTCC 技术可以精确实现，能满足较低成本下的大批量生产。目前 SIW 技术已成为研究微波毫米波电路的热点之一。

为设计小型化的 SIW 腔体式滤波器，本章对腔体耦合的基本理论做了简要介绍，并着重介绍了可用于共面 SIW 谐振腔间的电、磁耦合结构，为后续设计小型化滤波器打下基础。

3.1　SIW 腔体间的耦合研究

3.1.1　腔体耦合的基本理论

谐振腔之间的耦合一般指谐振腔之间能量的交换或者传递，耦合强弱可以用耦合系数 k 来表示，k 越大则表示耦合越强。耦合系数 k 定义为两个谐振腔之间耦合的能量与存储的能量的比值[1]：

$$k = \frac{\iiint \varepsilon \boldsymbol{E}_1 \cdot \boldsymbol{E}_2 \mathrm{d}v}{\sqrt{\iiint \varepsilon \mid \boldsymbol{E}_1 \mid^2 \mathrm{d}v \times \iiint \varepsilon \mid \boldsymbol{E}_2 \mid^2 \mathrm{d}v}} + \frac{\iiint \mu \boldsymbol{H}_1 \cdot \boldsymbol{H}_2 \mathrm{d}v}{\sqrt{\iiint \mu \mid \boldsymbol{H}_1 \mid^2 \mathrm{d}v \times \iiint \mu \mid \boldsymbol{H}_2 \mid^2 \mathrm{d}v}} \tag{3-1}$$

式中，耦合系数 k 由两项相加而得。这两项分别代表电场耦合和磁场耦合，即表示了腔体间的电耦合率和磁耦合率。

由定义式直接通过积分的方法求得耦合系数，这个过程繁琐而且复杂。更加常用的方法是通过全波电磁分析或实验得到谐振腔的频率特性，进而通过频率特性求得腔体间的耦合系数，这个方法绕开了对腔体物理结构的讨论，更为简单实用。下面将简单介绍通过谐振腔的频率特性得到耦合系数的过程，整个推导过程是基于集总元件电路模型，对于分布参数的谐振腔结果只在以谐振频率为中心的窄带上成立[2,3]。

对于大多数的腔体间耦合，电耦合和磁耦合都是同时存在的，即是混合耦合方式。图

3-1是采用混合耦合方式的谐振腔集总元件在去耦合后的等效电路模型，其节点电压方程为：

$$\begin{bmatrix} I_1 \\ I_2 \\ I_3 \end{bmatrix} = \begin{bmatrix} y_{11} & y_{12} & y_{13} \\ y_{21} & y_{22} & y_{23} \\ y_{31} & y_{32} & y_{33} \end{bmatrix} \cdot \begin{bmatrix} V_1 \\ V_2 \\ V_3 \end{bmatrix} \quad (3-2)$$

其中，I_i 为流入节点 i 的源电流，V_i 为节点 i 的节点电压，$y_{ij}(i \neq j)$ 为节点 i 与节点 j 的互导纳，y_{ii} 为节点 i 的自导纳。

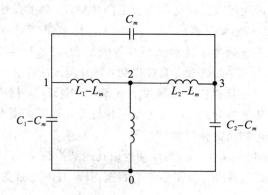

图 3-1 谐振器混合耦合方式的等效电路图

当电路自谐振时，满足

$$\begin{bmatrix} I_1 \\ I_2 \\ I_3 \end{bmatrix} = \begin{bmatrix} 0 \\ 0 \\ 0 \end{bmatrix}, \begin{bmatrix} V_1 \\ V_2 \\ V_3 \end{bmatrix} \neq \begin{bmatrix} 0 \\ 0 \\ 0 \end{bmatrix} \quad (3-3)$$

这就要求导纳矩阵的行列式等于零，即

$$\begin{vmatrix} y_{11} & y_{12} & y_{13} \\ y_{21} & y_{22} & y_{23} \\ y_{31} & y_{32} & y_{33} \end{vmatrix} = 0 \quad (3-4)$$

将式(3-4)展开整理得

$$\omega^4 (L_1 C_1 L_2 C_2 - L_m^2 C_1 C_2 - L_1 L_2 C_m^2 + L_m^2 C_m^2) - \omega^2 (L_1 C_1 + L_2 C_2 - 2L_m C_m) + 1 = 0 \quad (3-5)$$

解式(2-5)得四个根，舍弃不符合物理意义的负根，得

$$\omega_{1,2} = \sqrt{\frac{(L_1 C_1 + L_2 C_2 - 2L_m C_m) \pm \sqrt{(L_1 C_1 + L_2 C_2 - 2L_m C_m)^2 - 4(L_1 C_1 L_2 C_2 - L_m^2 C_1 C_2 - L_1 L_2 C_m^2 + L_m^2 C_m^2)}}{2(L_1 C_1 L_2 C_2 - L_m^2 C_1 C_2 - L_1 L_2 C_m^2 + L_m^2 C_m^2)}} \quad (3-6)$$

令 $k_m = \dfrac{L_m}{\sqrt{L_1 L_2}}$，$K_e = \dfrac{C_m}{\sqrt{C_1 C_2}}$，$\omega_2 > \omega_1$，则根据定义，混合耦合系数可表示为：

$$k_x = k_e - k_m = \frac{C_m}{\sqrt{C_1 C_2}} - \frac{L_m}{\sqrt{L_1 L_2}} = \pm \frac{1}{2} \left(\frac{\omega_{02}}{\omega_{01}} + \frac{\omega_{01}}{\omega_{02}} \right) \sqrt{\left(\frac{\omega_2^2 - \omega_1^2}{\omega_2^2 + \omega_1^2} \right)^2 - \left(\frac{\omega_{02}^2 - \omega_{01}^2}{\omega_{02}^2 + \omega_{01}^2} \right)^2} \quad (3-7)$$

其中 $\omega_{01} = \dfrac{1}{\sqrt{L_1 C_1}}$，$\omega_{02} = \dfrac{1}{\sqrt{L_2 C_2}}$。式(2-7)又可写为：

$$k = \pm \frac{1}{2} \left(\frac{f_{02}}{f_{01}} + \frac{f_{01}}{f_{02}} \right) \sqrt{ \left(\frac{f_2^2 - f_1^2}{f_2^2 + f_1^2} \right)^2 - \left(\frac{f_{02}^2 - f_{01}^2}{f_{02}^2 + f_{01}^2} \right)^2 } \qquad (3-8)$$

其中 $f_i = \frac{\omega_i}{2\pi}$。至此，耦合系数可由耦合谐振腔的频率特性得出。如果两个谐振腔的固有谐振频率相同，即 $f_{01} = f_{02}$，则有

$$k = \pm \frac{f_2^2 - f_1^2}{f_2^2 + f_1^2} \qquad (3-9)$$

3.1.2　全模 SIW 腔体耦合方式

　　随着无线通信系统的快速发展，具有有限频率传输零点的带通滤波器因为在通带和阻带都具有较好的性能而更加受到设计者的青睐[3]。传输零点有两类，一类可以提高滤波器的带外抑制特性，使其具有更好的选择性，另一类可以起到平滑通带群时延的作用[4]。传输零点可以通过滤波器一对不相邻的谐振腔之间交叉耦合来实现，对全模的 SIW 谐振腔磁耦合比较容易实现，电耦合相对比较困难。本节介绍列举了可用于实现共面 SIW 谐振腔间耦合的结构，为小型化 SIW 滤波器耦合结构的设计提供参考。

　　图 3-2 所示的耦合结构是共面相邻的 SIW 腔体间最常用的磁耦合方式——感性窗耦合，通过减去相邻 SIW 谐振腔间共用的一部分金属化通孔，即在共用金属孔壁上开窗，实现腔体间的耦合。在这种耦合方式中，相邻 SIW 谐振腔共用的两排金属化孔的距离会影响耦合强度的大小，间距越大耦合越强。文献[5]中利用这种开感性窗的磁耦合方式分别设计了 SIW 带通滤波器和双工器。

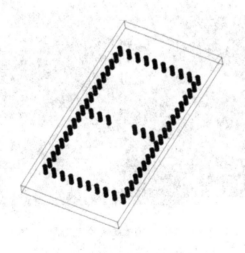

图 3-2　感性窗耦合结构图

　　相比于磁耦合，对于 SIW 结构，共面腔体间的电耦合更难实现。因为 SIW 腔体内填充的介质基板厚度一般较小且 SIW 腔体侧壁的周期性金属化通孔使波导的侧壁具有不连续性[6]。本文主要将着重介绍以下六种可用于 SIW 共面相邻腔体间的电耦合结构：① S 型槽耦合；② 叉指型槽耦合；③ U 型槽耦合；④ 共面波导耦合；⑤ 微带-探针异面耦合；⑥ 交叉型槽耦合。这些结构严格来讲都属于混合耦合方式，但在具体应用中通过参数调节可以使混合耦合中的电耦合强度大于磁耦合，所以通常作为电耦合结构应用在 SIW

滤波器设计中。

1. S 型槽

图 3-3、图 3-4 所示展示了两个 SIW 谐振腔间 S 型槽的耦合结构，两个 SIW 谐振腔通过在谐振腔上下金属面上蚀刻出的正反 S 型槽再配合共用的金属化通孔实现耦合。这种结构属于混合耦合方式，共用金属化通孔间的距离越大，即 w_c 越大，混合耦合中的电耦合强度越弱。图 3-5 是利用 S 型槽结构的滤波器实物图。

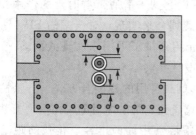

图 3-3 S 型槽耦合结构平面图

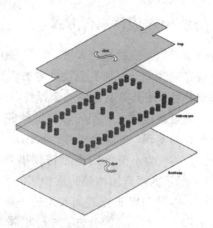

图 3-4 S 型槽耦合立体结构图

图 3-5 利用 S 型槽结构的滤波器实物图

2. 叉指型槽[7, 8]

文献[7]中通过在上层金属面蚀刻出如图 3-6 所示的叉指型槽实现了源与负载间的混合耦合，从而设计出一款单腔双模 SIW 滤波器。这种耦合方式的耦合强弱主要取决于叉指型槽的长度 l_1 和宽度 l_2，其中 l_1 变大，混合耦合中的电耦合将变弱。图 3-7 是文献中设计的单腔双模滤波器的实物图。经测试，滤波器的中心频率为 10 GHz，3 dB 相对带宽 5.5%，带内最大插入损耗 1.98 dB，回波损耗低于 −15 dB，在 8.2 GHz、9.2 GHz 和 10.8 GHz 处分别有一个传输零点。

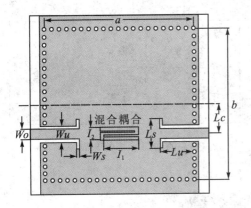

图 3-6　叉指型槽耦合结构

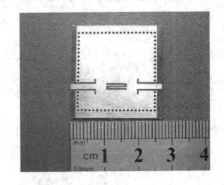

图 3-7　SIW 单腔双模滤波器

　　这种耦合方式在文献[4]和文献[8]中被用于实现 SIW 腔体间的耦合，其中文献[4]设计实现了如图 3-8 所示的四阶交叉耦合滤波器。同样槽线长度变大时混合耦合中的电耦合将变弱，继而影响交叉耦合变弱，靠近通带的两个传输零点会逐渐远离通带。滤波器的中心频率和带宽分别为 5.3 GHz 和 300 MHz，带内插入损耗最大为 1.5 dB，回波损耗小于 −17 dB，三个传输零点分别位于 5.0 GHz、5.6 GHz 和 6.8 GHz，滤波器具有良好的频率选择特性和寄生特性。

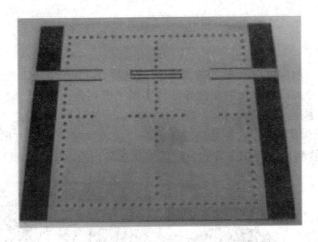

图 3-8　利用叉指型槽设计的交叉耦合滤波器

3. U 型槽[9]

　　文献[9]中提出了 U 型槽的电耦合结构，这种耦合结构是分别在 SIW 上下层金属面上蚀刻出反对称的 U 型槽并通过金属化通孔连接实现耦合，如图 3-9、图 3-10 所示。利用这种耦合方式文献[9]设计了 V 波段的交叉耦合滤波器，如图 3-11 所示。U 型槽实现了第一、四谐振腔之间的负耦合，其余腔体间是开感性窗的磁耦合结构。滤波器利用 LTCC 工艺加工制作，整体尺寸为 2.6 mm×2.32 mm×0.1 mm，中心频率 59.6 GHz，相对带宽 12%，测试得通带内最小插损和最大回波损耗分别为 −3.6 dB 和 −14 dB，两个传输零点分别位于 52 GHz 和 69.4 GHz。该滤波器的损耗较大，但具有良好的选择性和阻带抑制特性。

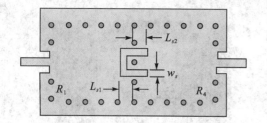

图 3-9 蚀刻 U 型槽的 SIW 上层金属面

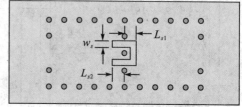

图 3-10 蚀刻 U 型槽的 SIW 下层金属面

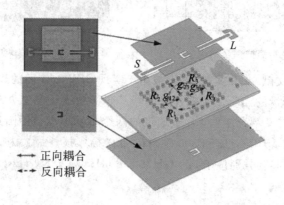

→ 正向耦合
⇢ 反向耦合

图 3-11 利用 U 型槽设计的交叉耦合滤波器

4. 共面波导耦合[10,11]

利用共面波导的结构可以实现 SIW 腔体间的电耦合,如图 3-12 所示,两个圆形 SIW 谐振腔通过在上层金属面蚀刻出共面波导结构实现了电耦合。文献[10]中利用这种耦合结构设计了三阶交叉耦合滤波器,如图 3-13 所示。滤波器的中心频率为 14.3 GHz,在 14.15 GHz 处有一传输零点。这种共面波导的耦合结构同样可用于方形 SIW 谐振腔间的耦合,文献[11]中就利用这种耦合方式设计了多层交叉耦合 SIW 滤波器。

图 3-12 共面波导耦合结构

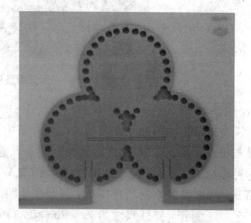

图 3-13 利用共面波导结构的 SIW 滤波器

5. 微带-探针异面耦合

文献[6]中设计了如图 3-14 所示的 SIW 带通滤波器,其中第一、三腔体和第二、四腔体间采用的就是微带-探针异面耦合。这种结构通过探针将能量过渡到上层金属面，再通过上层金属面的矩形槽将能量耦合到相邻的另一个腔体从而实现耦合。

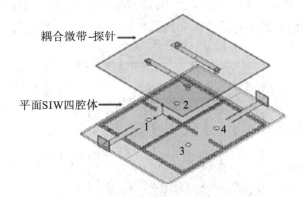

图 3-14　微带-探针异面耦合结构

6. 交叉槽耦合[12]

文献[12]设计了如图 3-15、图 3-16 所示的开槽耦合结构实现腔体间的电耦合，分别在上下层金属面蚀刻出两个反向的相互交叉的槽结构，在两个谐振腔之间金属化通孔位置固定的情况下改变槽的长度可以调整耦合强弱，槽越长(L 越大)电耦合强度越弱。

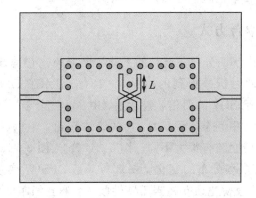

图 3-15　交叉型槽结构平面图

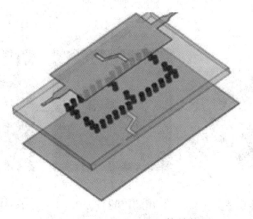

图 3-16　交叉型槽立体结构图

图 3-17 所示是文献[12]中利用这种耦合结构设计实现的四阶准椭圆 SIW 滤波器，磁耦合选用开感性窗的方式，从而实现交叉耦合。滤波器的整体尺寸为 4.6 mm×2.8 mm×0.2 mm，测试得中心频率为 60.8 GHz，3 dB 相对带宽 11%，回波损耗大于 10.2 dB，带内插入损耗 1.77 dB。滤波器具有低插损和高选择性的特点，可以适用于 60 GHz 商用频段的无线局域网中。

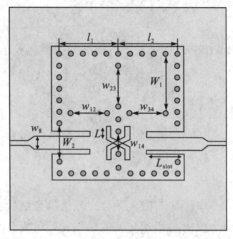

图 3-17　利用交叉型槽的 SIW 滤波器

3.1.3　DFSIW 腔体耦合方式

DFSIW 谐振腔，相当于四分之一波长的 FSIW 谐振腔。它是方形 SIW 沿着长度和宽度两个方向的对称位置同时折叠得到的。图 3-18(a)显示了 DFSIW 谐振腔整体结构。DFSIW 腔体的高度为原始 SIW 的两倍，包括上、中、下三个金属面以及金属面间的两层介质材料。DFSIW 谐振腔中间金属层呈"L"形的缝隙起到了磁壁的作用，所以 DFSIW 腔体间的耦合结构和 SIW 谐振腔有很大不同。图 3-18(b)、图 3-18(c)显示了从 SIW 结构到 DFSIW 结构腔体内部电场分布的变化。图 3-19 是 DFSIW 实现共面腔体间磁耦合的一种方式，腔体间共用的金属化通孔相当于感性膜片，通孔间距的大小会影响耦合强度的变化，间距越大耦合越弱，同时中心频率也随之增大，所以在提高耦合强度的同时要相应减小谐振腔的尺寸[13]。

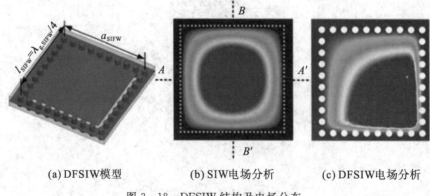

(a) DFSIW模型　　　(b) SIW电场分析　　　(c) DFSIW电场分析

图 3-18　DFSIW 结构及电场分布

　　文献[13]中还提出了如图 3-20 所示的折叠电耦合形式，共面的 DFSIW 谐振腔以靠近"L"形缝隙的窄边相邻放置，去掉一部分共用的金属化通孔再加上如图 3-20 所示的缝隙，此时增加的缝隙等效于容性隔片，目的是为了让折叠缝隙处原本垂直于窄边的电场 x 向分量垂直穿过耦合处从而实现负耦合[14]。同时耦合强度随着隔片面积的增大而增大，中心频率则随着面积增大而下降。

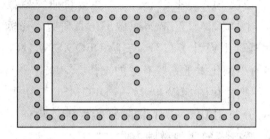

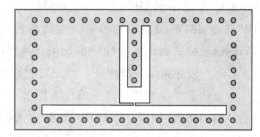

　　　图 3-19　DFSIW 磁耦合结构　　　　　　图 3-20　一种 DFSIW 电耦合结构

　　因为共面相邻的两个 DFSIW 腔体在其共用的金属化通孔两侧的两个"L"型缝隙均起到了磁壁的作用，所以去掉共用的金属化通孔阵列并不会影响 DFSIW 腔体内的电场分布[15]。基于这一思想，文献[15]中提出了图 3-21 中所示的另外两种 DFSIW 电耦合形式。

　　在图 3-21 中，数字 1 代表强电场区域，数字 2 代表弱电场区域。图 3-21(a)、图 3-21(b)中的右侧图分别代表由左侧原始耦合方式演变而来的改进型结构，利用改进型结构中的参数 l_1 可以调节耦合强度的大小。在图 3-21(a)所示的第一种耦合方式中，强电场区域与弱电场区域临近，当 l_1 大于零时，奇次模的谐振频率低于偶次模，所以实现了电耦合。在第二种耦合方式中，强电场区域相互临近，但是这种耦合结构实现的耦合系数非常小，难以满足耦合矩阵的要求，所以又设计了改进的结构来增强耦合，耦合强度可以随着 l_1 的增大而变大。

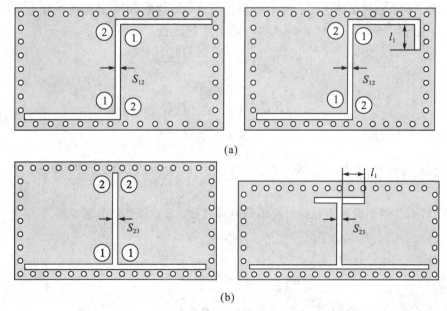

图 3-21　两种新型 DFSIW 电耦合结构及其改进型

3.2　DFQMSIW 滤波器设计

3.1 节中介绍了实现 SIW 谐振单元小型化的技术手段，小型化的 SIW 谐振腔是设计小型化 SIW 谐振腔式滤波器的基础。本章将折叠和四分之一模 SIW 技术结合，提出了一种小型化的 SIW 谐振单元——双重折叠四分之一模 SIW(DFQMSIW)。在分析研究原始 SIW 和 QMSIW 谐振腔的传输特性的基础上，对 DFQMSIW 谐振腔做了仿真研究，分析了不同激励方式对谐振腔性能的影响，并在此基础上设计了二阶、三阶 DFQMSIW 滤波器，实现了较好的滤波器性能，为 SIW 滤波器的小型化做了一些有益的工作。

　　本节结合折叠和四分之一模技术提出了一种小型化的 SIW 单元——DFQMSIW，并从原始结构的方形 SIW、QMSIW 谐振腔入手，分析对比了三种谐振腔的性能，验证了 DFQMSIW 结构的可行性，讨论了 DFQMSIW 谐振腔的两种激励方式，为下一步滤波器的设计打下基础。

3.2.1　方形 SIW 谐振腔

　　SIW 可以看作是用两列周期性排列的金属化通孔代替矩形波导的金属侧壁而形成的结构。大量的研究结果表明，SIW 具有与传统矩形金属波导相似的传播特性。所以，在设计 SIW 器件时将其与矩形金属波导建立等效关系可以减少设计的复杂度。

　　SIW 和矩形波导的等效关系可以表示为[16]

$$\bar{a} = \xi_1 + \cfrac{\xi_2}{\cfrac{p}{d} + \cfrac{\xi_1 + \xi_2 - \xi_3}{\xi_3 - \xi_1}} \tag{3-10}$$

其中 $\bar{a}$ 表示 SIW 的宽度 a 与对应的介质填充的矩形波导的宽度之比，d 表示 SIW 金属化通孔的直径，p 是金属化通孔孔心间的距离。另外，为抑制 SIW 谐振腔中能量的泄露，p 要满足以下条件：$p < 0.25\lambda$ 且 $p < 4d$，λ 为基片中的波长，

$$\xi_1 = 1.0198 + \cfrac{0.3465}{\cfrac{a}{p} - 1.0684}$$

$$\xi_2 = -0.1183 - \cfrac{1.2729}{\cfrac{a}{p} - 1.2010} \tag{3-11}$$

$$\xi_3 = 1.0082 - \cfrac{0.9163}{\cfrac{a}{p} + 0.2152}$$

得到 SIW 转换为矩形波导谐振腔时腔体的等效宽度、等效长度可分别表示为

$$a_{\text{eff}} = a - 1.08 \frac{d^2}{p} + 0.1 \frac{d^2}{a}$$

$$b_{\text{eff}} = b - 1.08 \frac{d^2}{p} + 0.1 \frac{d^2}{b} \tag{3-12}$$

a、b 分别对应矩形 SIW 谐振腔的有效宽度和有效长度。

　　因为 SIW 谐振腔侧壁是不连续的金属化通孔,而 TM 模在波导内传播时,波导侧壁的电流是呈横向分布的,所以电流会被金属化通孔截断,使得 SIW 谐振腔只能传输 TE 模。结合式(3 - 12),由矩形波导的谐振频率公式可得 SIW 谐振腔传输 TE_{m0p} 模的谐振频率为[17]:

$$f_{m0p} = \frac{1}{2\sqrt{\varepsilon\mu}}\sqrt{\left(\frac{m}{a_{\text{eff}}}\right)^2 + \left(\frac{p}{b_{\text{eff}}}\right)^2} \qquad (3-13)$$

式中:$m=1,2,3\cdots$,$p=1,2,3\cdots$,$\mu=\mu_0\mu_r$ 和 $\varepsilon=\varepsilon_0\varepsilon_r$ 分别是磁导率和介质的介电常数。

　　为进行下一步 DFQMSIW 谐振腔的设计分析,利用 SIW 的等效公式,本文设计了结构如图 3 - 22 所示的正方形 SIW 谐振腔,谐振腔尺寸为 50.6 mm×50.6 mm×1 mm,金属化通孔的直径 $d=0.8$ mm,通孔的间距 $p=1.2$ mm,其输入输出端口均采用 50 Ω 的微带线直接与谐振腔相连,线宽为 2.8 mm。谐振腔选用相对介电常数为 2.55,基片厚度为 1 mm 的介质材料。利用 Ansoft HFSS 软件对谐振腔进行仿真,得到其频率响应特性如图 3 - 23 所示。从仿真结果上看,SIW 谐振腔在 TE_{101}、TE_{102}、TE_{202} 模下的谐振频率分别为 3.17 GHz、5.02 GHz 以及 7.23 GHz,对应的电场分布如图 3 - 24 所示。

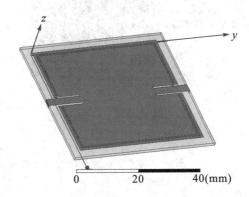

图 3 - 22　SIW 结构仿真图

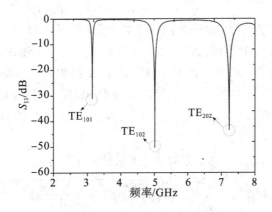

图 3 - 23　SIW 频率响应曲线

　　图 3 - 24(a)、3 - 24(b)、3 - 24(c)分别对应方形 SIW 谐振腔在 TE_{101}、TE_{102} 和 TE_{202} 模谐振频率下的电场分布。从图中可以看出,三种模式下 SIW 谐振腔内的电场在沿着 y 方向

的中央平面上都是对称分布的，所以该平面可等效为磁壁，沿磁壁将方形 SIW 平分为两部分，则每一部分都是 HMSIW。

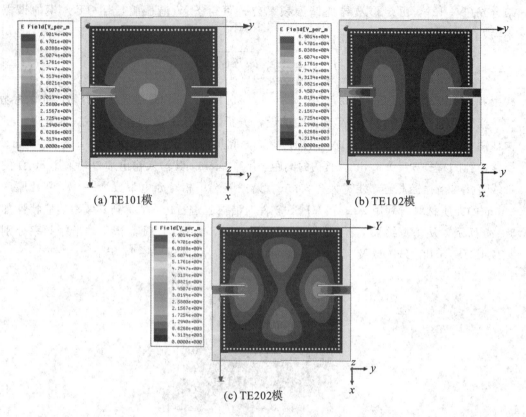

(a) TE101模　　　　　　　　(b) TE102模

(c) TE202模

图 3 - 24　SIW 不同谐振频率下的电场分布图

3.2.2　QMSIW 谐振腔

从图 3 - 24 中可以发现，TE_{101} 和 TE_{202} 模在 SIW 谐振腔内的电场分布，除了沿 y 方向的中央平面对称，沿 x 方向的中央平面同样是对称的，而且已知 HMSIW 的电场分布与原始 SIW 电场分布的一半十分近似，所以可以沿着 x 方向的等效磁壁再次平分 HMSIW，平分得到的每一部分即为 QMSIW。对 TE_{102} 模，SIW 谐振腔内的电场分布只含有沿 y 方向的等效磁壁，所以只能进行一次分割，无法再得到 QMSIW。所以，QMSIW 谐振腔的前两个腔体模式为 TE_{101} 模和 TE_{202} 模，原始方形 SIW 谐振腔的 TE_{102} 模在 QMSIW 谐振腔内消失。

QMSIW 结构传输 TE_{m0p} 模的谐振频率计算公式如下[18]：

$$f_{m0p}^{QMSIW} = \frac{1}{2\pi\sqrt{\mu\varepsilon}}\sqrt{\left(\frac{m\pi}{2L_{eff}^{QMSIW}}\right)^2 + \left(\frac{p\pi}{2W_{eff}^{QMSIW}}\right)^2} \tag{3-14}$$

式中，$m = p = 1, 2, 3\cdots$，$\mu = \mu_0\mu_r$ 和 $\varepsilon = \varepsilon_0\varepsilon_r$ 分别是磁导率和介质的介电常数。L_{eff}^{QMSIW} 和 W_{eff}^{QMSIW} 分别是 QMSIW 结构的等价长度和等价宽度。

$$W_{\text{eff}}^{\text{QMSIW}} = \frac{W_{\text{eff}}^{\text{SIW}}}{2} + h\left(0.05 + \frac{0.30}{\varepsilon_{\text{r}}}\right) \times \ln\left(0.20\,\frac{W_{\text{eff}}^{\text{SIW}}}{h^3} + \frac{52W_{\text{eff}}^{\text{SIW}} - 261}{h^2} + \frac{38}{h} + 2.77\right)$$

$$(3-15)$$

以 3.2.1 节设计的 SIW 谐振腔为参照，根据两次沿磁壁平分 SIW 得到 QMSIW 的原理，仿真设计了如图 3-25 所示的 QMSIW 谐振腔，谐振腔的主体尺寸为 23 mm×23 mm×1 mm。图 3-26 是仿真得到的 QMSIW 谐振腔在 TE_{101} 模下的电场分布，其电场保持了原始 SIW 场强分布的四分之一。

图 3-27 是通过仿真得到的 QMSIW 谐振腔的频率响应曲线。由仿真结果得，QMSIW 谐振腔对应 TE_{101} 模、TE_{202} 模的谐振频率分别为 3.2 GHz、7.3 GHz。和原始 SIW 谐振腔相比，谐振频率十分接近。

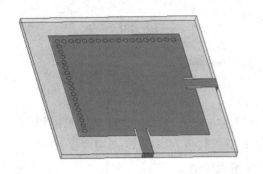

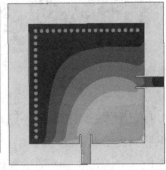

图 3-25　QMSIW 谐振腔模型图　　　　　　图 3-26　QMSIW 谐振腔电场分布图

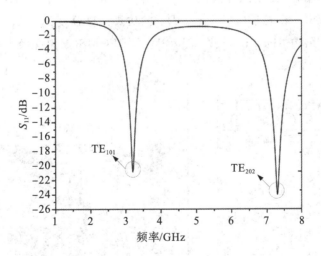

图 3-27　QMSIW 谐振腔频率响应曲线图

3.2.3　DFQMSIW 谐振腔

DFQMSIW 谐振腔是一种更加小型化的 SIW 谐振腔的改进结构，它结合了 DFSIW 和 QMSIW 结构的特点，即将双重折叠和四分之一模 SIW 技术结合，谐振腔的平面面积减小为原始 SIW 的 1/16。图 3 - 28 是以图 3 - 22 中 SIW 结构为参考设计的 DFQMSIW 模型图。如图 3 - 29 所示，它由两层介质基板构成，高度为原始 SIW 结构的两倍，含三个金属层，中间金属层上开"L"型缝隙，使上下两个腔耦合成一个整体谐振腔。

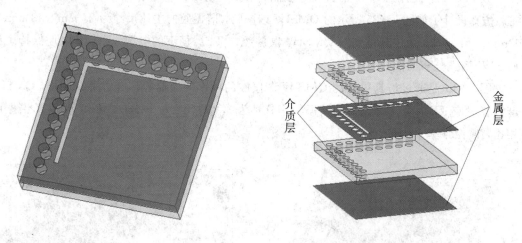

图 3 - 28　DFQMSIW 模型图　　　　　　图 3 - 29　DFQMSIW 立体结构图

　　按照图 3 - 30 所示的平面结构，对采用水平馈电方式的 DFQMSIW 谐振腔进行仿真，谐振腔高度为 2 mm，具体结构尺寸见表 3 - 1，介质材料和方形 SIW 谐振腔以及 QMSIW 谐振腔一致。图 3 - 31 是仿真得到的 DFQMSIW 谐振腔电场分布图，从图中可以看出谐振腔内沿"L"型缝隙处的电场最强。结合前文对原始方形 SIW 谐振腔、QMSIW 谐振腔的仿真结果，可以得到图 3 - 32 中三种谐振腔回波损耗的对比图。依照仿真结果，方形 SIW、QMSIW 和 DFQMSIW 谐振腔在 TE_{101} 模式下的仿真谐振分别为 3.17 GHz、3.2 GHz 和 3 GHz，原始 SIW 结构中的 TE_{102} 模在 QMSIW 和 DFQMSIW 谐振腔内均消失了。

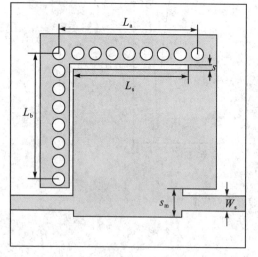

图 3 - 30　DFQMSIW 谐振腔平面图

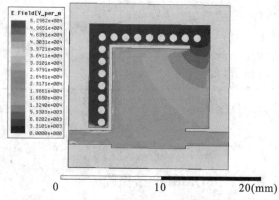

图 3 - 31　DFQMSIW 谐振腔电场分布图

表 3 - 1　DFQMSIW 结构尺寸表　　　mm

L_a	L_b	L_s	s	s_m	W_s
9.6	8.4	7.85	0.35	2	1

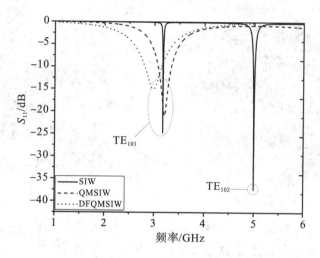

图 3 - 32　SIW 谐振腔回波损耗对比图

　　DFQMSIW 谐振腔主要有两种激励方式，微带线垂直于槽和平行于槽，如图 3 - 33 所示。图 3 - 33(a)是微带线垂直于槽的激励方式，因为槽附近电场最强，所以这种激励方式能够尽可能多地将能量耦合出来，同时腔体中的场分布方式与微带线相似，所以可以获得较高的外部品质因数。但是这种激励方式由于严重破坏了腔体原有的场结构，会导致频率偏移，必须适当调整腔体的大小以满足谐振频率。同时能量输入输出的位置越靠近"L"型缝隙的直角处，即微带线越深入腔体内部，获得的外部品质因数越大，同时频率偏移也会越严重。

　　图 3 - 33(b)是 DFQMSIW 谐振腔平行于槽的激励方式，因为激励位置处的电场较弱，所以获得的外部品质因数较低，在带宽比较宽的情况下，这种激励方式能够很好地满足要求。同样对于这种激励方式，带状线进入腔体越深，即离平行的槽越近，外部品质因数就越高。

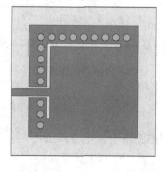

(a) 垂直于槽

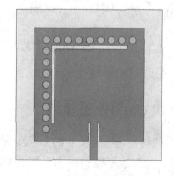

(b) 平行于槽

图 3 - 33　DFQMSIW 谐振腔的两种激励方式

图 3-34 是分别采用垂直馈电和水平馈电方式设计的 DFQMSIW 谐振腔。由于馈电方式不同，相同尺寸、相同介质材料的两种谐振腔的谐振频率会产生偏差。调整两种馈电方式输入与输出的位置，通过 Ansoft HFSS 软件仿真得到两组仿真结果，如图 3-35 所示。

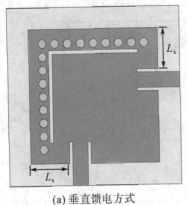 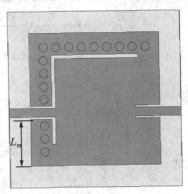

(a) 垂直馈电方式   (b) 水平馈电方式

图 3-34　采用两种馈电方式的 DFQMSIW 谐振腔

如图 3-34(a)所示，参数 L_x 表示垂直馈电方式的 DFQMSIW 谐振腔中微带线距离谐振腔边缘的距离。图 3-35(a)是改变 L_x 大小得到的一组 DFQMSIW 谐振腔的 S_{11} 频率响应曲线，从图中可以看出谐振腔的谐振频率随着 L_x 的变大而不断变大。参数 L_m 是图 3-34(b)中水平馈电方式的 DFQMSIW 谐振腔中微带线距离谐振腔下边缘的距离，L_m 越大代表微带线距离"L"型缝隙的交叉处越近，从图 3-35(b)的仿真结果可以看出，微带线距离缝隙交叉处越近，谐振频率越大。

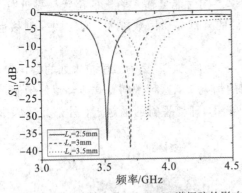

(a) 参数L_x对垂直馈电的DFQMSIW谐振腔的影响　　(b) 参数L_m对水平馈电DFQMSIW谐振腔的影响

图 3-35　微带线的位置对 DFQMSIW 谐振腔的影响

3.2.4　二阶 DFQMSIW 滤波器

根据上一节的讨论，相同尺寸的 DFQMSIW 谐振腔由于馈电方式的不同，谐振频率会发生偏移，所以本节设计了水平馈电和垂直馈电两种方式的二阶 DFQMSIW 滤波器并进行了分析。

1. 水平馈电方式

滤波器的设计指标如下：

(1) 中心频率 3 GHz；

(2) 相对带宽 17%；

(3) 通带内插入损耗不低于 -2 dB；

(4) 带内回波损耗(S_{11})低于 -20 dB。

通过上一节的讨论发现，对水平馈电的 DFQMSIW 谐振腔，其微带线位置越远离"L"型缝隙交汇处谐振频率越低，所以小型化 DFQMSIW 滤波器的设计采用的是"L"型缝隙底端水平馈电的方式，图 3-36 是对应的 DFQMSIW 谐振腔，从仿真得到的频率响应曲线（见图 3-37）可以看出，DFQMSIW 谐振腔的谐振频率为 3 GHz。

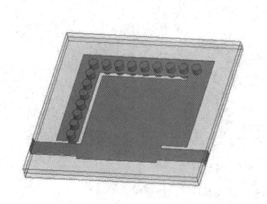

图 3-36 水平馈电的 DFQMSIW 谐振腔   图 3-37 DFQMSIW 频率响应曲线

通过 Ansoft HFSS 软件仿真设计了 DFQMSIW 两腔带通滤波器，如图 3-38 所示。滤波器是由高度为 1 mm、相对介电常数为 2.55 的两层介质基板构成，含三个金属层，两个谐振腔利用中间金属层上的长槽实现耦合，具体的设计参数见表 3-2，其俯视图见图 3-39。

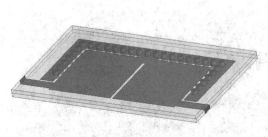
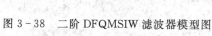

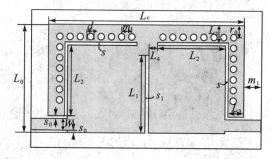

图 3-38 二阶 DFQMSIW 滤波器模型图   图 3-39 二阶 DFQMSIW 滤波器平面俯视图

表 3-2 DFQMSIW 滤波器结构尺寸表   mm

L_0	L_c	L_1	L_2	L_3	L_4	r_0
12.2	23	8.1	8.05	1.9	1	1.3
W	s_0	d	m	m_1	s_1	s
1.3	0.3	0.8	1.2	3	0.4	0.35

　　对于图 3-38 中设计的二阶 DFQMSIW 滤波器，两个谐振腔间的耦合强度主要受交接处中间金属面上的开槽长度 L_1 影响。图 3-40 显示了改变 L_1 的大小对传输系数 S_{21} 的影响，从图中可以看出，随着 L_1 的逐渐减小，S_{21} 曲线的双峰特性越来越严重，过耦合现象越来越明显，说明耦合强度随着 L_1 的减小而增大。通过仿真优化，缝隙长度 L_1 最终确定为 8.1 mm。

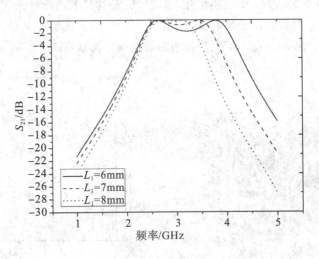

图 3-40　参数 L_1 对 DFQMSIW 滤波器性能的影响

　　利用 PCB 工艺将设计的滤波器参照表 3-2 的结构尺寸加工成实物，实物照片如图 3-41 所示。使用安捷伦 N5071C PNA-L 矢量网络分析仪对其进行测试，图 3-42 描绘了该滤波器的仿真和测试结果。从测试结果可以看出，滤波器的中心频率为 2.96 GHz，相对带宽为 18%，测试的插损在带宽内高于 -1.5 dB，在工作带宽内的回波损耗低于 -15 dB。测试和仿真结果总体吻合，带内插损稍有差异，原因可能是导体损耗、介质损耗或者 SMA 接头与微带线之间的过渡损耗引起的。

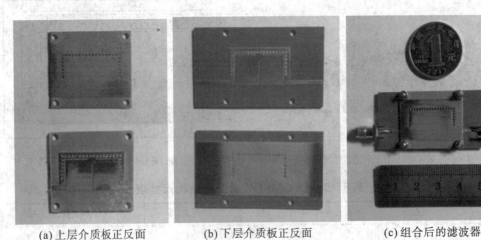

(a) 上层介质板正反面　　　　　(b) 下层介质板正反面　　　　　(c) 组合后的滤波器

图 3-41　二阶 DFQMSIW 滤波器实物图

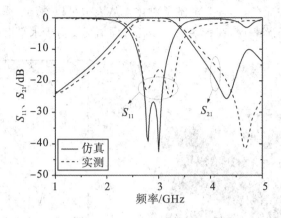

图 3-42　二阶 DFQMSIW 滤波器测试及仿真结果

2. 垂直馈电方式

图 3-43 是采用垂直馈电的 DFQMSIW 谐振腔，谐振腔尺寸和图 3-36 中水平馈电谐振腔完全一致，通过仿真得到其频率响应曲线如图 3-44 所示，谐振频率为 3.88 GHz。

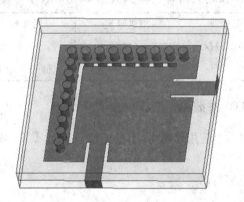

图 3-43　垂直馈电 DFQMSIW 谐振腔

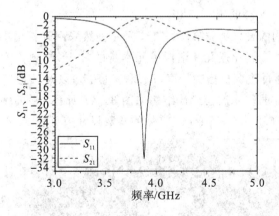

图 3-44　DFQMSIW 频率响应图

与图 3-43 中的谐振腔相对应，图 3-45 是采用垂直馈电方式设计的二阶 DFQMSIW 滤波器。图 3-46 描绘了水平和垂直两种馈电方式的 DFQMSIW 滤波器的仿真结果，根据仿真结果将滤波器的主要性能在表 3-3 中做了对比。从表中可以看出，采用垂直馈电的滤波器中心频率升高，相对带宽减小，在带内插入损耗方面情况要劣于水平馈电方式的滤波器。

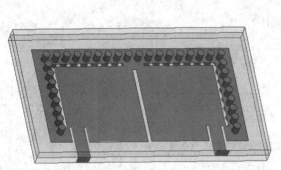

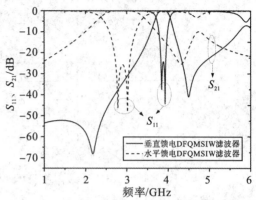

图 3-45　垂直馈电 DFQMSIW 滤波器

图 3-46　水平和垂直馈电的 DFQMSIW
滤波器仿真结果

表 3-3　水平和垂直两种馈电方式的 DFQMSIW 滤波器性能比较

滤波器性能	中心频率	相对带宽	回波损耗	带内插入损耗
水平馈电方式	2.91 GHz	16.5%	低于 −25.8 dB	高于 −0.07 dB
垂直馈电方式	3.89 GHz	4.9%	低于 −24 dB	高于 −0.12 dB

3.2.5　三阶 DFQMSIW 滤波器

在二阶滤波器的基础上，这里继续设计了三阶级联式 DFQMSIW 滤波器。滤波器的设计指标为：

(1) 中心频率为 2.8 GHz；

(2) 相对带宽为 13%；

(3) 通带内插入损耗(S_{21})不低于 −2 dB；

(4) 带内回波损耗(S_{11})低于 −15 dB。

在滤波器耦合结构的设计上，第一、二谐振腔仍然采用开长槽的结构，第二、三谐振腔之间除了利用共用的金属化通孔和谐振单元本身的"L"形缝隙，又增加了叉指型的耦合槽来增大耦合强度，通过改变长槽的长度(L_s)和宽度(s_1)以及叉指型槽的长度(L_c)可以调节谐振腔之间的耦合强弱。滤波器设计结构如图 3-47 所示，平面图如图 3-48 所示，主体尺寸为 40.6 mm×16.2 mm×2 mm，具体的参数尺寸值见表 3-4。

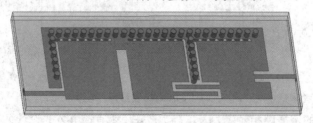

图 3-47　三阶 DFQMSIW 滤波器模型图

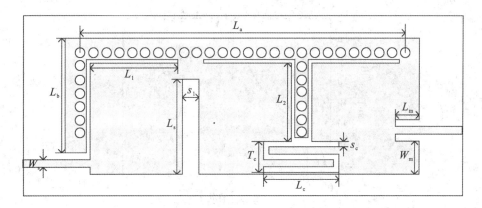

图 3-48 三阶 DFQMSIW 滤波器平面图

表 3-4 三阶 DFQMSIW 滤波器结构尺寸表 mm

L_a	L_b	L_1	L_2	L_s	L_c
30	10.3	8.05	7.05	8.5	7
L_m	W_m	W_s	T_c	s_c	s_1
2.25	2.9	0.7	2.8	0.5	1.5

　　根据设计模型对滤波器进行了实物加工,滤波器由两层高度都为 1 mm、相对介电常数为 2.55 的介质板材组合而成,两端焊接有 SMA 接头,实物照片如图 3-49 所示。

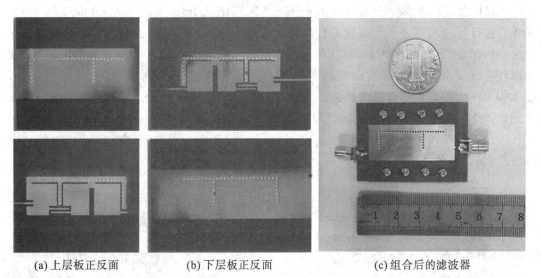

(a) 上层板正反面　　　(b) 下层板正反面　　　(c) 组合后的滤波器

图 3-49 三阶 DFQMSIW 滤波器实物图

　　将滤波器测试和仿真的结果绘于图 3-50 中,从图中可以看出,滤波器测试结果的中心频率为 2.87 GHz,相对带宽为 11.5%,通带内最大回波损耗为 −16 dB,带内插入损耗高于 −1.91 dB,测试和仿真结果基本吻合。焊接 SMA 接头会引入更多的插入损耗,再加上实验环境的限制,最终导致测试结果的插入损耗大于仿真的结果。

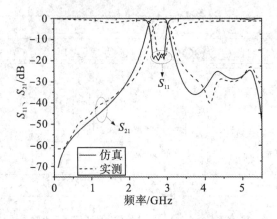

图 3-50　三阶 DFQMSIW 滤波器仿真与测试结果

3.3　QFQMSIW 滤波器设计

本节提出了比 DFQMSIW 更加小型化的四重折叠四分之一模 SIW（QFQMSIW）谐振腔，并利用它设计实现了小型化的 SIW 带通滤波器，对主要参数对滤波器性能的影响做了分析，结合测量结果给出了相关的性能指标。

3.3.1　QFQMSIW 滤波器谐振腔

四重折叠基片集成波导（Quadruple Folded Substrate Integrated Waveguide，QFSIW）是在双重折叠的 SIW 基础上再次进行折叠得到的，平面面积减小为原始 SIW 谐振腔的八分之一。在 QFSIW 的设计上，本文采用的方式是将双重折叠 SIW 中间金属面上的"L"型缝隙耦合改变为两个"L"型缝隙对接的槽耦合，而高度仍为原始 SIW 高度的两倍。QFQMSIW 谐振腔是结合四重折叠和四分之一模 SIW 结构特点设计的基片集成波导谐振单元，如图 3-51 所示，其平面面积为原始 SIW 谐振腔的 1/32，高度为 SIW 的 2 倍。对 QFQMSIW 谐振腔进行仿真，其电场分布如图 3-52 所示。可知 QFQMSIW 谐振腔在沿双"L"型缝隙内的电场最强。

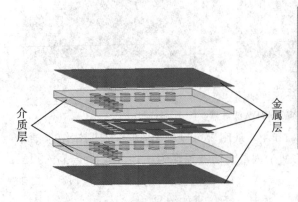

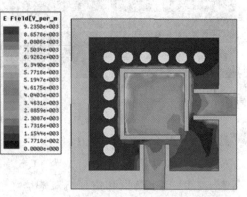

图 3-51　QFQMSIW 三维结构图　　　　　图 3-52　QFQMSIW 谐振腔电场分布

图 3-53 是设计的 QFQMSIW 谐振腔模型图，谐振腔整体尺寸为 11 mm×11 mm× 1.016 mm，中间金属面上缝隙宽度为 0.35 mm，其他具体的结构尺寸参见表 3-5，平面参数见图 3-54。通过 Ansoft HFSS 软件仿真可知其谐振频率为 3.99 GHz。

表 3-5　QFQMSIW 谐振腔结构尺寸表　　　　　　　　　　　　　mm

L_q	L_a	L_s	L_1	L_m	W_s	W_m
8.6	6	4.6	3.75	3.3	1.4	3.6

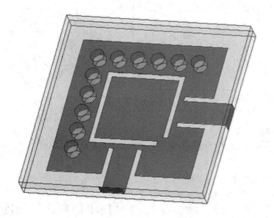

图 3-53　QFQMSIW 谐振腔模型图

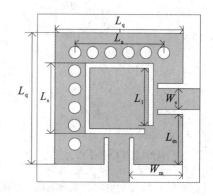

图 3-54　QFQMSIW 平面参数图

为了验证该结构的小型化特征，将原始的 SIW 谐振腔和 DFQMSIW 谐振腔做了仿真分析，选用与 QFQMSIW 谐振腔相同的介质材料，不改变金属化通孔的直径和间隔距离。

SIW 谐振腔尺寸为 52.8 mm×52.8 mm×0.508 mm，DFQMSIW 谐振腔尺寸为 16.2 mm× 16.2 mm×1.016 mm，仿真模型如图 3-55、图 3-56 所示。

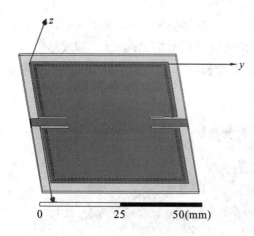

图 3-55　SIW 谐振腔模型图

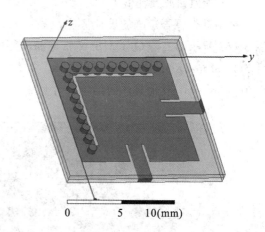

图 3-56　DFQMSIW 谐振腔模型图

图 3-57 是三种 SIW 谐振腔回波损耗的曲线图，DFQMSIW 和 QFQMSIW 谐振腔的前两个腔体模式为 TE_{101} 模和 TE_{202} 模，从图中可以看出 SIW、DFQMSIW 和 QFQMSIW

谐振腔在 TE_{101} 模对应的谐振频率分别为 3.97 GHz、3.95 GHz 和 3.96 GHz，在 TE_{202} 模对应的谐振频率分别为 9.17 GHz、9.05 GHz 和 9.82 GHz，SIW 谐振腔在 TE_{102} 模对应的谐振频率为 6.45 GHz。从仿真结果可以看出，在保证谐振频率基本不变的前提下，QFQMSIW 谐振腔对比原始的 SIW 谐振腔实现了结构上的小型化。

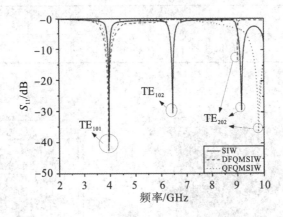

图 3-57　谐振腔回波损耗对比图

3.3.2　二阶 QFQMSIW 滤波器

针对 3.1 节设计的 QFQMSIW 谐振腔，本文研究设计了两种采用不同耦合结构的二阶 QFQMSIW 滤波器。

第一种耦合结构设计的滤波器设计指标为：

(1) 中心频率为 4 GHz；

(2) 相对带宽为 10%；

(3) 通带内插入损耗（S_{21}）不低于 -2 dB；

(4) 带内回波损耗低于 -20 dB。

采用综合耦合矩阵的设计方法，通过 Ansoft HFSS 软件仿真优化结构参数，设计了如图 3-58 所示的二阶 QFQMSIW 带通滤波器，平面俯视图如图 3-59 所示。滤波器主体尺寸为 20.6 mm×8.6 mm×1.016 mm，金属化通孔的半径为 0.4 mm，中间金属面上缝隙宽度为 0.35 mm，其他具体的结构尺寸见表 3-6。

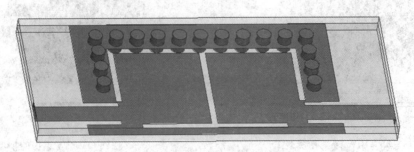

图 3-58　二阶 QFQMSIW 滤波器模型图

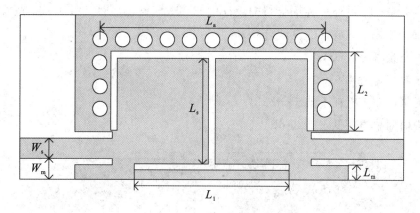

图 3-59　二阶 QFQMSIW 滤波器平面俯视图

表 3-6　QFQMSIW 滤波器结构尺寸表　　　　　　　　　　mm

L_a	L_s	L_1	L_2	L_m	W_s	W_m
13.2	5.5	8.24	4.1	1.1	1.1	0.8

在耦合结构的设计上，将两个 QFQMSIW 谐振腔相邻的两条缝隙整合为一条缝隙，耦合强度主要受中间缝隙的长度 L_s 的影响，属于混合耦合方式。图 3-60 反映了在不同的缝隙长度影响下，滤波器传输特性曲线的变化，从图中可以看出在 L_s 等于 4 mm 和 4.8 mm 时，出现了双峰特性，说明产生了过耦合现象，且随着 L_s 的减小双峰特性越来越严重，即耦合强度不断增大。通过仿真优化，确定 L_s 为 5.5 mm 时，滤波器的性能可以达到设计指标要求。

图 3-61 是根据表 3-6 参数尺寸设计的 QFQMSIW 滤波器的仿真结果。滤波器的中心频率为 4.08 GHz，相对带宽为 9.56%，回波损耗小于-29.4 dB，带内插损大于-0.1 dB，仿真结果表明滤波器性能达到了设计目标。

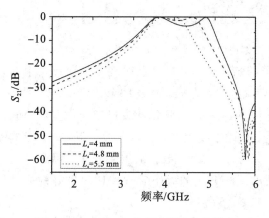

图 3-60　参数 L_s 对滤波器性能的影响

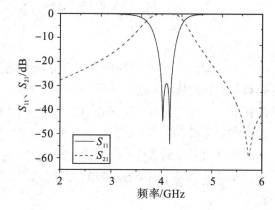

图 3-61　QFQMSIW 滤波器仿真结果

图 3-62 是采用另外一种耦合结构设计的 QFQMSIW 滤波器，图 3-63 是 QFQMSIW 滤波器平面俯视图，滤波器的设计指标为：

(1) 中心频率为 4 GHz；

(2) 相对带宽为 4.5%；

(3) 通带内插入损耗不低于−2 dB；

(4) 带内回波损耗低于−20 dB。

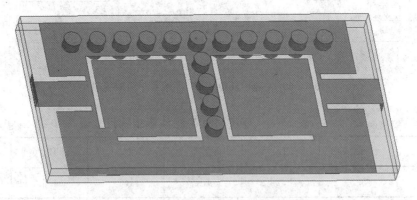

图 3-62　QFQMSIW 滤波器模型图

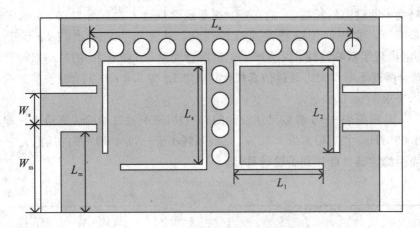

图 3-63　QFQMSIW 滤波器平面俯视图

基于 QFQMSIW 谐振腔中间金属层开缝隙的结构特点，两个谐振腔可以通过共用的金属化通孔直接实现能量的耦合，适当增加或者减少共用金属化通孔的个数可以改变耦合的强度。在确定共用的金属化通孔个数的前提下，图 3-64 显示了改变微带线位置对滤波器性能的影响。从图中可以看出，改变参数 L_m，即微带线距离滤波器底端的距离，会影响两个腔体间能量的耦合，L_m 越大耦合越强，但耦合过强会引起过高的 S_{11} 反射，耦合过弱会减少通带内零点的个数，需要通过仿真调试出一个合适的大小实现腔体间良好的能量耦合。

参照表 3-7 中的结构尺寸对滤波器进行加工，滤波器主体尺寸为 16.6 mm×8.6 mm×1.016 mm，介质基板仍然选用 Rogers RT/duriod 5880，单层基板厚度 0.508 mm，实物照片如图 3-65 所示。

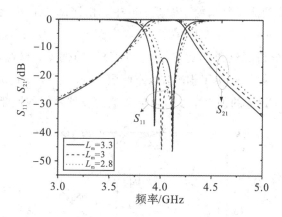

图 3-64　参数 L_m 对滤波器性能的影响

表 3-7　二阶 QFQMSIW 滤波器结构尺寸表　　　　　　　　mm

L_a	L_s	L_1	L_2	L_m	W_s	W_m
13.2	4.3	3.8	3.8	3	1.45	3.6

(a) 上层板正反面　　　　(b) 下层板正反面　　　　　　(c) 组合后的滤波器

图 3-65　二阶 QFQMSIW 滤波器实物图

　　仿真和加工后实物的测试结果绘于图 3-66 中。由测试结果得，滤波器的中心频率为 4.23 GHz，相对带宽为 4.49%，通带内插入损耗高于 −1.6 dB，回波损耗小于 −12.5 dB。测试结果的中心频率与仿真结果相比有了 0.17 GHz 的偏差，损耗也更大，原因可能是 SMA 接头与微带线之间过渡产生了损耗，以及两层 Rogers RT/duriod 5880 板在组合时产生了介质损耗，同时 PCB 板的加工精度也可能影响滤波器最终的性能结果。

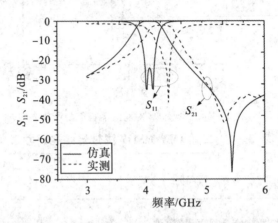

图 3-66　二阶 QFQMSIW 滤波器仿真及测试结果

3.3.3　三阶 QFQMSIW 滤波器

　　上一节利用两种不同的耦合结构设计了二阶 QFQMSIW 滤波器，在此基础上这一节继续设计了三阶级联式的 QFQMSIW 滤波器，设计指标为：

　　(1) 中心频率为 4.4 GHz；

　　(2) 相对带宽为 11%；

　　(3) 通带内插入损耗不低于 −2 dB；

　　(4) 带内回波损耗低于 −15 dB。

　　滤波器的仿真模型如图 3-67 所示，平面图如图 3-68 所示，第一和第二 QFQMSIW 谐振腔采用的是直接耦合的方式，第二、第三谐振腔之间为了增大耦合强度，增加了缝隙耦合。改变缝隙的长度和宽度可以影响耦合强度的大小。

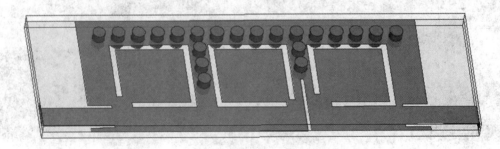

图 3-67　三阶 QFQMSIW 滤波器模型图

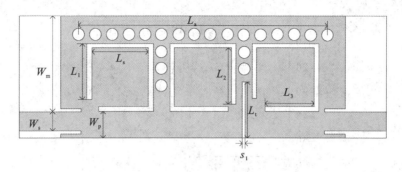

图 3 - 68　三阶 QFQMSIW 滤波器平面图

参照表 3 - 8 的参数尺寸，利用 PCB 工艺对三阶 QFQMSIW 滤波器进行实物加工，滤波器由两层高度为 0.508 mm 的 Rogers RT/duriod 5880 介质基板组合而成，如图 3 - 69 所示。

表 3 - 8　三阶 QFQMSIW 滤波器结构尺寸表　　　　　　　　　　　　mm

L_a	W_m	W_s	L_s	L_1
18	6.75	1.35	4.1	3.95
L_2	L_3	W_p	L_t	s_1
3.9	3.5	1.9	4	0.2

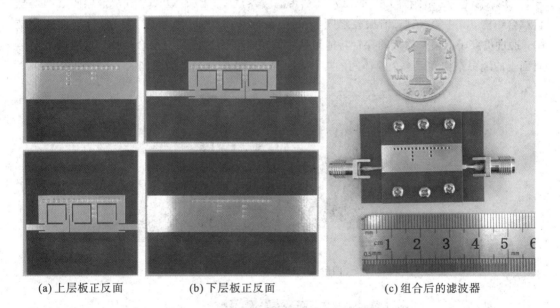

(a) 上层板正反面　　　　　(b) 下层板正反面　　　　　(c) 组合后的滤波器

图 3 - 69　三阶 QFQMSIW 滤波器实物图

使用安捷伦 N5071C PNA-L 矢量网络分析仪对三阶 QFQMSIW 滤波器的传输系数 S_{21}、反射系数 S_{11} 进行测试，并将测试和仿真结果进行对比，如图 3 - 70 所示。测试结果显示，滤波器的中心频率为 4.62 GHz，相对带宽为 12.8%，通带内的回波损耗低于 −11.23 dB，带内插入损耗高于 −1.83 dB，测试结果和仿真结果基本吻合，中心频率偏差 0.26 GHz，仿真结果的损耗更小，原因可能是实验环境的不理想以及在焊接 SMA 接头和组合滤波器过程中产生了损耗。

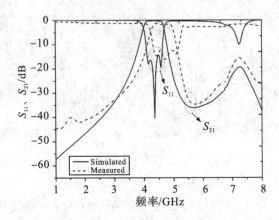

图 3 - 70 三阶 QFQMSIW 滤波器仿真及测试结果

3.3.4 四阶 QFQMSIW 双通带滤波器

本节设计了一个四阶 QFQMSIW 双通带滤波器，并且引入了微带-探针异面耦合结构，通过调节探针的位置使 QFQMSIW 滤波器具有了双通带特性。设计指标为：两个通带分别为 $(3.65\sim3.90)\,\mathrm{GHz}$ 和 $(4.75\sim4.90)\,\mathrm{GHz}$，通带内插入损耗不低于 $-2\,\mathrm{dB}$，回波损耗低于 $-15\,\mathrm{dB}$。图 3 - 71 是四阶 QFQMSIW 双通带滤波器模型，四个 QFQMSIW 谐振腔之间是全负耦合结构，其中第一、二谐振腔之间和第三、四谐振腔之间利用了微带-探针异面耦合结构，通过贯穿于上层介质板的探针将能量从中间层金属面过渡到上层金属面，再通过上层金属面上的缝隙结构实现两个腔体间的耦合，如图 3 - 72 所示。平面图如图 3 - 73 所示。

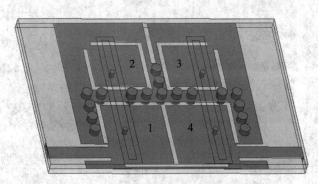

图 3 - 71 四阶 QFQMSIW 双通带滤波器模型

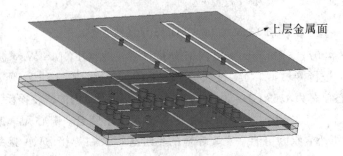

图 3 - 72 双通带滤波器中微带-探针异面耦合结构示意图

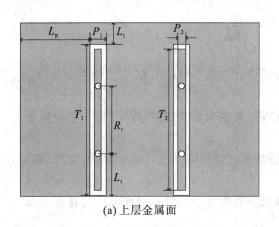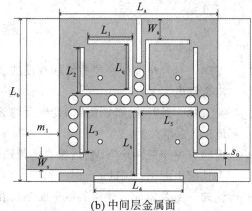

(a) 上层金属面　　　　　　　　　　(b) 中间层金属面

图 3-73　双通带滤波器平面图

滤波器由两层高度为 0.508 mm 的 Rogers RT/duriod 5880 介质基板构成，金属化通孔的直径为 0.8 mm，孔心间距 1.2 mm，上层介质板中的探针直径为 0.4 mm，第二、三谐振腔之间的缝隙长 4 mm、宽 0.4 mm，中间金属面的其他缝隙宽度均为 0.35 mm，表 3-9 为双通带滤波器的结构尺寸。

表 3-9　双通带滤波器的结构尺寸表　　　　　　　　mm

L_a	L_b	m_1	L_1	L_2	L_q	W_a
14.6	14.6	3	4.1	4.1	4.1	1.9
L_3	L_4	L_5	L_s	W_s	s_0	L_r
3.75	8.25	4.875	5.8	1.1	0.3	3.6
T_1	P_1	T_2	P_2	L_p	L_t	R_t
12.7	1.4	11.9	0.6	6	1.8	5.7

图 3-74 是通过 Ansoft HFSS 软件仿真得到的滤波器仿真结果，滤波器的两个通带分别工作于 3.75 GHz 和 4.85 GHz，通带内插入损耗高于 -0.4 dB，两个通带内的最大回波损耗分别为 -16.7 dB 和 -20.2 dB，滤波器基本达到了预期目标。

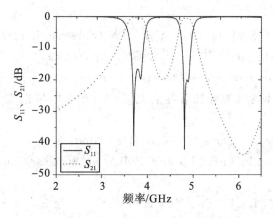

图 3-74　QFQMSIW 双通带滤波器仿真结果

本 章 文 献

[1]　王琪．基片集成波导层叠级联双模滤波器设计与制作[D]：[硕士学位论文]．南京：南京邮电大学，2013．

[2]　张玉林．基片集成波导传播特性及滤波器的理论与实验研究[D]：[博士学位论文]．南京：东南大学，2005．

[3]　程啸．基于三角形 SIW 谐振腔的带通滤波器设计研究[D]：[硕士学位论文]．南京：南京邮电大学，2011．

[4]　沈玮．基片集成波导与其他平面结构在滤波器设计中的应用研究[D]：[博士学位论文]．上海：上海交通大学，2011．

[5]　郝张成．基片集成波导技术的研究[D]:[博士学位论文]．南京：东南大学，2005．

[6]　李琳菲．基片集成波导带通滤波器交叉耦合技术研究[D]：[硕士学位论文]．南京：南京邮电大学，2013．

[7]　Xu Z Q, Shi Y, Xu CY, et al. A Novel Dual Mode Substrate Integrated Waveguide Filter With Mixed Source-Load Coupling(MSLC)[J]. Progress In Electromagnetics Research，2013，136：595 – 606．

[8]　徐自强．低温共烧陶瓷基片集成波导滤波器研究[D]：[博士学位论文]．成都：电子科技大学，2012．

[9]　Guo Z X, Chin K S, Che W Q, et al. V-band Cross-Coupled SIW Band-Pass Filter With an Antisymmetric U-slot Negative Coupling Structrure[J]. Journal of Electromagnetic Waves and Applications，2013，27(8)：953 – 961．

[10]　Potelon B J, Favennec J F, Quendo C. Design of a Substrate Integrated Waveguide (SIW) Filter Using a Novel Topology of Coupling[J]. IEEE Microwave and Wireless Components Letters，2008，18(9)：596 – 598．

[11]　Zhou C X, Guo Y X, Wang L, et al. Design of Compact Dual-band Filter in Multilayer LTCC With Cross Coupling[J]. Progress In Electromagnetics Research，2013，135：515 – 525．

[12]　Lee G H, Yoo C S, Yook J G, et al. SIW (Substrate Integrated Waveguide) Quasi-Elliptic Filter Based on LTCC for 60-GHz Application[C]. Proceedings of the 4th European Microwave Integrated Circuits Conference, Rome，2009；204 – 207．

[13]　汪睿．折叠基片集成波导滤波器研究[D]：[硕士学位论文]．上海：上海交通大学，2008．

[14]　Wang Y, Hong W, Dong Y, et al. Half Mode Substrate Integrated Waveguide (HMSIW) Bandpass Filter[J]，IEEE Microw. Wireless Compon. Lett. 2005，17：265 – 267．

[15]　Yang G, Liu W, Liu F. Two New Electric Coupling Structures for Doubled Folded Substrate Integrated Waveguide Cavity Filters With Transmission Zeros[J]. Microwave and Optical Technology Letters，2013，55(8)：1815 –1818

［16］　张传安. 高集成度基片集成波导无源器件研究［D］：［硕士学位论文］. 成都：电子科技大学，2012.

［17］　Baena J D，Bonache J，Martin F，et al. Equivalent-Circuit Models for Split-Ring Resonators Coupled to Planer Transmission Lines［J］. IEEE Trans on Microwave Theory and Techniques，2005，53(4)：1451－1461.

［18］　Cheng J，Rui L，Arokiaswami A，et al. Quarter-Mode Substrate Integrated Waveguide and Its Application to Antennas Design［J］. IEEE Transaction on Antennas and Propagation，2013，(61)6：2921－2928.

第 4 章　多层基片集成波导滤波器

多层技术是通过增加介质基片的高度，从而实现其滤波器面积小型化的一种方法。它使得三维的微波集成电路得以真正实现，而且，随着对性能要求的提升，对谐振腔个数的要求也会增加，这时，平面上的小型化研究与实现存在困难。而通过多层技术，在满足谐振腔个数增加的情况下，实现小型化是可行的。这是因为多层技术在结构的设计上更加灵活，虽然这也意味着设计的难度在增加，但它对于小型化的实现是有利的。

4.1　多层基片集成波导滤波器的基本理论

4.1.1　小型化 SIW 的基本结构及传输特性

SIW 是由上金属片、中间介质基板和下金属片组成，且三者内嵌有周期性排列的金属通孔，它与传统的矩形波导传输特性相似。其具体结构如图 4-1 所示，其中，h 为介质基板的高度，金属通孔的直径为 d，两金属通孔之间的孔间距为 s，λ_g 为介质波长。设 SIW 的长为 b，宽为 a。当直径 d 增大时，为防止电磁波泄漏和能量损耗，孔间距 s 与 d 的比值应该减小；而当 d 与 a 的比值较大时，在 d 增大的同时，为满足上一条，则 s 要减小，而此时 SIW 的散射性能则会变差。文献[1]和文献[2]在详细论述了 SIW 的传输特性后，得出了直径 d，SIW 的宽 a 和孔间距 s 之间的关系：

$$s<1/4\lambda_g,\ s<2d,\ d<0.1a \tag{4-1}$$

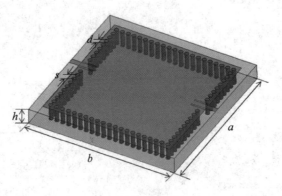

图 4-1　SIW 结构

基于 SIW 与传统矩形波导在传播特性上的相似性[3-5]，且 SIW 谐振腔中存在金属化通孔的孔壁不连续，因此，SIW 谐振腔只存在 TE 模。又因为 SIW 谐振腔的上金属片与下金属片之间的距离远小于它平面的长和宽，所以，SIW 谐振腔只存在 TE_{m0n} 模式。根据公式（4-1）和传统的矩形波导的谐振频率，SIW 谐振频率如公式（4-2）：

$$F_{\mathrm{TE}_{m0n}} = \frac{c_0}{2\sqrt{\varepsilon_r}}\sqrt{\left(\frac{m}{a_{\mathrm{eff}}}\right)^2 + \left(\frac{1}{b_{\mathrm{eff}}}\right)^2} \tag{4-2}$$

式中，ε_r 为介质基板的介电常数，c_0 为真空中的光速，a_{eff} 和 b_{eff} 分别为 SIW 谐振腔的有效宽度和有效长度，其具体值可由 SIW 谐振腔的实际宽度和长度得到：

$$a_{\mathrm{eff}} = a - \frac{d^2}{0.95 p}, \quad b_{\mathrm{eff}} = b - \frac{d^2}{0.95 p} \tag{4-3}$$

公式(4-2)和公式(4-3)仅适用于方形 SIW 谐振腔，其他形状的谐振腔的谐振频率演算公式，可由文献[6]-[8]得到。

由于 SIW 与矩形波导的相似性，这里主要通过对矩形波导的 Q 值讨论来明确对 SIW 的 Q 值情况。当 $m=1$ 时，对 TE_{10n} 模的 Q 值进行讨论，图 4-2 为矩形谐振腔以及 TE_{101} 和 TE_{102} 谐振模式的电场分布。

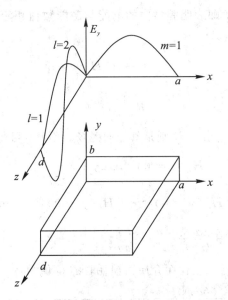

图 4-2　矩形谐振腔以及 TE_{101} 和 TE_{102} 谐振模式的电场分布

矩形波导的 TE_{mn} 模或 TM_{mn} 模的横向电场为 (E_x, E_y)，其谐振总场为：

$$E_y = A^+ \sin\frac{\pi x}{a}\left[\mathrm{e}^{-\mathrm{j}\beta z} - \mathrm{e}^{-\mathrm{j}\beta z}\right] \tag{4-4a}$$

$$H_x = \frac{A^+}{Z_{\mathrm{TE}}}\sin\frac{\pi x}{a}\left[\mathrm{e}^{-\mathrm{j}\beta z} + \mathrm{e}^{-\mathrm{j}\beta z}\right] \tag{4-4b}$$

$$H_z = \frac{\mathrm{j}\pi A^+}{k\eta a}\cos\frac{\pi x}{a}\left[\mathrm{e}^{-\mathrm{j}\beta z} - \mathrm{e}^{-\mathrm{j}\beta z}\right] \tag{4-4c}$$

$$\beta_{mn}d = n\pi \tag{4-5}$$

设 $E_0 = -2\mathrm{j}A^+$，则结合公式(4-5)，得到：

$$E_y = E_0 \sin\frac{\pi x}{a}\sin\frac{n\pi z}{d} \tag{4-6a}$$

$$H_x = \frac{-\mathrm{j}E_0}{Z_{\mathrm{TE}}}\sin\frac{\pi x}{a}\cos\frac{n\pi z}{d} \tag{4-6b}$$

$$H_z = \frac{\mathrm{j}\pi E_0}{k\eta a}\cos\frac{\pi x}{a}\sin\frac{n\pi z}{d} \tag{4-6c}$$

因此，腔体内的电能和磁能分别为：

$$W_e = \frac{\varepsilon}{4} \int E_x E_y^* \, \mathrm{d}v = \frac{\varepsilon abd}{16} E_0^2 \tag{4-7a}$$

$$W_m = \frac{\mu}{4} \int (H_x H_x^* + H_z H_z^*) \, \mathrm{d}v = \frac{\mu abd}{16} E_0^2 \left(\frac{1}{Z_{TE}^2} + \frac{\pi^2}{k^2 \eta^2 a^2} \right) \tag{4-7b}$$

由于 $Z_{TE} = \dfrac{k\eta}{\beta}$ 和 $\beta = \beta_{10} = \sqrt{k^2 - \left(\dfrac{\pi}{a}\right)^2}$，将公式(4-7b)简化成式(4-8)：

$$W_m = \frac{\mu abd}{16} E_0^2 \left(\frac{1}{Z_{TE}^2} + \frac{\pi^2}{k^2 \eta^2 a^2} \right) = \frac{\mu abd}{16} E_0^2 \frac{\beta^2 + \left(\frac{\pi}{a}\right)^2}{k^2 \eta^2}$$

$$= \frac{\mu abd}{16} E_0^2 \frac{\varepsilon}{\mu} = \frac{\varepsilon abd}{16} E_0^2 \tag{4-8}$$

因此，得出 $W_e = W_m$，即表明腔体内的电能与磁能数值相等，而腔体壁损耗功率可通过小损耗应用微扰法得到：

$$P_c = \frac{R_s}{2} \int (H_t)^2 \, \mathrm{d}s \tag{4-9}$$

$$R_s = \sqrt{\frac{\omega \mu_0}{2\sigma}} \tag{4-10}$$

其中，R_s 为金属片表面的电阻，H_t 则是其切向磁场。因此，可得到式(4-11)：

$$P_c = \frac{R_s}{2} \left(2 \int_{y=0}^{b} \int_{x=0}^{a} |H_x(z=0)|^2 \mathrm{d}x\mathrm{d}y + 2 \int_{z=0}^{d} \int_{y=0}^{b} |H_z(x=0)|^2 \mathrm{d}y\mathrm{d}z \right) +$$

$$2 \int_{z=0}^{d} \int_{x=0}^{a} [|H_x(y=0)|^2 + |H_z(y=0)|^2] \mathrm{d}x\mathrm{d}z$$

$$= \frac{R_s E_0^2 \lambda^2}{8\eta^2} \left(\frac{n^2 ab}{d^2} + \frac{bd}{a^2} + \frac{n^2 a}{2d} + \frac{d}{2a} \right) \tag{4-11}$$

因此，推导出导体壁存在损耗而介质无损耗时的 Q 值为：

$$Q_c = \frac{2\omega_0 W_e}{P_c} = \frac{k^3 abd\eta}{4\pi^2 R_s} \left[\frac{1}{\left(\frac{n^2 ab}{d^2}\right) + \left(\frac{bd}{a^2}\right) + \left(\frac{n^2 a}{2d}\right) + \left(\frac{d}{2a}\right)} \right] = \frac{(kab)^3 b\eta}{2\pi^2 R_s} \tag{4-12}$$

而基板和导体壁均存在损耗时的 Q 值为：

$$Q_d = \frac{2\omega W_e}{P_d} = \frac{1}{\tan\delta} \tag{4-13}$$

其中，$\tan\delta$ 为介质基板的损耗角正切，Q_d 适用于所有的谐振腔模式，而总损耗值为 $P_c + P_d$，其具体值如式(4-14)所示：

$$Q = \left(\frac{1}{Q_c} + \frac{1}{Q_d} \right)^{-1} \tag{4-14}$$

根据之前论证的 SIW 谐振腔只存在 TE_{m0n} 模式，且在此模式下，SIW 场分布均匀，具有对称性。因此，将 SIW 沿虚拟磁壁二等分后，得到 HMSIW，而后再沿两个虚拟磁壁二等分两次后，可得到 EMSIW，其具体的能量变化示意图如图4-3所示。

由图4-3并结合图4-2可知，EMSIW 相对于 SIW 的等价宽度[9]和等价长度为：

$$a_{eff}^{EMSIW} = \frac{1}{2} a_{eff}^{SIW}, \quad b_{eff}^{EMSIW} = \frac{1}{2} b_{eff}^{SIW} \tag{4-15}$$

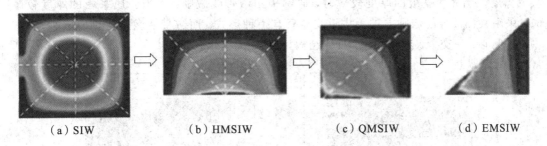

（a）SIW　　　　　（b）HMSIW　　　　　（c）QMSIW　　　　　（d）EMSIW

图 4-3　SIW 演变能量示意图

EMSIW 等价宽度的具体公式为：

$$a_{\mathrm{eff}}^{\mathrm{EMSIW}}=\frac{a_{\mathrm{eff}}^{\mathrm{SIW}}}{2}+h\times\left(0.05+\frac{0.3}{\varepsilon^r}\right)\times\ln\left(\frac{0.79a_{\mathrm{eff}}^{\mathrm{SIW}}}{4h^3}+\frac{52a_{\mathrm{eff}}^{\mathrm{SIW}}-261}{h^2}+\frac{38}{h}+2.77\right)\qquad(4-16)$$

则 EMSIW 的谐振频率[10]可由公式（4-2）估算：

$$f_{m0n}^{\mathrm{EMSIW}}=\frac{1}{2\pi\ \sqrt{\mu\varepsilon}}\sqrt{\left(\frac{m\pi}{2b_{\mathrm{eff}}^{\mathrm{EMSIW}}}\right)^2+\left(\frac{n\pi}{2a_{\mathrm{eff}}^{\mathrm{EMSIW}}}\right)^2}\qquad(4-17)$$

其中，$m=n=1,2,3\cdots$，μ 是磁导率，ε 是介质的介电常数。$b_{\mathrm{eff}}^{\mathrm{EMSIW}}$ 和 $a_{\mathrm{eff}}^{\mathrm{EMSIW}}$ 分别是EMSIW 结构的等价长度和等价宽度。

由于 EMSIW 的两个开放边界存在辐射现象，因此，EMSIW 的 Q 值要比其对应的 SIW 低。而在实际制作过程中，为方便测量以及减少场的泄漏，EMSIW 的实际长度和宽度会比估算的尺寸要大。

4.1.2　SIW 的转接与激励方式

SIW 谐振腔通过微带线进行测量，而常见的共面形式的微带线转接方法通常来说有四种，如图 4-4 所示，直接、阶梯、梯形和凹形过渡。其中，凹形过渡也就是我们常说的电流探针激励法。

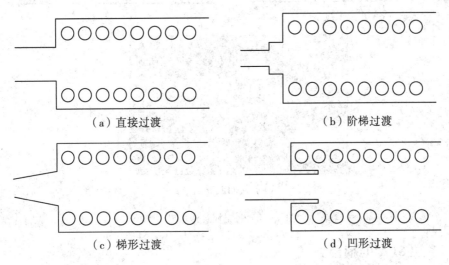

（a）直接过渡　　　　　　　　　　（b）阶梯过渡

（c）梯形过渡　　　　　　　　　　（d）凹形过渡

图 4-4　微带线与 SIW 转换结构

电流探针法的传输线有微带线和共面波导两种。这两种方法的主要区别在于：介质基板的厚度。当介质基板的厚度较薄时，通常采用微带线激励，而当介质基板的厚度较厚时，采用共面波导的激励方式。共面波导只有一种形式，而微带线激励法则有五种形式：中心、偏心、正交、双激和共面，具体结构如图 4-5 所示。

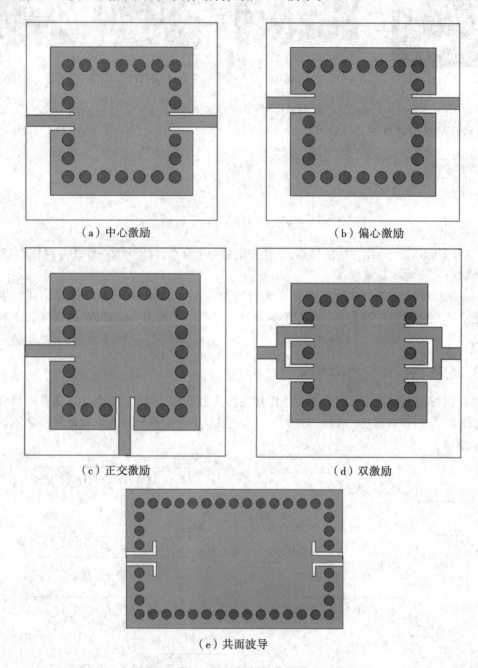

（a）中心激励　　　　　　　　　　　（b）偏心激励

（c）正交激励　　　　　　　　　　　（d）双激励

（e）共面波导

图 4-5　电流探针激励法

4.1.3　多层 SIW 的耦合方式

对于多层 SIW 滤波器而言，共层与多层的耦合都是非常重要的，是滤波器设计中不可或缺的一个组成部分。SIW 谐振腔之间的耦合一般有三种：电耦合、磁耦合和混合耦合。下面将从两个部分详细地介绍 SIW 的耦合方式，即共层平面耦合和多层异面耦合。

1. 共层平面耦合

共层平面耦合一般来说有三种：窗耦合、S 槽耦合和金属化通孔耦合。至于其属于电耦合、磁耦合还是混合耦合，则要具体问题具体分析。

图 4-6 所示为膜片耦合中的磁耦合，也是我们常说的感性窗耦合。在平面上两个相邻谐振腔间开耦合窗，使得两种工作在同一模式下，从而得到正耦合。这种耦合方式在共层平面耦合上运用相对广泛[11-17]。

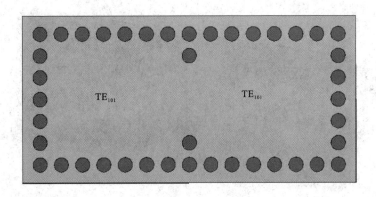

图 4-6　窗耦合：磁耦合

根据 SIW 的结构特点可知，在平面两相邻谐振腔之间得到正耦合相对容易，负耦合则相对较难，所以，我们往往通过改变工作模式来实现。文献[18]和文献[19]是利用高阶模模式变换，从而实现平面耦合中的电耦合。如图 4-7 所示，平面上相邻谐振腔之间的工作模式不同，左侧谐振腔的模式为正常的工作模式，而右侧谐振腔的模式则是高阶的工作模式。

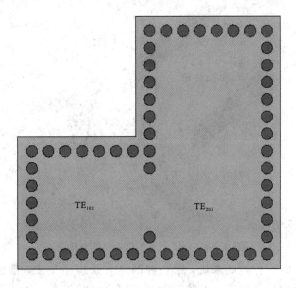

图 4-7　窗耦合：电耦合

由此可知,平面间通过窗耦合实现正负耦合,一般是通过改变其工作模式实现。但显然图 4-7 中的耦合存在一定的缺陷,它相较于图 4-6 而言,占用面积较大,不利于实现滤波器的小型化。

S 槽耦合结构是在整个模型的上下表面金属片上分别挖 S 槽,其结构相对较复杂,如图 4-8 所示。它是属于混合耦合形式,其具体偏向于磁耦合还是电耦合,取决于槽的位置,它往往通过改变 S 槽位置和减小介质基板的宽度来加强耦合强度。在文献[20]中,对这种形式的耦合有具体的论证,它通过将 S 槽置于电场较强、磁场较弱的位置,使得它呈现出电耦合特性。

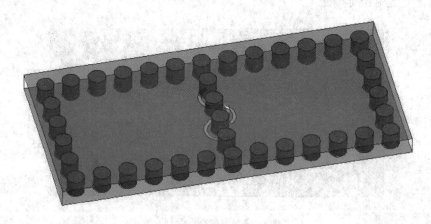

图 4-8 S 槽耦合:混合耦合

图 4-9 为金属化通孔耦合方式,它在相邻腔体的介质表面通过金属化通孔连接,使得能量得以通过,从而实现耦合。这种耦合属于混合耦合,其具体偏向电耦合还是磁耦合,取决于共面波导的长度和金属化通孔的位置。文献[21] 所用的就是这种耦合方式,它通过改变金属化通孔的位置使得耦合呈现出负耦合特性。

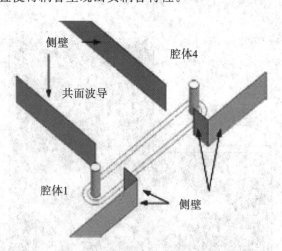

图 4-9 金属化通孔耦合:混合耦合

就共层平面耦合的三种方式来说,第一种耦合方式运用较多,即图 4-6 所示的感性窗耦合方式。这是因为这种方式不仅结构简单而且耦合效果最好,而其他两种耦合方式不仅结构复杂，能量泄漏也相对严重，插损也较大。为更好地实现共层平面之间的耦合，在这三种基本耦合方式的基础上，又演变出了其他的几种耦合方式。

图 4 - 10 所示的交叉槽耦合[22]，来源于 S 槽耦合。它也是一种混合耦合方式，它通过在腔体的上下金属片表面分别挖槽，改变通孔间距以及槽的位置，实现耦合强度的变化。

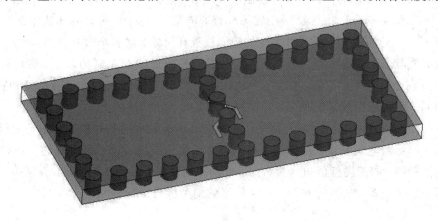

图 4 - 10　交叉槽耦合：混合耦合

图 4 - 11 所示的是叉指型槽线耦合，这是一种结合感性窗耦合和叉指型槽耦合的方式。在腔体的上表面金属片挖出叉指型槽，其位置处于 SIW 相邻腔体之间的感性窗中间，这是一种混合耦合方式。文献[23]提出并详细运用了这种耦合方式，在加入叉指型耦合方式前，仅存在两个传输零点，在结合感性窗耦合和叉指型耦合后，其传输零点增加到三个，改善了通带的选择性，此时，混合耦合呈现出了电耦合特性。

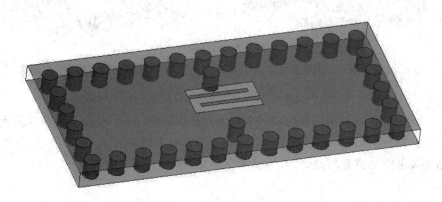

图 4 - 11　叉指型槽线耦合：混合耦合

共层平面的耦合方式相对较少，因此，在设计过程中，局限性较大。随着谐振腔个数的增加，它的耦合难度也会加大。因此，多层异面耦合方式的研究是很有必要的。

2. 多层异面耦合

多层 SIW 滤波器相较于平面 SIW 滤波器的优势在于，无论是在各个腔体的摆放、馈电的方式还是耦合方式上都是非常灵活的，特别是耦合方式具有多变性，是非常值得研究与探讨的。因此，多层 SIW 滤波器的可塑性很大，虽然在研究的难度上也相应增加，但它对于滤波器的小型化研究是非常必要的。

多层异面的耦合一般在两谐振腔之间的金属片上进行设计，使得上下两层介质基板得以耦合。多层异面耦合一般有两种：槽耦合和探针耦合。它的耦合相对灵活，影响耦合强度的因素也较多，所以，小型化后的多层 SIW 滤波器的性能也会更好。

长槽耦合属于混合耦合，它是通过在上下两谐振腔之间共用的金属面上开槽来实现耦合。为实现长槽磁耦合，槽一般开在磁场较强，电场较弱的位置即将其置于腔体短边附近，如图 4-12(a)所示，还可通过改变长槽的位置和尺寸，使其耦合强度增加[24]。而为实现电耦合，文献[25]提出了宽边方形孔耦合方式，将方形槽开在电场较强、磁场较弱的位置即将其开在金属片中心位置，如图 4-12(b)所示，还可通过增加方形孔的长和宽，增强电场通过量，实现耦合效果的加强。

图 4-12 所示两种耦合实际上都是小孔耦合。谐振腔中的等效电场和磁场得以同时存在，是因为缝隙与电场垂直，与磁场平行，又由于场分布的不同，谐振腔的中心位置电场最强，磁场最弱，向四周直至边缘扩散时，电场逐渐减弱，磁场逐渐增强，直到腔体短边处磁场最强、电场最弱，从而得到图 4-12 所示的两种耦合情况。

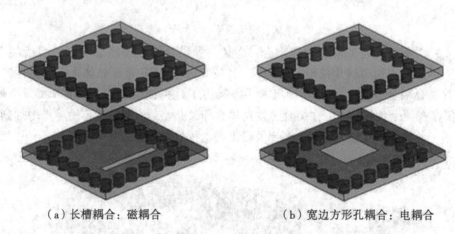

　　（a）长槽耦合：磁耦合　　　　　　　　　　（b）宽边方形孔耦合：电耦合

图 4-12　槽耦合：混合耦合

图 4-13 是在上下两谐振腔公用的金属面上开圆形槽，来实现上下两个谐振腔之间的耦合[26]。它与图 4-12(b)的原理一致，将宽边方形孔改成圆形孔，并开在电场较强的位置，即谐振腔的中心位置。此时，电场最强，磁场最弱，还可通过改变圆形槽的尺寸，以达到耦合效果的增强。

图 4-14 为探针耦合，通过贯穿在上下腔体之间的金属探针实现耦合[27]，与此同时，在两腔体共用的金属面上开圆环槽而不是圆形槽的目的是，在降低做实物难度的同时，达到同样的效果。这种探针耦合，往往也是开在磁场较强的位置，以增强上下腔体的耦合效果。

除此以外，缝隙耦合还可以有很多种形式，包括 U 型槽[28]、L 型槽[29]等，具体结构如图 4-15 所示。多层异面耦合形式多样，方法灵活，在上下腔之间的共用金属面上，发挥余地较大。虽然基本耦合方式只有两种：缝隙耦合和探针耦合，但是在缝隙耦合上，可以创新的地方很多，无论是改变缝隙的形状，还是多种缝隙重叠使用，它的设计多变，值得研究探讨的地方也很多。

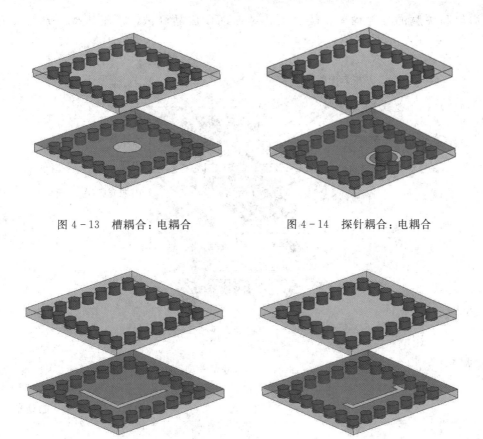

图 4 - 13　槽耦合：电耦合　　　　　　图 4 - 14　探针耦合：电耦合

图 4 - 15　L 型槽、U 型槽耦合

4.1.4　LTCC 技术

LTCC 技术[30]是 1982 年休斯公司研发的一种新型封装技术。其原理是：通过低温烧结把陶瓷粉烧制成厚度密实且精确的生瓷带，而后在上面通过激光打孔、孔内注浆等工艺绘制出电路图形，然后在其中埋入无源元件，并将整体叠压起来，最后在 900℃ 左右的高温下烧结制成[31]。LTCC 材料具有较高的 Q 值，且其通常是大批量生产，因此其成本较低。同时，它具有集成度高、电子封装性能高、自动化程度高等优点，多用于多层电路设计制作中。图 4 - 16 为 LTCC 模块的典型结构[32]。

现在，LTCC 技术逐渐趋向于孔小、线细和布线密度高的标准。其具体的工艺流程演示图见图 4 - 17[33]。下面针对关键技术进行叙述。

通常，拿到的生瓷片是卷轴形式的。冲片时，将卷轴形式的生瓷片展开在干净的工作面上；在打孔时要注意，由于 LTCC 技术中，通孔的直径通常都非常小，基本上在(0.15～0.25)mm 之间，否则无论是小于或者大于这个区间，在通孔金属化时，都容易形成盲孔；填孔可以说是 LTCC 技术中较为关键的工艺之一，它通常有三种方法，即生片填充法、厚膜印刷法和丝网印刷法，注意在填孔时使用的浆料应相对黏稠，这样可避免盲孔的形成；印刷版图时，由于 LTCC 基板较小，所以精度必须要高；对准，即将生瓷片与生瓷片之间、丝网与生瓷片之间对准，它的精度直接影响着布线网络是否能通；叠层与共烧的重点就是压力均匀和炉膛的温度均匀；最后就是对 LTCC 成品测试，验证其布线是否具有连接性[34]。

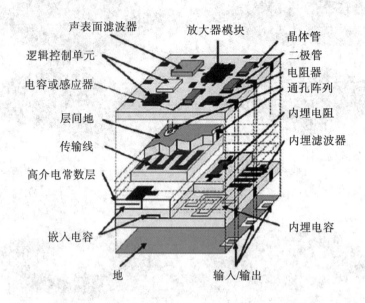

图 4-16　LTCC 模块的典型结构

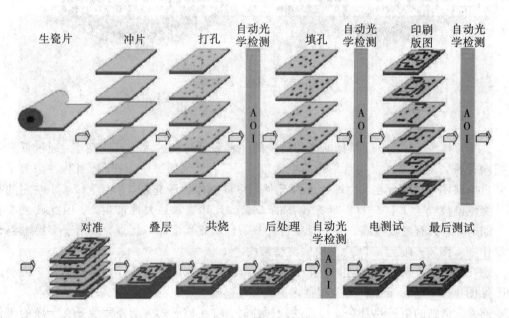

图 4-17　LTCC 技术工艺流程图

　　LTCC 技术的应用前景，就通信领域而言，小型化始终是一个重要的研究方向，而LTCC 技术，通过多层叠压完成的器件实物，使得它在体积减小的同时，精度增加，对于小型化研究的重要性不言而喻。利用 LTCC 技术制成的蓝牙组件体积仅为 12 mm×12 mm×1 mm。LTCC 技术最早是在航天和军事领域得到应用的，可想而知，它对于航天和军事领域的意义。在汽车电子方面，相比较其他而言，相对成熟，国外已经把通过

LTCC 技术制成的产品投入使用，而国内对于它的研究也很重视。因此，LTCC 技术在各个领域的应用前景都是非常惊人的。

4.2　多层四分之一模基片集成波导滤波器设计

　　随着无线通信系统的高速发展，微波技术逐渐向小型化、集成化的方向发展。而作为无线通信系统中的重要组成部分，微波滤波器的小型化发展也备受关注。本节将多层技术运用到 QMSIW 滤波器的设计中，首先对 QMSIW 谐振腔进行研究，在此基础上，实现了多层 QMSIW 滤波器的设计。QMSIW 的单腔体相对于 SIW 来说面积减少了 75%，在一定程度上实现了滤波器的小型化。

4.2.1　QMSIW 谐振腔

　　QMSIW 单腔体结构示意图如图 4-18 所示，分别采用了两种馈电方式：凹形馈电和直接馈电，该模型采用介质基板的相对介电常数为 3.5，损耗角正切为 0.0018，模型的整体大小为 18 mm×18 mm×0.254 mm，通过 HFSS 13 对模型进行仿真，并分别对 S_{11} 和 S_{21} 的性能进行对比，其具体结果对比图如图 4-19 所示。

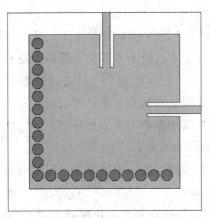　　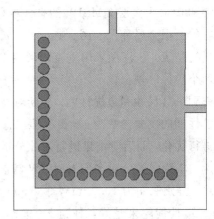

（a）QMSIW凹形馈电　　　　　　　　　　（b）QMSIW直接馈电

图 4-18　QMSIW 单腔体结构示意图

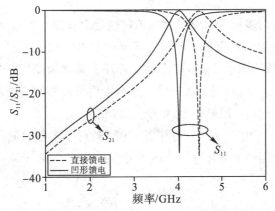

图 4-19　单腔 QMSIW 直接馈电与凹形馈电性能对比图

图 4-19 为直接馈电与凹形馈电性能对比图。根据对比图可知，两种不同的馈电方式存在一定的频率偏移，直接馈电的中心频率为 4 GHz，凹形馈电的中心频率为 4.5 GHz，凹形馈电比直接馈电向右偏移约 0.5 GHz。

4.2.2　多层 QMSIW 滤波器的设计

在单腔 QMSIW 的基础上，设计了多层 QMSIW 滤波器。下面通过四个实例分别从馈电方式(直接或者凹形馈电)、馈电方向(垂直或者同向馈电)、耦合方式(缝隙或者探针耦合)这三方面，对多层 QMSIW 滤波器进行性能分析。

1. 设计实例

1) 设计实例 1

多层 QMSIW 滤波器的设计指标为：

(1) 中心频率为 4 GHz；

(2) 相对带宽为 9.6%；

(3) 通带内 S_{11} 低于 -20 dB；

(4) 插入损耗高于 -0.8 dB；

图 4-20(a)为多层 QMSIW 的整体结构图，而图 4-20(b)、图 4-20(c)、图 4-20(d)分别为它的上层金属片尺寸图、中间层金属片尺寸图和底层金属片尺寸图。通过 HFSS 13 对模型进行仿真，该模型采用垂直凹形馈电，中间层通过两个不等长不等宽的矩形缝隙实现上下两个腔体的耦合。

为得到最佳尺寸和最优性能，不断对模型进行调整和优化，在经过大量的仿真后，发现其影响性能的主要参数为：a 和 b，因此，在保持其他参数不变的情况下，分别对上述两个参数进行优化，而后对结果进行对比分析，从而得出结论。

图 4-21 为参数 a 对多层 QMSIW 滤波器的性能对比图。参数 a 即上层馈电到腔体左侧的距离，分别取 a 为 10.2 mm，9.2 mm 和 8.2 mm。根据图 4-21 可知，当 a 逐渐减小时，带内 S_{11} 性能越来越好，直到 $a=9.2$ mm 时，S_{11} 性能最好，若再减小至 $a=8.2$ mm 时，其性能反而有所下降。因此，当 $a=9.2$ mm 时，滤波器性能达到最佳，此时，S_{11} 低于 -25 dB。

图 4-22 为参数 b 对多层 QMSIW 滤波器的性能对比图。参数 b 即下层馈电到金属片边缘的距离，在这里分别取 b 为 7.5 mm，8.5 mm 和 9.5 mm。由图可知，当 b 不断增大时，带外右侧的 S_{21} 曲线逐渐向通带中心靠拢，带外衰减逐渐变好，带内 S_{11} 性能也逐渐变好，但当 $b=9.5$ mm 时，S_{11} 性能有所下降。结合带内与带外性能得出：当 $b=8.5$ mm 时，滤波器性能达到最佳，此时，通带内 S_{11} 低于 -25 dB。

综上，根据图 4-21 和图 4-22，得到了 a 和 b 这两个参数的最佳值，在达到设计指标的基础上，得到了滤波器的最佳尺寸，其具体尺寸见表 4-1。

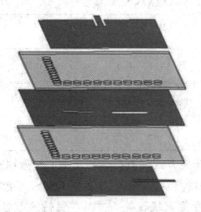

（a）多层QMSIW整体结构图

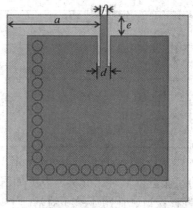

（b）多层QMSIW上层金属片尺寸图

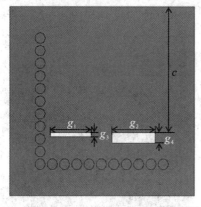

（c）多层QMSIW中间层金属片尺寸图

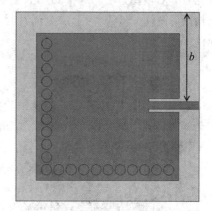

（d）多层QMSIW底层金属片尺寸图

图 4-20　多层 QMSIW 滤波器垂直凹形馈电示意图

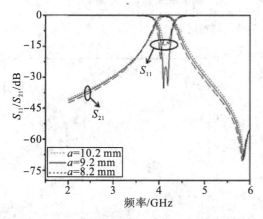

图 4-21　参数 a 对多层 QMSIW 滤波器的
性能对比图

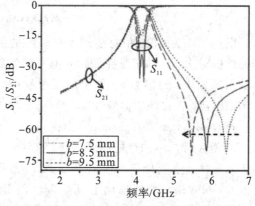

图 4-22　参数 b 对多层 QMSIW 滤波器的
性能对比图

表 4 - 1　多层 QMSIW 滤波器具体尺寸　　　　　　　　　mm

a	b	c	d	e
9.2	8.5	12	1.3	2
f	g_1	g_2	g_3	g_4
0.7	4	4.2	0.4	1

在图 4 - 18 中，讨论了 QMSIW 谐振腔的凹形转接方式和直接转接方式，并分别对 S_{11} 和 S_{21} 的性能进行了对比分析，为更加深入了解这两种转接关系，对多层 QMSIW 滤波器也同样进行探讨。在图 4 - 20 的基础上，将模型转变为直接转接方式，在保持多数参数不变的情况下，对模型进行微调，得出其影响性能的参数为 a_1。图 4 - 23(a) 为多层 QMSIW 整体结构图，图 4 - 23(b) 为上层金属片尺寸图，其他未标注的尺寸与图 4 - 20 一致，这里不再标注。

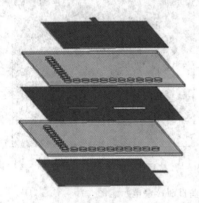

（a）多层QMSIW整体结构图

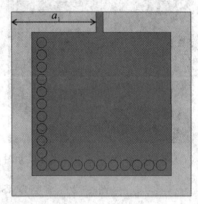

（b）多层QMSIW上层金属片尺寸图

图 4 - 23　多层 QMSIW 垂直直接馈电示意图

图 4 - 24 为参数 a_1 对多层 QMSIW 滤波器的性能对比图。这里是在保持其他所有参数不变的基础上，对参数 a_1 即上层馈电到腔体左侧的距离，探讨滤波器的性能，分别取 a_1 为 7.5 mm、8.5 mm 和 9.5 mm。由图可知，当 a_1 不断增大时，S_{11} 的性能逐渐变好，直到 $a_1 =$ 8.5 mm 时，性能最好，但若再继续增大到 $a_1 = 9.5$ mm 时，性能反而有所下降。因此，当 $a_1 = 8.5$ mm 时，滤波器性能达到最佳，此时，通带内 S_{11} 低于 -21.8 dB。

2）设计实例 2

多层 QMSIW 滤波器的设计指标为：

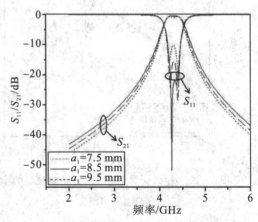

图 4 - 24　参数 a_1 对多层 QMSIW 滤波器的性能对比图

（1）中心频率为 4 GHz；

（2）相对带宽为 10.8%；

（3）通带内 S_{11} 低于 -20 dB；

（4）插入损耗高于 -0.8 dB。

多层 QMSIW 同向凹形馈电示意图如图 4-25 所示，中间层同样采用两个不等长、不等宽的矩形缝隙实现上下两个腔体的耦合。该模型在实例 1 的基础上，通过改变上下两层的馈电方向，对滤波器的性能作进一步的分析。由图 4-25(a)可知，最上层馈电与最下层馈电的方向位置均一致，因此，只标注了多层 QMSIW 上层金属片尺寸，见图 4-25(b)。为了能够将其与凹形垂直馈电进行对比，这里仅对参数 a_2 进行优化，其他未标注的尺寸与图 4-20 一致，不再标注。

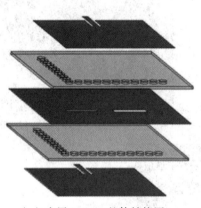 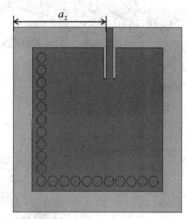

（a）多层QMSIW整体结构图 （b）多层QMSIW上层金属片尺寸图

图 4-25 多层 QMSIW 同向凹形馈电示意图

图 4-26 为参数 a_2 对多层 QMSIW 滤波器的性能对比图。参数 a_2 即上、下层馈电到腔体左侧的距离。在这里分别取 a_2 为 10.9 mm，9.9 mm 和 8.9 mm。由图可知，当 a_2 不断减小时，带外右侧的 S_{21} 曲线逐渐向通带中心靠拢，即带外衰减逐渐变好，而带内 S_{11} 性

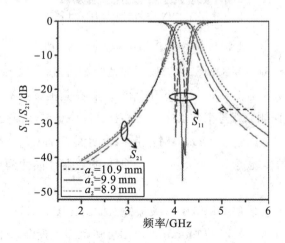

图 4-26 参数 a_2 对多层 QMSIW 滤波器的性能对比图

能也逐渐变好，但当 $a_2 = 8.9$ mm 时，S_{11} 性能有所下降。同时结合带内和带外性能得出：当 $a_2 = 9.9$ mm 时，滤波器性能达到最佳。此时，通带内 S_{11} 低于 -35 dB。

结合图 4-25 的模型，改变模型转接方式为直接转接法，如图 4-27 所示。通过大量仿真发现，影响该滤波器性能的主要参数有两个：a_3 和 c_1，因此，通过对参数 a_3 和 c_1 进行优化，从而得到滤波器的最佳性能。图 4-27(b)、图 4-27(c) 为上层和中间层金属片的尺寸图，其他未标注的尺寸与图 4-20 一致，这里不再标注。

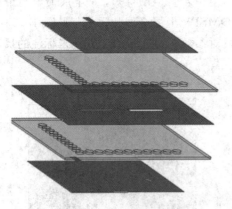

（a）多层QMSIW整体结构图

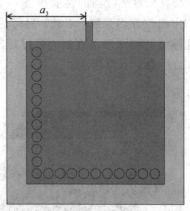

（b）多层QMSIW上层金属片尺寸图

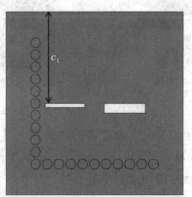

（c）多层QMSIW中间层金属片尺寸图

图 4-27　多层 QMSIW 直接馈电示意图

图 4-28 为参数 a_3 对多层 QMSIW 滤波器的性能对比图。参数 a_3 即上下层馈电到腔体左侧的距离，分别取 a_3 为 9 mm，8 mm 和 7 mm，保持其他参数不变。由图可知，当 a_3 逐渐减小时，带外 S_{21} 两侧曲线逐渐向通带中心靠拢，带外衰减逐渐变好，带内 S_{11} 性能也逐渐变好，但若再继续减小到 $a_3 = 7$ mm 时，带内 S_{11} 性能反而有所下降。因此，结合带外衰减与带内回波损耗的性能得出：当 $a_3 = 8$ mm 时，滤波器性能达到最佳。此时，通带内 S_{11} 低于 -20 dB。

图 4-29 为参数 c_1 对多层 QMSIW 滤波器的性能对比图。参数 c_1 即缝隙到金属片的位置，分别取 c_1 为 10 mm，9 mm 和 8 mm。由图可知，当 c_1 逐渐减小时，带外 S_{21} 右侧曲线逐渐向通带中心靠拢，带外衰减逐渐变好，带内 S_{11} 性能也逐渐变好，但若再继续减小到

$c_1 = 8$ mm 时，带内 S_{11} 性能反而有所下降。结合带外和带内性能，得出：当 $c_1 = 9$ mm 时，滤波器性能达到最佳。此时，通带内 S_{11} 低于 -20 dB。

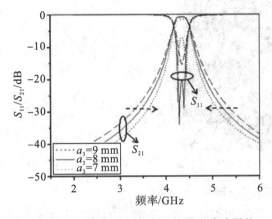

图 4 - 28　参数 a_3 对多层 QMSIW 滤波器的性能对比图

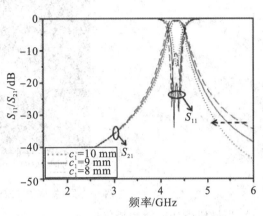

图 4 - 29　参数 c_1 对多层 QMSIW 滤波器的性能对比图

3）设计实例 3

多层 QMSIW 滤波器的设计指标为：

(1) 中心频率为 4 GHz；

(2) 相对带宽为 9%；

(3) 通带内 S_{11} 低于 -15 dB；

(4) 插入损耗高于 -0.8 dB。

图 4 - 30(a)为多层 QMSIW 的整体结构图。由图可知，多层 QMSIW 滤波器采用的是垂直凹形馈电方式，中间层通过探针圆柱实现上下两腔体的耦合。图 4 - 30(b)、图 4 - 30(c)分别为多层 QMSIW 滤波器上层金属片和中间层金属片的尺寸图。由图可知，探针圆柱的半径为 r_1，中间层的圆环缝隙宽度为 r_2，探针圆柱的具体位置分别由 L_1 和 L_2 来确定，上层馈电的位置由 L_3 确定，除此以外的所有参数，均与图 4 - 20 保持一致。

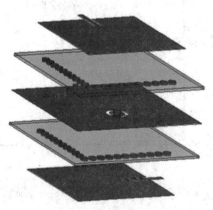

（a）多层QMSIW整体结构图

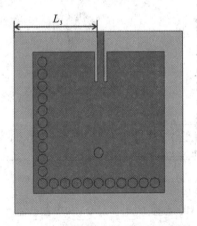

（b）多层QMSIW上层金属片尺寸图

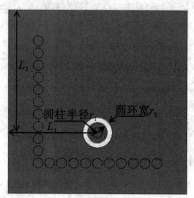

（c）多层QMSIW中间层金属片尺寸图

图 4 - 30　多层 QMSIW 垂直凹形馈电示意图

　　为得到最佳尺寸和最优性能，不断对模型进行调整和优化，在经过大量的仿真实验后发现，其影响性能的主要参数为：L_1 和 L_2，在保持其他参数不变的情况下，对上述两个参数分别进行优化，而后对结果进行对比分析，从而得出结论。

　　图 4 - 31 为参数 L_1 对多层 QMSIW 滤波器的性能对比图。参数 L_1 即探针圆柱到腔体左侧的距离，分别取 L_1 为 10 mm，9 mm 和 8 mm。根据图 4 - 31 可知，当 L_1 逐渐减小时，由带内 S_{21} 曲线可知，其带宽逐渐减小；由带内 S_{11} 曲线可知，回波损耗性能逐渐变好，但若继续减小到 L_1＝8 mm 时，带内 S_{11} 性能反而有所下降。因此，同时结合带内 S_{11} 和 S_{21} 的性能得出：当 L_1＝9 mm 时，滤波器性能达到最佳，此时，通带内 S_{11} 低于－17 dB。

　　图 4 - 32 为参数 L_2 对多层 QMSIW 滤波器的性能对比图。参数 L_2 即探针圆柱到腔体上方的距离，分别取 L_2 为 12.5 mm，12 mm 和 11.5 mm。根据图 4 - 32 可知，当 L_2 不断减小时，带内 S_{11} 性能逐渐变好，但若继续减小到 L_2＝11.5 mm 时，带内 S_{11} 性能反而有所下降。因此，当 L_2＝12 mm 时，滤波器性能达到最佳，此时，通带内 S_{11} 低于－17 dB。

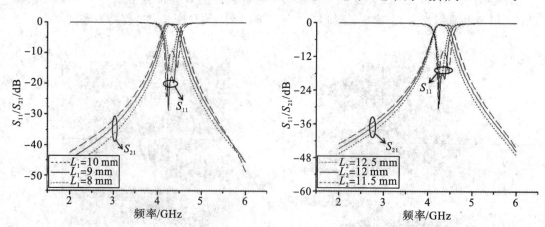

图 4 - 31　参数 L_1 对多层 QMSIW 的性能对比图　　图 4 - 32　参数 L_2 对多层 QMSIW 的性能对比图

　　综上，根据图 4 - 31 和图 4 - 32，得到了 L_1 和 L_2 的最佳值，在达到设计指标的基础上，得到了滤波器的最佳尺寸，其具体尺寸见表 4 - 2。

表 4 − 2　多层 QMSIW 滤波器具体尺寸　　　　　　　　　mm

r_1	r_2	L_1	L_2	L_3
0.5	0.5	9	12	8.9

在图 4 − 30 的基础上，将凹形馈电改成直接馈电，在保持多数参数不变的情况下，对滤波器进行微调，为得到滤波器的最佳性能，仅需要优化参数 L_3'，图 4 − 33(a)为模型整体结构图，图 4 − 33(b)为模型的上层金属片尺寸图，由于其他未列出参数与图 4 − 30 一致，这里不重复标注。

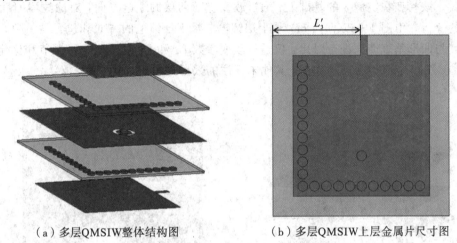

（a）多层QMSIW整体结构图　　　　　　　（b）多层QMSIW上层金属片尺寸图

图 4 − 33　多层 QMSIW 垂直直接馈电示意图

图 4 − 34 为参数 L_3' 对多层 QMSIW 滤波器的性能对比。参数 L_3' 即馈电到腔体左侧的距离，这里分别取 L_3' 为 7.9 mm，8.9 mm 和 9.9 mm。根据图 4 − 34 可知，当 L_3' 不断增大时，S_{11} 数值逐渐降低，直到 $L_3' = 8.9$ mm 时，S_{11} 数值最低，但若再继续增大到 $L_3' = 9.9$ mm 时，S_{11} 数值又增大。因此，当 $L_3' = 8.9$ mm 时，滤波器性能达到最佳，此时，通带内 S_{11} 低于 −21 dB。

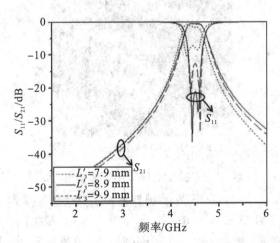

图 4 − 34　参数 L_3' 对多层 QMSIW 滤波器的性能对比图

4) 设计实例 4

多层 QMSIW 滤波器的设计指标为：

(1) 中心频率为 4.4 GHz；

(2) 相对带宽为 11.96%；

(3) 通带内 S_{11} 低于 -20 dB；

(4) 插入损耗高于 -0.8 dB。

多层 QMSIW 同向凹形馈电示意图如图 4-35 所示，采用凹形同向馈电和圆柱探针耦合的方式。该模型在实例 3 的基础上，通过改变上下两层的馈电方向，对滤波器的性能作进一步的分析。由图 4-35(a)可知，最上层馈电与最下层馈电的方向和位置均一致，为了能够将其与凹形垂直馈电进行对比，仅通过改变参数 L_4 和 L_5 对模型进行调节和优化，图 4-35(b)、图 4-35(c)为其尺寸图，其他未标注的数据与图 4-30 一致。

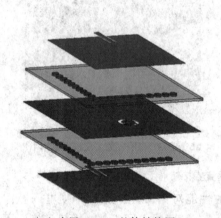

（a）多层QMSIW整体结构图

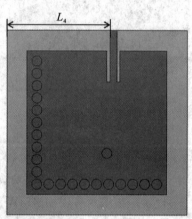

（b）多层QMSIW上层金属片尺寸图

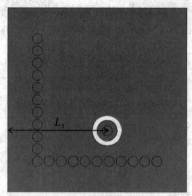

（c）多层QMSIW中间层金属片尺寸图

图 4-35 多层 QMSIW 同向凹形馈电示意图

图 4-36 为参数 L_4 对多层 QMSIW 滤波器的性能对比图。参数 L_4 即馈电到腔体左侧的距离，这里分别取 L_4 为 11.3 mm，10.3 mm 和 9.3 mm。根据图 4-36 可知，当 L_4 不断减小时，S_{11} 数值逐渐降低，直到 $L_4 = 10.3$ mm 时，S_{11} 数值最低，但若再继续减小到 $L_4 = 9.3$ mm 时，S_{11} 数值又增大。因此，当 $L_4 = 10.3$ mm 时，滤波器性能达到最佳，此时，通带内 S_{11} 低于 -27.3 dB。

图 4-37 为参数 L_5 对多层 QMSIW 滤波器的性能对比图。参数 L_5 即探针圆柱到腔体左侧的距离，分别取 L_5 为 11 mm，10 mm 和 9 mm。由图可知，当 L_5 逐渐减小时，带外 S_{21} 曲线两侧逐渐向通带中心靠拢，带外衰减性能逐渐变好；带内 S_{21} 曲线也逐渐向通带中心靠拢，则带宽逐渐减小；带内 S_{11} 性能逐渐变好，但当 $L_5=11$ mm 时，带内 S_{11} 性能反而有所下降。因此，综合带外衰减、带宽和回波损耗得出：当 $L_5=10$ mm 时，滤波器性能达到最佳，此时，通带内 S_{11} 低于 -27.3 dB。

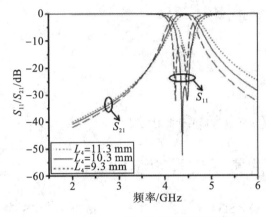

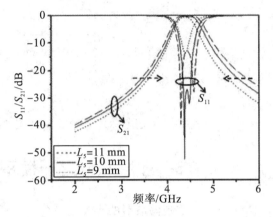

图 4-36　参数 L_4 对多层 QMSIW 滤波器的性能对比图　　　　　图 4-37　参数 L_5 对多层 QMSIW 滤波器的性能对比图

多层 QMSIW 的具体模型如图 4-38 所示。图 4-38(a) 为多层 QMSIW 整体结构图，而图 4-38(b) 为多层 QMSIW 上层金属片尺寸图，其余未标注尺寸与图 4-30 保持一致。该模型在图 4-35 的基础上，采用同向直接馈电和圆柱探针的耦合方式，将凹形馈电改为直接馈电方式，并通过修改参数 L_6 优化模型。

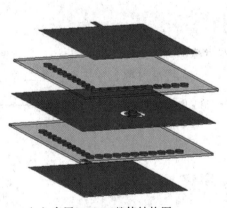

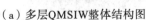

（a）多层 QMSIW 整体结构图

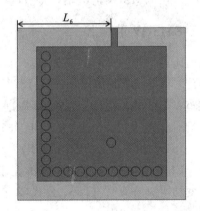

（b）多层 QMSIW 上层金属片尺寸图

图 4-38　多层 QMSIW 具体模型

图 4-39 为参数 L_6 对多层 QMSIW 滤波器的性能对比图。参数 L_6 即馈电到腔体左侧的距离，这里分别取 L_6 为 11 mm，10 mm 和 9 mm。由图可知，当 L_6 不断减小时，S_{11} 数值逐渐降低，直到 $L_4=10$ mm 时，S_{11} 数值最低，但若再继续减小到 $L_6=9$ mm 时，S_{11} 数值又增大。因此，当 $L_4=10$ mm 时，滤波器性能达到最佳，此时，通带内 S_{11} 低于 -25.2 dB。

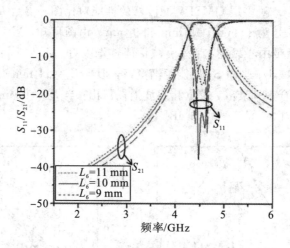

图 4-39　参数 L_6 对多层 QMSIW 滤波器的性能对比图

4.3　多层八分之一模基片集成波导滤波器设计

为进一步实现滤波器的小型化,在上一章 QMSIW 谐振腔的基础上,提出了 EMSIW 谐振腔结构。交叉耦合技术有利于提高滤波器的选择性,能够做到在不改变滤波器阶数的同时,增加传输零点的个数,从而提高带外选择性。本章利用交叉耦合技术,实现了有两个传输零点的多层四腔 EMSIW 滤波器,并利用 HFSS 13 讨论滤波器的耦合特性,而将 SIW 与 LTCC 技术结合,使得三维电路得以真正实现,在提高滤波器性能的同时,大大缩小了滤波器的面积。EMSIW 的单腔体相对于 SIW 来说面积减少了 87.5%,它相较于第三章设计的多层 QMSIW 滤波器,面积更加小。

4.3.1　EMSIW 谐振腔

由前所述可知,SIW 的场分布均匀,具有对称性。因此,当 SIW 沿其对称磁壁进行一次二等分时,得到 HMSIW,在 HMSIW 的基础上,再沿对称磁壁进行一次二等分后,得到 QMSIW,接着,在 QMSIW 的基础上,再一次沿对称磁壁二等分后,得到 EMSIW。至此,EMSIW 相对于 SIW 的面积减小了 87.5%。EMSIW 的谐振频率、等价宽度和等价长度均可见公式(2-15)、公式(2-16)和公式(2-17)。

为进一步探讨 EMSIW 的谐振模式,在这里通过对原始谐振腔 SIW,QMSIW 以及 EMSIW 进行仿真,得到回波损耗曲线对比图,如图 4-40 所示。由图可知,当谐振腔为原始的 SIW 时,同时存在 TE_{101}、TE_{102} 和 TE_{202} 模,其谐振频率分别在 6.05 GHz、

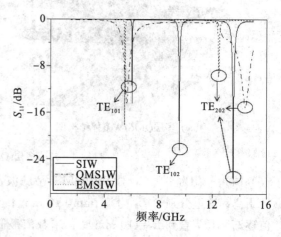

图 4-40　回波损耗对比图

9.53 GHz 和 13.5 GHz；当谐振腔为 QMSIW 时，则存在 TE_{101} 和 TE_{202} 模，其谐振频率分别在 5.67 GHz 和 14.9 GHz；而当其为 EMSIW 时，与 QMSIW 一样，存在 TE_{101} 和 TE_{202} 模，其谐振频率分别在 5.51 GHz 和 12.46 GHz。由此可知，当谐振腔为 QMSIW 和 EMSIW时，不存在 TE_{102} 模，这是因为 TE_{102} 模仅存在于沿 y 方向的等效磁壁，而不存在于沿 x 方向的等效磁壁，而 TE_{101} 和 TE_{202} 模则沿 x 和 y 方向的等效磁壁均存在。因此，本文提出的 EMSIW 仅存在 TE_{101} 和 TE_{202} 模，原始谐振腔 SIW 中的 TE_{102} 模消失了。

　　单腔 EMSIW 滤波器结构如图 4-41 所示。该模型采用介质基板的材料是 Rogers RT/duroid 5880，它的相对介电常数为 2.2，损耗角正切为 0.0009。这里分别采用两种馈电方式进行讨论：凹形馈电和直接馈电。其中直接馈电的中心频率为 5.5 GHz，凹形馈电的中心频率是 5 GHz，两者高度 h 均为 0.254 mm。利用 HFSS 对模型进行仿真，并分别对 S_{11} 和 S_{21} 两者进行对比，其具体结果对比图如图 4-42 所示。

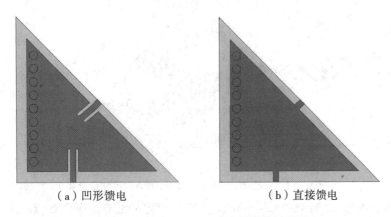

（a）凹形馈电　　　　　　　　（b）直接馈电

图 4-41　单腔 EMSIW 滤波器结构示意图

　　图 4-42 为直接馈电与凹形馈电性能对比图。由图可知，两个不同的馈电方式存在一定的频率偏移，直接馈电中心频率比凹形馈电中心频率向右偏 0.5 GHz 左右，凹形馈电带外衰减优于直接馈电带外衰减。

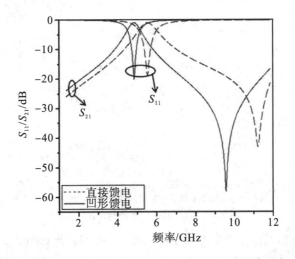

图 4-42　直接馈电与凹形馈电性能对比图

4.3.2 多腔 EMSIW 滤波器的设计

1. 双腔 EMSIW 滤波器的设计

在 4.1 节中，分别对 EMSIW 谐振腔的凹形馈电和直接馈电这两种馈电方式进行仿真与分析。为更加深入地对这两种馈电方式进行探讨，在双腔 EMSIW 滤波器的设计中，也分别采用凹形馈电和直接馈电这两种方式。通过两者性能的对比，为多层四腔 EMSIW 滤波器的设计提供依据。

图 4-43 为双腔 EMSIW 直接馈电的结构尺寸示意图。该模型中，两个谐振腔之间通过感性窗实现耦合，为得到最佳尺寸，可通过大量的仿真，对模型不断进行优化，在这里主要影响性能的参数是 L_z。

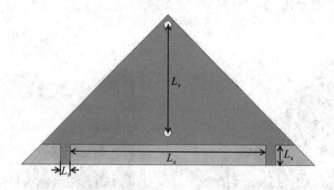

图 4-43　双层 EMSIW 直接馈电的结构尺寸示意图

图 4-44 为参数 L_z 对双腔 EMSIW 滤波器的性能对比图。参数 L_z 为两馈电之间的距离，分别取 L_z 为 18 mm，20 mm 和 22 mm。由图可知，当 L_z 逐渐增大时，带内 S_{11} 性能越来越好，直到 $L_z=20$ mm 时，S_{11} 性能最好，若再增大至 $L_z=22$ mm 时，其性能反而有所下降。因此，当 $L_z=20$ mm 时，滤波器性能达到最佳，S_{11} 低于 -40 dB，此时，该滤波器的中心频率为 5.3 GHz，相对带宽为 38.3%。

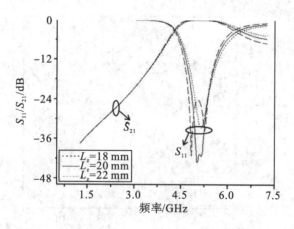

图 4-44　参数 L_z 对双腔 EMSIW 滤波器的性能对比图

图 4-45 所示的双腔 EMSIW 是在图 4-43 的基础上，将模型转变为凹形馈电方式，

在保持其他所有参数不变的情况下，通过对参数 L_z' 进行优化，从而得到的滤波器的最佳性能。

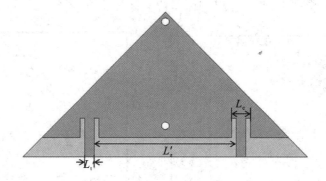

图 4-45 双腔 EMSIW 凹形馈电具体尺寸图

图 4-46 为参数 L_z' 对双腔 EMSIW 滤波器的性能对比图，分别取 L_z' 为 13 mm，15 mm 和 17 mm，保持其他参数不变。由图可知，当 L_z' 逐渐增大时，带内 S_{11} 性能逐渐变好，但若再增大至 $L_z' = 17$ mm 时，其性能反而有所下降。因此，当 $L_z' = 15$ mm 时，滤波器性能达到最佳，S_{11} 低于 -23 dB。此时，该滤波器的中心频率为 4.8 GHz，相对带宽为 35.8%。

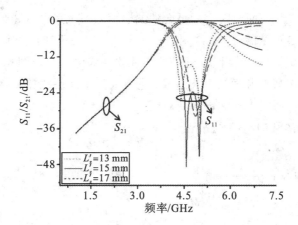

图 4-46 参数 L_z' 对双腔 EMSIW 滤波器的性能对比图

由图 4-43 与图 4-45 可知，两谐振腔之间是通过感性窗实现耦合。为更好确定其尺寸，以达到最好的耦合效果，利用 HFSS 13 对 L_s 的距离讨论，如图 4-47 所示。由图可知，两腔体之间的耦合强度与耦合窗长度成正比，即耦合系数随耦合窗长度的增加，耦合强度也在增加。通过 MATLAB 运算得到 $M_{12} = 0.1248$，结合图 4-47，得到 $L_s = 10.8$ mm。由此得到双腔 EMSIW 滤波器的最佳尺寸，见表 4-3。

表 4-3 双腔 EMSIW 滤波器的最佳尺寸表 mm

L_s	L_t	L_z	L_x	L_c	L_t'	L_z'
10.8	1	20	2	2	1	15

现将这两者的性能进行对比，即图 4-44 与图 4-46 之间的比较，其结果如图 4-48

所示。图 4-48 为直接馈电与凹形馈电的性能对比图。由图可知，双腔 EMSIW 与单腔 EMSIW 谐振腔一样，直接馈电中心频率比凹形馈电中心频率向右偏 0.5 GHz 左右，带内 S_{11} 性能为：直接馈电的 S_{11} 低于 -40 dB，而凹形馈电的 S_{11} 低于 -23 dB。

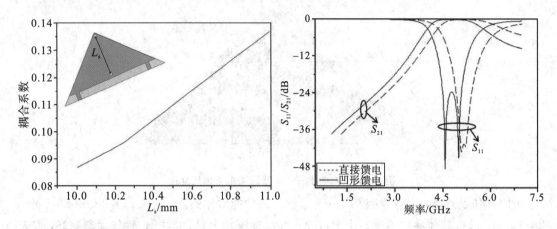

图 4-47　耦合系数与耦合窗的大小关系曲线　　　图 4-48　直接馈电与凹形馈电的性能对比图

2. 多层四腔 EMSIW 交叉耦合滤波器的设计

图 4-49 为多层四腔 EMSIW 交叉耦合滤波器示意图。其中，图 4-49(a)为模型的拓扑结构图，图中实线表示磁耦合，虚线则表示电耦合。由图可知，腔体 1 与腔体 4、腔体 1 与腔体 2、腔体 3 与腔体 4 为磁耦合，腔体 2 与腔体 3 为电耦合。图 4-49(b)为其结构示意图，该模型由三层金属板和两层介质组成，它是通过中间层的三个缝隙和感性窗实现上下左右腔体之间耦合，而图 4-49(c)则是对图 4-49(a)和 4-49(b)的补充，通过侧视图可以更全面地了解模型的结构与耦合情况。

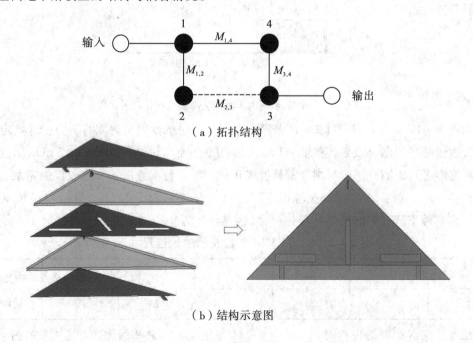

（a）拓扑结构

（b）结构示意图

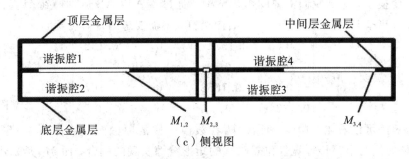

（c）侧视图

图 4-49　多层四腔 EMSIW 交叉耦合滤波器示意图

下面将详细介绍多层四腔 EMSIW 滤波器的设计过程。由于实物的制作是采用 LTCC 工艺，在这里选择的是 Ferro-A6 工艺，它的介电常数为 5.9，损耗角正切为 0.0015，介质基片的厚度为 0.0096 mm，单层基片厚度很薄。所以，这里的每一个腔体均由四层介质基板组成，且金属通孔的半径均为 0.1 mm。在本章最后将会对实物测试结果与仿真测试结果进行对比。

1）滤波器的设计指标

（1）中心频率：3.5 GHz；

（2）相对带宽：23%；

（3）回波损耗：20 dB；

（4）插入损耗高于 −1 dB；

（5）传输零点：1.84 GHz，4.6 GHz；

图 4-50 为根据滤波器的设计指标，即设计其中心频率为 3.5 GHz，传输零点分别为 1.84 GHz 和 4.6 GHz，并利用 MATLAB 运算得到的多层四腔 EMSIW 滤波器的理论频率响应图。

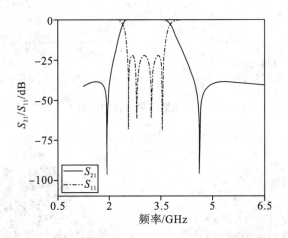

图 4-50　多层四腔 EMSIW 滤波器理论频率响应

2）滤波器的耦合系数

一般来说，耦合矩阵中非对角线元素的正负号对于滤波器的结构起着决定性因素。它的正数代表磁耦合，负数代表电耦合，能够大致判断整个滤波器的耦合结构。当然，也可以通过矩阵变换，来达到我们需要的耦合结构。通过 MATLAB 运算得到 M 矩阵后，发现耦合矩阵计算出来与实际滤波器的耦合结构相符，不需要进行矩阵变换。

$$M=\begin{bmatrix} 0 & 0.1674 & 0 & 0.1324 \\ 0.1674 & 0 & -0.1658 & 0 \\ 0 & -0.1658 & 0 & 0.1674 \\ 0.1324 & 0 & 0.1674 & 0 \end{bmatrix}$$

由耦合矩阵可以看出：$M_{12}=M_{34}$。两者数值一样的原因是：结合图 4-52(b) 可知，M_{12} 与 M_{34} 是通过两个等长等宽且位置对称的矩形缝隙实现的耦合，而 M_{14} 是采用平面耦合窗实现的耦合，这两种耦合均是磁耦合。而 M_{23} 则是采用耦合窗与矩形缝隙相结合的方式实现的，是属于混合耦合，在这里呈现出的是电耦合特性。

3）滤波器耦合结构的实现

图 4-51 为运用 HFSS 13 运算得到的耦合系数与耦合槽的大小关系曲线。通过这个曲线图来确定耦合槽的大小，由于 $M_{12}=M_{34}$，这里仅通过一张图来反映它的耦合强度。图 4-51(a) 为 M_{23} 随耦合槽的大小变化曲线，图 4-51(b) 为 M_{12} 和 M_{34} 随耦合槽的大小变化曲线，结合对耦合矩阵的分析，M_{12} 和 M_{34} 为磁耦合，M_{23} 则为电耦合，将其对应后，得到 $t_5=6$ mm，$t_7=1$ mm。其尺寸示意图如图 4-52 所示，最终尺寸表见表 4-4。

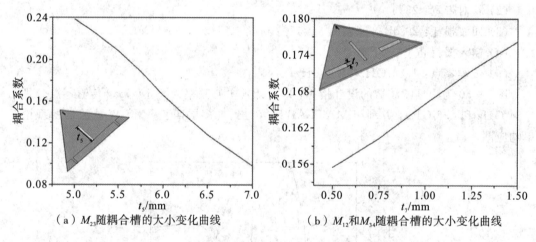

（a）M_{23} 随耦合槽的大小变化曲线　（b）M_{12} 和 M_{34} 随耦合槽的大小变化曲线

图 4-51　耦合系数与耦合槽的大小关系曲线

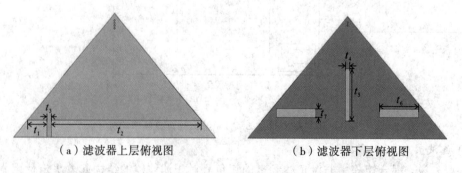

（a）滤波器上层俯视图　（b）滤波器下层俯视图

图 4-52　多层四腔 EMSIW 滤波器尺寸示意图

表 4 – 4　多层 EMSIW 滤波器最终尺寸表　　mm

t_1	t_2	t_3	t_4	t_5	t_6	t_7
2.6	20.88	0.6	0.6	6	5.5	1

4）实物的制作

在上述基础上，通过采用 LTCC 技术，完成实物的制作，并将仿真与实物测试结果进行对比。

由前面所讲的 LTCC 的工艺流程可知，由于每层介质板材厚度很薄，所以它是通过多层对准、叠层、共烧制成。为得到更好的测试结果，对其工艺模型图进行仿真，每一个腔体均由四层介质板材组成。该模型共由八层介质基板组成，其 LTCC 工艺图如图 4 – 53 所示，其实物图如图 4 – 54 所示。

　　图 4 – 53　LTCC 工艺模型图　　　　　图 4 – 54　多层 EMSIW 滤波器实物图

图 4 – 55 为多层四腔 EMSIW 滤波器的仿真与测试对比图。测试图线的中心频率为 3.5 GHz，通带内最小插损是 1.9 dB，带内回波损耗大于 13 dB。由图可知，测试与仿真的大体走向一致，带内插入损耗和回波损耗的偏差可能是因为陶瓷的实际介电常数跟定义的有些许差别。此外，测试环境、流延膜片厚度的差异都有可能会造成的损耗。

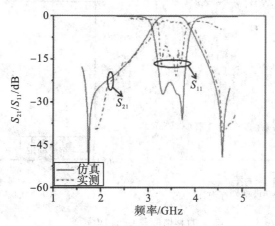

图 4 – 55　多层四腔 EMSIW 滤波器仿真与测试对比图

2. 性能比较

1）凹形馈电与直接馈电

将图4-20(a)与图4-23(a)的两个模型性能进行对比，两者均采用垂直馈电方式和缝隙耦合，其性能对比图如图4-56(a)所示。由凹形馈电转变为直接馈电，存在一定的频偏。由图可知，凹形馈电的中心频率为4.14 GHz，直接馈电的中心频率为4.32 GHz；带内 S_{11} 的性能：直接馈电通带内 S_{11} 低于−21.8 dB，而凹形馈电通带内 S_{11} 低于−25 dB；带外 S_{21} 曲线：凹形馈电的反射性能优于直接馈电的反射性能；相对带宽：凹形馈电的相对带宽为9.6%，直接馈电的相对带宽为9.95%。

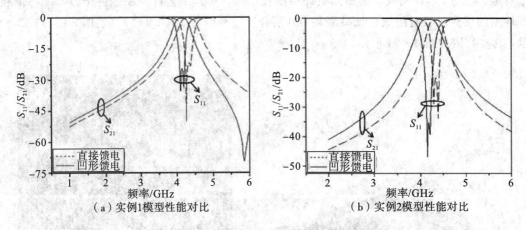

（a）实例1模型性能对比 （b）实例2模型性能对比

图4-56 直接馈电与凹形馈电性能对比图

将图4-25(a)与图4-27(a)的两个模型性能进行对比，两者均采用同向馈电和缝隙耦合，其性能对比图如图4-56(b)所示。由凹形馈电转变为直接馈电，存在一定的频偏。由图可知，凹形馈电的中心频率为4.18 GHz，直接馈电的中心频率为4.34 GHz；带内 S_{11} 性能：凹形馈电通带内 S_{11} 低于−35 dB，而直接馈电通带内 S_{11} 低于−20 dB；相对带宽：凹形馈电的相对带宽为10.8%，直接馈电的相对带宽为7.6%。

将图4-30(a)与图4-33(a)的两个模型性能进行对比，两者均采用垂直馈电和探针耦合，其性能对比图如图4-57(a)所示，由凹形馈电转变为直接馈电，存在一定的频偏。由

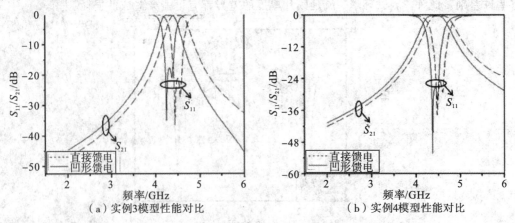

（a）实例3模型性能对比 （b）实例4模型性能对比

图4-57 直接馈电与凹形馈电性能对比图

图可知，凹形馈电的中心频率为 4.32 GHz，直接馈电的中心频率为 4.51 GHz；S_{11} 的性能：直接馈电在通带内的 S_{11} 低于 -21 dB，而凹形馈电在通带内的 S_{11} 低于 -17 dB；相对带宽：凹形馈电的相对带宽为 9%，直接馈电的相对带宽为 9.5%。

　　将图 4-35(a) 与图 4-38(a) 的两个模型性能进行对比，两者均采用同向馈电和探针耦合，其性能对比图如图 4-57(b) 所示，由凹形馈电转变为直接馈电，存在一定的频偏。由图可知，凹形馈电的中心频率为 4.43 GHz，直接馈电的中心频率为 4.55 GHz；S_{11} 的性能：直接馈电在通带内的 S_{11} 低于 -25.2 dB，而凹形馈电在通带内的 S_{11} 低于 -27.3 dB；相对带宽：凹形馈电的相对带宽为 11.96%，直接馈电的相对带宽为 12.5%。

　　2）垂直方向馈电与同方向馈电

　　将图 4-20(a) 与图 4-25(a) 的两个模型性能进行对比，两者均采用凹形馈电和缝隙耦合方式。其性能对比图如图 4-58(a) 所示，凹形馈电的中心频率为 4.14 GHz，直接馈电的中心频率为 4.18 GHz；S_{11} 的性能：垂直方向馈电在通带内的 S_{11} 低于 -25 dB，而同方向馈电在通带内的 S_{11} 低于 -35 dB；S_{21} 性能：垂直方向馈电带外反射性能优于同方向馈电；相对带宽：垂直方向馈电的相对带宽为 9.6%，而同方向馈电的相对带宽为 10.8%。

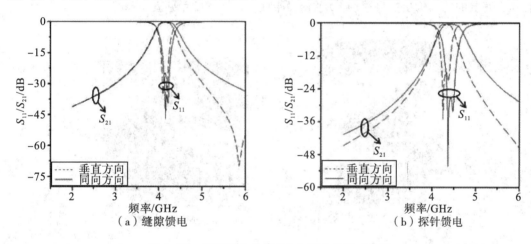

图 4-58　凹形馈电垂直方向与同向性能对比图

　　将图 4-30(a) 与图 4-35(a) 的两个模型性能进行对比，两者均采用凹形馈电和探针耦合方式。其性能对比图如图 4-58(b) 所示，凹形馈电的中心频率为 4.32 GHz，直接馈电的中心频率为 4.43 GHz；S_{11} 的性能：垂直方向馈电在通带内的 S_{11} 低于 -17 dB，而同方向馈电在通带内的 S_{11} 低于 -27.3 dB；S_{21} 性能：垂直方向馈电带外反射性能优于同方向馈电；相对带宽：垂直方向馈电的相对带宽为 9%，而同方向馈电的相对带宽为 12.2%。

　　对多层四腔 QMSIW 滤波器，分别对上面的四组实例，就中心频率、相对带宽和回波损耗三方面，结合不同的馈电方向和馈电方式，更加直观地了解它们对滤波器性能的影响情况。

4.4　多层双重折叠四分之一模基片集成波导滤波器设计

　　如今，小型化、多腔体、高性能已成为微波滤波器的发展趋势。本章着重在实现滤波器小型化的基础上，逐渐增加谐振腔个数，不断向微波滤波器的发展趋势靠拢。而在滤波器的设计上，同时结合了多层技术与折叠技术，并最终完成了多层三腔 DFQMSIW 滤波器的设计和多层四腔 DFQMSIW 交叉耦合滤波器的设计。单腔 DFQMSIW 面积相对于 SIW 而言减少了 94.6%，相较于第三章和第四章设计的滤波器，面积更小，实现的滤波器小型化程度更高。

4.4.1 DFQMSIW 谐振腔

为更好地实现多层多腔体滤波器的设计，首先应该对单腔 DFQMSIW 进行讨论，然后再慢慢增加谐振腔个数，逐渐加大设计难度。DFQMSIW 谐振腔是在 QMSIW 谐振腔的基础上，经过二次折叠得到的，因此，它的单腔谐振腔是双层结构，中间层有 L 型缝隙，在这里分别采用垂直馈电与平行馈电两种方式对模型进行探讨。

图 4-59 和图 4-60 分别为单腔 DFQMSIW 垂直馈电和平行馈电的示意图。该模型采用介质基板材料为 Rogers RT/duroid 5880，它的相对介电常数为 2.2，损耗角正切为 0.0009，模型的整体大小为 16.2 mm×16.2 mm×1.016 mm，两者均采用凹形馈电方式，且在中间层的输入输出端口采用 50 欧姆微带线，其具体尺寸见表 4-5。

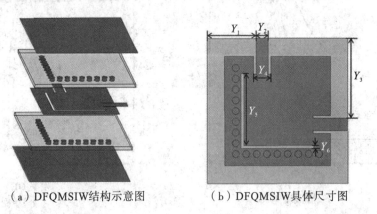

（a）DFQMSIW结构示意图 （b）DFQMSIW具体尺寸图

图 4-59 单腔 DFQMSIW 垂直馈电示意图

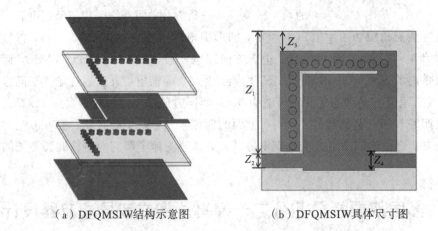

（a）DFQMSIW结构示意图 （b）DFQMSIW具体尺寸图

图 4-60 单腔 DFQMSIW 平行馈电示意图

表 4 – 5　单腔 DFQMSIW 具体尺寸表　　　　　　　　　　mm

Y_1	Y_2	Y_3	Y_4	Y_5
7.3	1.4	10	2	8.05
Y_6	Z_1	Z_2	Z_3	Z_4
0.35	12.5	1.4	2	2

图 4 – 61 为单腔 DFQMSIW 谐振腔垂直馈电与平行馈电的性能对比图。由图可知，垂直馈电的中心频率为 3.5 GHz，平行馈电的中心频率为 2.8 GHz，垂直馈电中心频率比平行馈电中心频率向右偏移约 0.8 GHz。

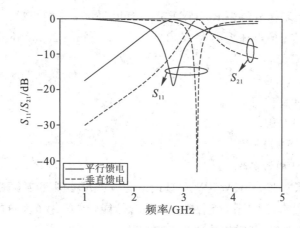

图 4 – 61　单腔 DFQMSIW 谐振腔垂直馈电与平行馈电性能对比图

4.4.2　多层双腔 DFQMSIW 滤波器的设计

1. 垂直馈电方式

多层双腔 DFQMSIW 垂直馈电滤波器结构如图 4 – 62 所示。由图 4 – 62(a)可知，整个模型由两个 DFQMSIW 腔体组成，其中，谐振腔 1 和谐振腔 2 的中间层分别作为馈电 1 和馈电 2，通过在金属片上开矩形缝隙实现腔体 1 与腔体 2 之间耦合。图 4 – 62(b)为模型的侧视图，更具体地展现模型的整体结构。

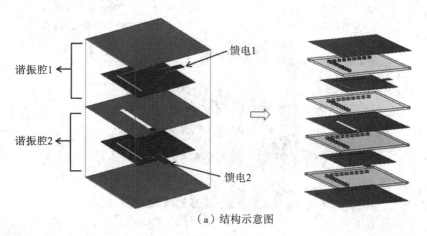

（a）结构示意图

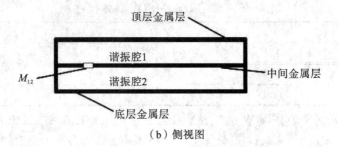

（b）侧视图

图 4-62 多层双腔 DFQMSIW 垂直馈电滤波器结构示意图

该模型采用介质基板材料为 Rogers RT/duroid 5880，它的相对介电常数为 2.2，损耗角正切为 0.0009，模型的整体大小为 16.2 mm×16.2 mm×2.032 mm。

1）滤波器的设计指标

（1）中心频率：3.8 GHz；

（2）相对带宽：21.1%；

（3）回波损耗：18 dB；

（4）插入损耗高于−1 dB。

2）滤波器耦合结构的实现

图 4-63 为多层双腔 DFQMSIW 垂直馈电滤波器尺寸图。结合图 4-63(b)可知，矩形缝隙的大小直接影响着上下两个谐振腔的耦合性能，在经过了大量的仿真测试之后，通过对 S_{21} 性能的对比，讨论其对滤波器频率响应的影响情况。

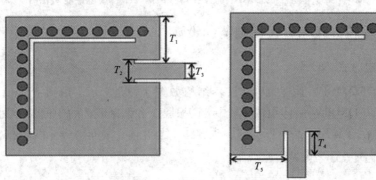

（a）腔体1中间金属层（馈电1）　　　　（b）腔体2中间金属层（馈电2）

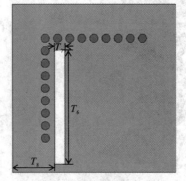

（c）腔体1与腔体2之间的金属层

图 4-63 多层双腔 DFQMSIW 垂直馈电滤波器尺寸图

图 4-64 为矩形缝隙的宽度 T_7 对滤波器频率响应的影响图。由图可知,随着 T_7 数值的增加即当 $T_7 = 3$ mm 时, S_{21} 右侧曲线逐渐向通带中心靠拢,这表明其耦合强度增强,反之则减弱,同时,缝隙越靠近金属片边缘,耦合强度越大。表 4-6 为多层双腔垂直馈电 DFQMSIW 滤波器最终尺寸表。

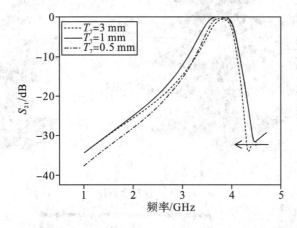

图 4-64　矩形缝隙的宽度 T_7 对滤波器频率响应的影响

表 4-6　多层双腔 DFQMSIW 垂直馈电滤波器最终尺寸表　　　单位:mm

T_1	T_2	T_3	T_4	T_5	T_6	T_7	T_8
4.3	2	1.4	2	4.3	11	1	4.2

图 4-65 为多层双腔 DFQMSIW 垂直馈电滤波器的理论与仿真对比图。由仿真图线可知,带内回波损耗大于 18 dB,中心频率为 3.8 GHz,基本达到了设计指标。

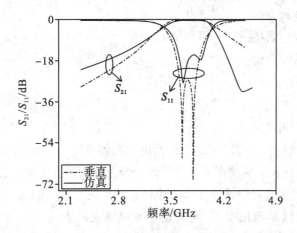

图 4-65　多层双腔 DFQMSIW 垂直馈电滤波器理论与仿真对比图

2. 多层双腔 DFQMSIW 平行馈电

多层双腔 DFQMSIW 平行馈电滤波器结构如图 4-66(a)所示,图 4-66(b)为其侧视图,能够更加直观地了解滤波器的整体结构。整个模型由两个 DFQMSIW 腔体组成,其中，谐振腔 1 和谐腔 2 的中间层分别作为馈电 1 和馈电 2，而谐振腔 1 与谐振腔 2 之间通过矩形槽实现耦合。

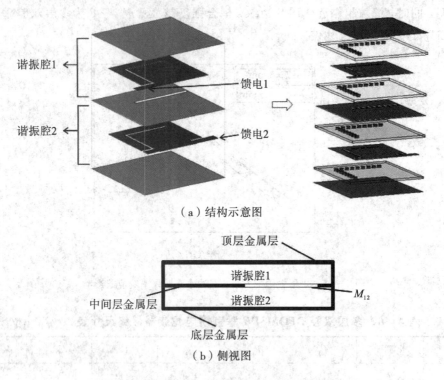

（a）结构示意图

（b）侧视图

图 4 - 66　多层双腔 DFQMSIW 平行馈电结构示意图

该模型采用介质基板材料为 Rogers RT/duroid 5880，它的相对介电常数为 2.2，损耗角正切为 0.000 9，模型的整体大小为 16.2 mm×16.2 mm×2.032 mm。

1）滤波器的设计指标

（1）中心频率：2.4 GHz；

（2）相对带宽：31.36%；

（3）回波损耗：20 dB；

（4）插入损耗大于 −1 dB。

2）滤波器耦合结构的实现

图 4 - 67 为多层双腔 DFQMSIW 平行馈电滤波器尺寸图。由图 4 - 67(b)可知，中间金属层上的矩形缝隙的大小直接影响着上下两个谐振腔的耦合性能。经过大量仿真，通过对 S_{21} 性能的对比，讨论其对滤波器频率响应的影响情况。

图 4 - 68 为矩形缝隙的长度 K_6 对滤波器频率响应的影响图。由图可知，随着 K_6 长度的增加，S_{21} 右侧曲线逐渐向通带中心靠拢，表示其耦合强度在增加，同时，缝隙越靠近金属片边缘，耦合强度越大。表 4 - 7 为多层双腔 DFQMSIW 平行馈电滤波器最终尺寸表。

表 4－7　多层双腔 DFQMSIW 平行馈电滤波器最终尺寸表　　mm

K_1	K_2	K_3	K_4	K_5	K_6
10.2	0.5	1.4	14.2	0.6	10.5
K_7	K_8	K_9	K_{10}	K_{11}	K_{12}
16.2	16.2	2.35	0.5	2.35	4.35

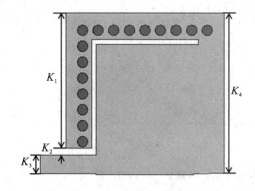
（a）谐振腔1中间金属层（馈电1）

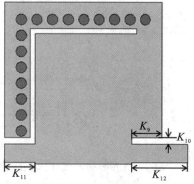
（b）谐振腔2中间金属层（馈电2）

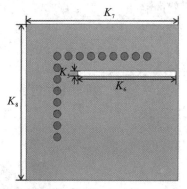
（c）谐振腔1与谐振腔2之间的金属层

图 4－67　多层双腔 DFQMSIW 平行馈电滤波器尺寸图

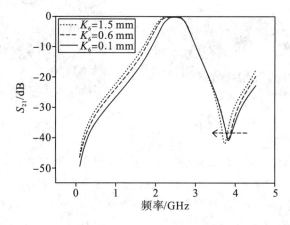

图 4－68　矩形缝隙的长度 K_6 对滤波器频率响应的影响

图 4-69 为多层双腔 DFQMSIW 平行馈电滤波器的理论与仿真对比图。此时,介质基板采用的材料为 Rogers RT/duroid 5880,由仿真图线可知,中心频率为 2.4 GHz,带内回波损耗大于 20 dB,相对带宽为 31.36%,基本达到了预定的设计指标。

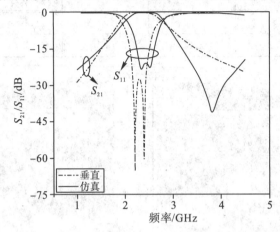

图 4-69　多层双腔 DFQMSIW 滤波器理论与仿真对比图

3）滤波器的制作

利用 LTCC 技术完成滤波器的制作,由于 LTCC 工艺选择的是 Ferro-A6 工艺,故它的介电常数为 5.9,损耗角正切为 0.0015,介质基片的厚度为 0.0096 mm。由于基片厚度太薄,每一个腔体由两层介质基板组成,整个模型由八层介质基板组成,且金属通孔的半径均为 0.1 mm。此时,模型的整体大小为:16.2 mm×16.2 mm×0.0768 mm。

现根据制作实物使用材料的具体情况,利用 HFSS 13 软件对模型重新进行仿真,图 4-70 为根据 LTCC 工艺得到的模型图,图 4-71 为多层双腔 DFQMSIW 平行馈电滤波器实物图。

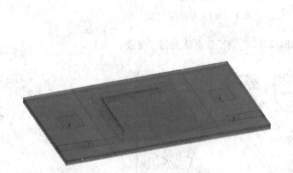

图 4-70　LTCC 工艺模型图

图 4-71　多层双腔 DFQMSIW 平行馈电
滤波器实物图

图 4-72 为多层双腔 DFQMSIW 滤波器的仿真与测试对比图。测试图线的中心频率为 1.5 GHz,与仿真的频率基本一致,不存在偏差,而通带内最小插损为 1.9 dB,带内回波损耗大于 13.5 dB。由图可知,测试与仿真的大体走向一致,带内插损和回波损耗的偏差主要是由于测试环境与 SMA 接头造成的损耗。

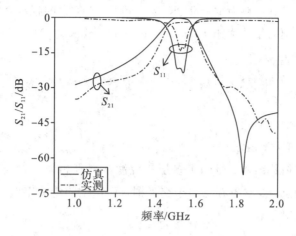

图 4 - 72　多层 DFQMSIW 滤波器仿真测试对比图

4.4.3　多层三腔 DFQMSIW 滤波器的设计

　　多层三腔 DFQMSIW 平行馈电滤波器结构如图 4 - 73(a)所示,图 4 - 73(b)是它的侧视图。该模型由三个 DFQMSIW 腔体纵向罗列而成,谐振腔 1 和谐振腔 3 的中间层分别为馈电 1 和馈电 2,谐振腔 2 的中间层作为整个模型的地。谐振腔 1 与谐振腔 2,谐振腔 2 与谐振腔 3 之间的耦合通过 L 型槽得以实现。

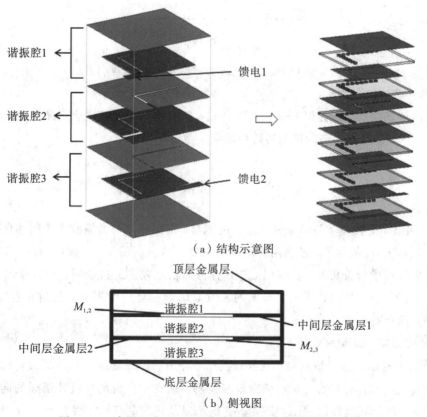

（a）结构示意图

（b）侧视图

图 4 - 73　多层三腔 DFQMSIW 平行馈电滤波器结构示意图

该模型采用介质基板材料为 Rogers RT/duroid 5880，它的相对介电常数为 2.2，损耗角正切为 0.0009，模型的整体大小为 16.2 mm×16.2 mm×3.048 mm。

1）滤波器的设计指标

（1）中心频率：2.7 GHz；

（2）相对带宽：29%；

（3）回波损耗：15 dB；

（4）插入损耗大于−1 dB。

根据设计指标与拓扑结构，得到了多层三腔滤波器理想频率响应如图 4-74 所示。结合它属于级联式的特点，故它不存在由于交叉耦合而产生的传输零点。因为是多层三腔滤波器所以存在三个反射零点。

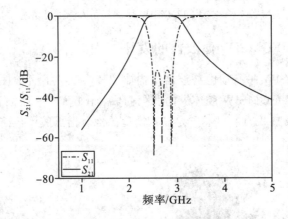

图 4-74　多层三腔滤波器理想频率响应

2）滤波器的耦合系数

由于多层三腔滤波器是级联式的排列方式，显然不存在交叉耦合，仅存在主耦合。所以，通过 MATLAB 算出来的耦合矩阵中的两个数值符号应该一致。

$$\boldsymbol{M}=\begin{bmatrix} 0 & 0.1997 & 0 \\ 0.1997 & 0 & 0.1997 \\ 0 & 0.1997 & 0 \end{bmatrix}$$

由 $\boldsymbol{M}$ 可知，谐振腔 1 与谐振腔 2 之间的耦合、谐振腔 2 与谐振腔 3 之间的耦合均为正耦合，且 M_{12} 与 M_{23} 值相等，说明两者的耦合强度一致。由图 4-75(c)、图 4-75(d)对比可知，两个 L 型槽位置相似，长度相似，只有粗细相差较多。这说明，在该模型中影响耦合强度较大的是矩形槽的位置，矩形槽的长宽对耦合强度影响不大，而当它越靠近边缘，磁场越强，耦合则更加好。

3）滤波器耦合结构的实现

两个 L 型槽的位置应该一致，且都靠近滤波器边缘即磁场最强而电场最弱的位置，使得它们均呈现出磁耦合特性，而粗细应该有差别。因此，在满足其设计指标的同时，经过大量的仿真，得到其具体尺寸图如图 4-75 所示以及它的最终尺寸表如表 4-8 所示。

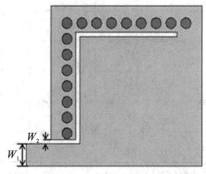

（a）谐振腔1的中间金属层（馈电1）

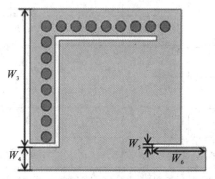

（b）谐振腔2的中间金属层（馈电2）

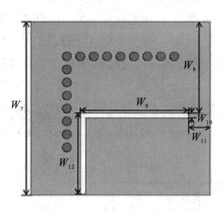

（c）谐振腔1与谐振腔2之间金属层

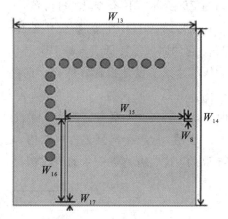

（d）谐振腔2与谐振腔3之间金属层

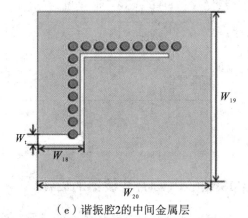

（e）谐振腔2的中间金属层

图 4 - 75　多层三腔 DFQMSIW 滤波器尺寸图

表 4-8　多层三腔 DFQMSIW 滤波器最终尺寸表　　　　mm

W_1	W_2	W_3	W_4	W_5	W_6	W_7	W_8
1.7	0.3	10.5	1.7	0.3	4.35	16	8.4
W_9	W_{10}	W_{11}	W_{12}	W_{13}	W_{14}	W_{15}	W_{16}
9.7	0.5	1.9	7.5	16	16	10.5	7.5
W_{17}	W_{18}	W_{19}	W_{20}	W_s	W_t	/	/
0.3	4.3	16.2	16.2	0.2	1	/	/

　　根据多层三腔 DFQMSIW 滤波器的设计指标和最终尺寸，得到它的理论与仿真对比图如图 4-76 所示。由仿真图线可知，该模型的三个反射零点分别在 3.66 GHz，2.89 GHz 和 3.17 GHz，它的四个传输零点分别在 2.24 GHz，2.3 GHz，3.5 GHz 和 3.76 GHz，它的回波损耗低于−15 dB，相对带宽为 29%，它相较理论图线而言，走向基本一致，基本达到了设计指标。然而，它存在四个传输零点，这与设计的理论响应不符。由于三个谐振腔是级联式的，仅谐振腔 1 与谐振腔 2、谐振腔 2 与谐振腔 3 之间存在耦合关系，因此，不存在交叉耦合。所以，在设计时没有考虑它的谐振特性，由于 DFQMSIW 谐振腔是双层的，故整个模型是六层结构，存在的传输零点可能是 DFQMSIW 谐振腔本身的性质导致的，这些有待进一步的研究探讨。

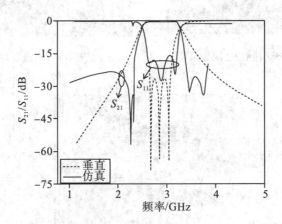

图 4-76　多层三腔 DFQMSIW 滤波器理论与仿真对比图

4.4.4　多层四腔 DFQMSIW 交叉耦合滤波器的设计

　　多层四腔 DFQMSIW 平行馈电滤波器结构如图 4-77 所示。该模型由四个 DFQMSIW 腔体组成，其中谐振腔 1 与谐振腔 4 处于同一层，通过两者之间感性窗实现耦合的；谐振腔 2 与谐振腔 3 处于同一层，通过中间层的缝隙和两者之间的感性窗共同实现耦合的；谐振腔 1 与谐振腔 2，谐振腔 3 与谐振腔 4 之间则是通过 U 型槽实现耦合的。

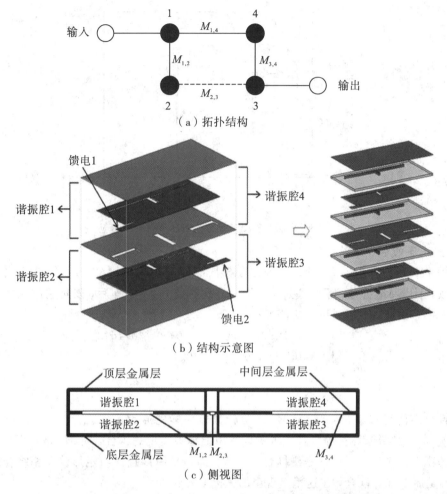

图 4 - 77　多层四腔 DFQMSIW 平行馈电滤波器结构示意图

该模型采用介质基板材料为 Rogers RT/duroid 5880，相对介电常数为 2.2，损耗角正切为 0.0009，模型的整体大小为 16.2 mm×32.4 mm×3.048 mm。图 4 - 77(a) 为多层四腔 DFQMSIW 平行馈电滤波器的拓扑结构，其中实线代表磁耦合，虚线则代表电耦合；图 4 - 77(b) 为多层四腔 DFQMSIW 平行馈电滤波器的结构示意图，通过 4 - 77(c) 的模型侧视图能够更加清晰地明确模型的整体构造与耦合情况。

1) 滤波器的设计指标

(1) 中心频率：4.1 GHz；

(2) 相对带宽：23.5%；

(3) 回波损耗：15 dB；

(4) 插入损耗高于 −1 dB；

(5) 传输零点：3.43 GHz，4.6 GHz。

根据设计指标，运用 MATLAB 得到图 4 - 78 所示曲线，多层四腔 DFQMSIW 交叉耦合滤波器理想频率响应图。它的中心频率为 4.1 GHz，传输零点分别为 3.43 GHz 和 4.6 GHz。

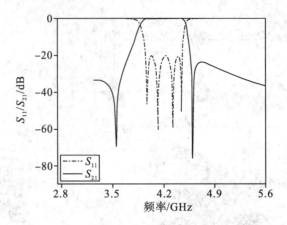

图 4-78 多层四腔交叉耦合滤波器理想频率响应

2）滤波器的耦合系数

由图 4-77（a）可知，M_{12}，M_{14} 和 M_{34} 为磁耦合，而 M_{23} 为电耦合。所以，前三者的符号应该一致，且与 M_{23} 符号相反，通过 MATLAB 运算得到 M 矩阵后，发现它的正负号情况与分析一致。因此，不需要进行矩阵变换。

$$M = \begin{bmatrix} 0 & 0.1405 & 0 & 0.1642 \\ 0.1405 & 0 & -0.1032 & 0 \\ 0 & -0.1032 & 0 & 0.1405 \\ 0.1642 & 0 & 0.1405 & 0 \end{bmatrix}$$

由耦合矩阵可以看出：$M_{12} = M_{34}$。两者数值一样的原因是：结合图 4-77（c）可知，M_{12} 与 M_{34} 是通过两个等长等宽且位置对称的矩形缝隙实现的耦合，而 M_{14} 是采用平面耦合窗实现的耦合，这两种耦合均是磁耦合。而 M_{23} 则是采用耦合窗与矩形缝隙相结合的方式实现的，是属于混合耦合，在这里呈现出的是电耦合特性。

3）滤波器耦合结构的实现

在上述结论基础上，得到了耦合缝隙的长度以及具体位置，两个 U 型缝隙大小一致，且位置对称；上下两个窗耦合大小一致；整个模型的中间金属片上的矩形缝隙则基本处于中间位置，因此，在满足其设计指标的同时，经过大量的仿真实验后，得到其具体尺寸图如图 4-79 所示以及它的最终尺寸表如表 4-9 所示。

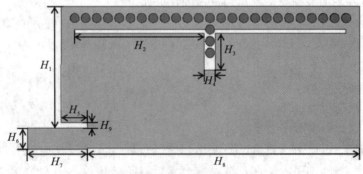

（a）谐振腔1与谐振腔4的中间金属层（馈电1）

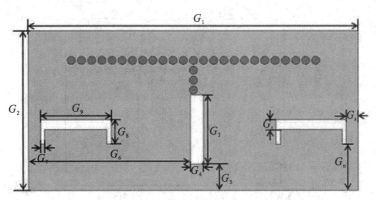

（b）谐振腔1、4与谐振腔2/3之间金属层

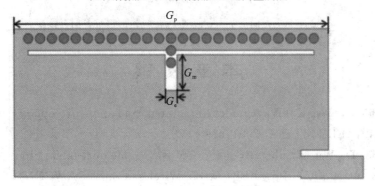

（c）谐振腔2与谐振腔3的中间金属层（馈电2）

图 4 - 79　多层四腔 DFQMSIW 滤波器尺寸图

表 4 - 9　多层四腔 DFQMSIW 滤波器最终尺寸表　　　　　　mm

H_1	H_2	H_3	H_4	H_5	H_6	H_7	H_8
10.5	11.5	3.15	1	2.35	1.8	5.35	24.05
H_9	G_1	G_2	G_3	G_4	G_5	G_6	G_7
0.5	32.4	16.2	7	1.3	2.7	15.9	0.4
G_8	G_9	G_s	G_t	G_n	G_p	G_m	G_e
2.5	7	1.2	1	4.7	16.4	2.95	1

　　根据多层四腔 DFQMSIW 滤波器的设计指标和最终尺寸，得到它的仿真图如图 4 - 80 所示。由图可知，该模型的四个反射零点分别在 3.69 GHz，4 GHz，4.38 GHz 和 4.47 GHz，两个传输零点分别在 3.43 GHz 和 4.6 GHz，它的回波损耗低于 −15 dB，相对带宽是 23%，存在两个由于交叉耦合而形成的传输零点，它相较理论图线而言，走向基本一致，基本达到了设计指标。

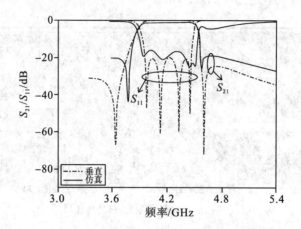

图 4-80 多层四腔 DFQMSIW 滤波器理论与仿真图对比图

本 章 文 献

[1] Deslandes D, Wu K. Waveguides Integrated transition of coplanar to rectangular Digest[J], IEEE MTT-S, 2001:619-622.

[2] Deslandes D, Wu K. Substrate integrated waveguide dual-mode filters for broadband wireless systems[C], Proc. IEEE Radio Wireless Conf. (RAWCON), Boston, 2003: 385-388.

[3] Zhang C H, Wei H, Chen X P. Multilayered Substrate Integrated Waveguide (MSIW) Elliptic filter[J]. IEEE Microwave and wireless Components Letters, 2005,15(2):95-97.

[4] Zhang C H, Wei H, Li H, et al. A Broadband Substrate Integrated Waveguide (SIW) Filter [J]. Microwave Symposium Digest, 2005 IEEE MTT-S International. 2004,(2):463-466.

[5] Xu F, Wu K. Guided-Wave and Leakage Characteristics of Substrate Integrated Waveguide[J]. IEEE Transactions on Microwave Theory and Techniques, 2005, 53 (1):66-73.

[6] Ghose R N. Microwave Circuit Theory and Analysis[M]. New York: McGraw-Hill. 1963.

[7] Hong J S, Lancaster M J. Microstrip Filters for RF/Microwave Applications[M]. NewYork: JohnWiley&Sons, Inc 2001.

[8] Harrington R F. Time-Harmonic Electromagnetic Field[M]. New York: McGraw-Hill. 1961.

[9] Lai Q, Fumeaus C, Hong W, et al. Characterization of the propagation properties of the half-mode substrate integrated waveguide[J], IEEE Trans. Antennas Propag, 2009, 57(8):1996-2004.

[10] 吕英华. 计算电磁学的数值方法[M]. 清华大学出版社, 2006.

[11]　Ur Rehman M Z, Baharudin Z, Zakariya M A, et al. Microwave bandpass filter using QMSIW [J]. IEEE International RF and Microwave Conference, 2013, 7 (13): 172 - 175.

[12]　Liu B, Hong W, Wang Y Q, et al. Half mode substrate integrated waveguide (HMSIW) 3dB coupler [J]. IEEE Microw. wireless compon. letter, 2007, 17 (1): 22 - 24.

[13]　Wang Y T, Zhu X W, You C J, et al. Design of Ka-band half mode substrate integrated waveguide (HMSIW) mixer [J]. 2009, 8 (9): 684 - 687.

[14]　Liu B, Hong W, Zhang Y, et al. Half-mode substrate integrated waveguide (HMSIW) double-slot coupler [J]. Electron. Letter, 2007, 43 (3): 113 - 114.

[15]　Harrington R F. Time-Harmonic Electromagnetic Field [M]. New York: McGraw-Hill. 1961.

[16]　Lai Q, Fumeaus C, Hong W, et al. Characterization of the propagation properties of the half-mode substrate integrated waveguide [J]. IEEE Trans. Antennas Propag, 2009, 57 (8): 1996 - 2004.

[17]　吕英华. 计算电磁学的数值方法[M]. 北京: 清华大学出版社, 2006.

[18]　Rosenberg U. New 'planar' waveguide cavity elliptic function filters [C]. Proc. 25th Eur. Microw. Conf, 1995, 37 (10): 524 - 527

[19]　李荣强, 杜国宏, 唐军. 过模基片集成波导腔体滤波器设计[J]. 微波学报, 2014, 30(3): 93 - 96.

[20]　Chen X P, Wu K. Substrate integrated waveguide cross-coupled filter with negative coupling structure [J]. IEEE Trans. MTT, 2008, 56 (1): 142 - 149.

[21]　Pan B, Li Y, Tentzeris J M M. Papapolymerou, Surface micromachining polymer-core-conductor approach for high-performance millimeter-wave air-cavity filters integration [J]. IEEE Trans. MTT, 2008, 56 (4): 959 - 970.

[22]　Lee G H, Yoo C S, Yook J G, et al. SIW (Substrate Integrated Waveguide) quasi-elliptic filter based on LTCC for 60-GHz application [C]. Proceedings of the 4th European Microwave Integrated Circuits Conference, 2009, 12 (5): 204 - 207.

[23]　Shen W, Wu L S, Sun X W, et al, Novel substrate integrated waveguide filters with mixed cross coupling (MCC) [J]. IEEE Microw. Wireless Compon. Letter, 2009, 19 (11): 701 - 703.

[24]　Deslandes D, Wu K. Waveguides Integrated transition of coplanar to rectangular Digest [J]. IEEE MTT-S, 2001, 3 (4): 619 - 622.

[25]　Ghose R N. Microwave circuit theory and analysis[M]. New York: McGraw-Hill, 1963.

[26]　Wei Q F, Li Z F, Wu L S, et al. A novel multilayered cross coupled substrate-integrated waveguide (SIW) circular cavity filter in LTCC [J]. Microwave And Optical Technology Letters, 2009, 51 (7): 1686 - 1689.

[27]　Wu L S, Mao J F, Yin W Y. Compact quasi-wlliptic bandpass filter based on folded

ridge substrate integrated waveguide (FRSIW) [J]. Proceedings of APMC, 2012, 32 (5): 385 - 387.

[28] Chen R S, Wong S W, Zhu L, et al. Wideband bandpass filter using U-slotted substrate integrated waveguide (SIW) cavities [J]. 2015, 25 (1): 1 - 3.

[29] Yang G, Liu W, Liu F L. A cross-coupled double folded substrate integrated waveguide filter with novel coupling structures [J]. IEEE, 2012, 3 (5): 124 - 127.

[30] 刘浩斌. 低温共烧陶瓷的现状和发展趋势[J]. 电子技术应用, 2005, 4(3): 27 - 32.

[31] Zhang Y L, Hong W, Wu K, et al. Development of compact bandpass filters with SIW triangular cavities [C]. in APMC'05 Proceedings, 2005.

[32] Mobley T, Donisi T. Filter design flow and implementation in LTCC [J]. Ansoft corporation and Dupont Electronic Technologies, 2001.

[33] 魏启甫. 基于 LTCC 的 3DMIC 中内埋无源元件的设计与分析[D]: [硕士学位论文]. 合肥: 工合肥业大学硕士学位论文, 2005.

[34] 任辉. 低温共烧陶瓷多层微波无源滤波器技术研究[D]: [硕士学位论文]. 成都: 电子科技大学硕士学位论文, 2006.

第 5 章　基片集成波导可调滤波器

　　近年来，可调滤波器越来越受国内外研究者们青睐，国内外有影响力的期刊出版报道关于可调滤波器的学术论文数量也急剧上升，并且随着材料科学与微加工等学科的发展，新材料、新工艺的应用在可调滤波器的研究中大放异彩，可调滤波器研究正逐渐成为当前国际学术领域研究的前沿和热点。国家层面的宽带战略布局和新兴的物联网技术大发展为通信市场带来了新的机遇，而可调滤波器作为未来小型化通信系统的关键器件在市场的推动下发展前景广阔。目前，我国在可调滤波器方面的研究水平还稍落后于国外，相关产业发展还不够成熟，因此，可调滤波器的研究无论在学术领域还是在应用领域意义都十分重大。

5.1　可调滤波器综合理论

　　双端口无耗传输网络如图 5-1 所示，E 和 R_1 分别为电压源和源阻抗，E 可提供的最大功率为 P_{max}；R_2 为负载阻抗，通过图中二端口无耗网络输出到端口的功率为 P_2。

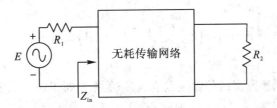

图 5-1　双端口无耗传输网络

因此传输函数 $H(s)$ 可定义为

$$|H(s)|^2_{s=j\omega} = \frac{P_{max}}{P_2} \tag{5-1}$$

因为传输网络为无源且无耗的，故 $P_{max} \geqslant P_2$，则 $H(s)$ 可表示为

$$|H(s)|^2_{s=j\omega} = 1 + |K(s)|^2_{s=j\omega} \tag{5-2}$$

这里为网络特性函数。又因为 $K(s)$

$$|S_{21}(s)|^2_{s=j\omega} = \frac{P_2}{P_{max}} = \frac{1}{1 + |K(s)|^2_{s=j\omega}} \tag{5-3}$$

且 S_{11} 与 S_{21} 满足能量守恒原理，则

$$|S_{11}(s)|^2_{s=j\omega} = 1 - |S_{21}(s)|^2_{s=j\omega} = \frac{|K(s)|^2_{s=j\omega}}{1 + |K(s)|^2_{s=j\omega}} \tag{5-4}$$

而 $K(s)$ 也可以表达为

$$K(s) = \frac{F(s)}{P(s)} \tag{5-5}$$

则

$$S_{21}(s) = \frac{P(s)}{E(s)} \qquad (5-6)$$

$$S_{11}(s) = \frac{F(s)}{E(s)} \qquad (5-7)$$

这里，$E(s)E(-s) = P(s)P(-s) + F(s)F(-s)$。图 5-1 中归一化的输入阻抗通过可由式(5-8)计算：

$$z_{\mathrm{in}}(s) = \frac{z_{\mathrm{in}}}{R_1} = \frac{1+S_{11}}{1-S_{11}} = \frac{E(s)+F(s)}{E(s)-F(s)} \qquad (5-8)$$

因为二端口网络是物理可实现，所以 z_{in} 必须是有理多项式。

巴特沃斯和切比雪夫是两种公认的典型原型滤波器，以下针对这两种响应形式的滤波器进行分析。在这两种原型下，式(5-6)中 $P(s)=1$，且 S_{21} 的所有零点位于无穷处。就巴特沃斯滤波器而言，其 $K_N(\omega)$ 的最大平坦发生在 $\omega=0$，$K_N(\Omega_c)$ 与截止频率 $\Omega_c=1$ 处的最大波纹系数 ε 相等。因此，巴特沃斯滤波器的 $K(s)$ 为

$$K(s) = F(s) = \varepsilon s^N \qquad (5-9)$$

有

$$|S_{21}(s)|^2_{s=\mathrm{j}\omega} = \frac{1}{1+|K(s)|^2_{s=\mathrm{j}\omega}} = \frac{1}{1+\varepsilon^2\omega^{2N}} \qquad (5-10)$$

当如图 5-2(a)和 5-2(b)所示的两种对偶 LC 阶梯型网络为 $\Omega_c=1$ 的巴特沃斯低通网络时，其归一化元件值如下：

$$\begin{cases} g_0 = 1 \\ g_i = 2\sin\left(2\,\dfrac{(2i-1)\pi}{2N}\right) \quad i=1,\,2,\,\cdots,\,N \\ g_{N+1} = 1 \end{cases} \qquad (5-11)$$

同理，切比雪夫低通原型的传输极点或 $F(s)$ 的根分布于 $(-\Omega_c, \Omega_c)$，$K(\omega)$ 定义如下：

$$K(\omega) = \varepsilon F(\omega) = \varepsilon T_N(\omega) \qquad (5-12)$$

其中，$T_N(\omega)$ 是 N 阶多项式，并且定义如下：

$$T_N(\omega) = \cos(N\cos^{-1}\omega) \qquad (5-13)$$

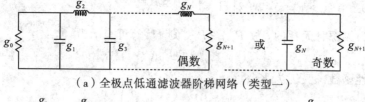

(a) 全极点低通滤波器阶梯网络（类型一）

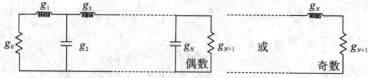

(b) 全极点低通滤波器阶梯网络（类型二）

图 5-2　全极点低通滤波器阶梯网络及其对偶网络

图 5-2(a)和 5-2(b)所示的两种对偶 LC 阶梯型网络为切比雪夫 LC 阶梯网络时，其归一化元件值如下：

$$
\begin{cases}
g_0 = 1 \\[4pt]
g_1 = \dfrac{2\sin\left(\dfrac{\pi}{2N}\right)}{\sinh\left[\dfrac{1}{N}\sinh^{-1}\left(\dfrac{1}{\varepsilon}\right)\right]} \\[16pt]
g_k g_{k+1} = \dfrac{4\sin\left(\dfrac{2k-1}{2N}\pi\right)\sin\left(\dfrac{2k+1}{2N}\pi\right)}{\sinh^2\left[\dfrac{1}{N}\sinh^{-1}\left(\dfrac{1}{\varepsilon}\right)\right] + \sin^2\left(\dfrac{\pi}{2N}\right)} \qquad k = 2,\ 3,\ \cdots,\ N-1 \\[16pt]
g_{N+1} = \begin{cases} 1 & N\ \text{为奇数} \\[6pt] \coth^2\left[\dfrac{1}{2}\sinh^{-1}\left(\dfrac{1}{\varepsilon}\right)\right] & N\ \text{为偶数} \end{cases}
\end{cases}
\tag{5-14}
$$

注意，当为偶数阶切比雪夫响应时，$g_{N+1} \neq g_0 = 1$，即当这两种对偶 LC 阶梯型网络为切比雪夫低通或带通响应时，端口的输入、输出阻抗并不相等。

带通、带阻、高通滤波器可由相应的低通 LC 阶梯网络网络变换来实现[1]，例如：

$$
\Omega = \frac{\Omega_c}{\text{FBW}}\left(\frac{\omega}{\omega_0} - \frac{\omega_0}{\omega}\right)
\tag{5-15}
$$

式中，FBW 表示带通滤波器的相对带宽，ω_0 表示带通滤波器的中心频率。它们的计算方法分别如下

$$
\text{FBW} = \frac{\omega_2 - \omega_1}{\omega_0}
\tag{5-16}
$$

$$
\omega_0 = \sqrt{\omega_1 \omega_2}
\tag{5-17}
$$

式中，ω_2 和 ω_1 分别是通带的上边和下边的截止频率。

网络变换时，当图 5-3(a)中串联的电感 L 变换为并联的 LC 谐振器，图 5-3(b)并联的电容 C 变换为串联的 LC 谐振器。

应用 J/K 变换器可以很方便设计和实现带通滤波器，其具体方法如下：如图 5-3(a)所示，并联的 LC 谐振器之间载入 J 变换器进行耦合构成带通滤波器原型，而对偶的串联 LC 谐振器之间则进行如图 5-3(b)所示处理，即载入 K 变换器进行耦合构成带通滤波器原型。

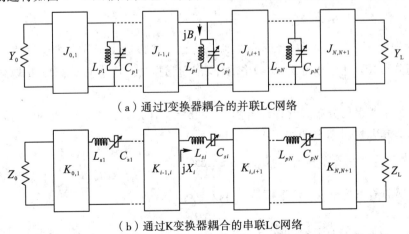

（a）通过J变换器耦合的并联LC网络

（b）通过K变换器耦合的串联LC网络

图 5-3 通过 J 或 K 变换器耦合的带通滤波器原型

根据不同的输入输出端口阻抗、中心频率和对应的相对带宽，由式(5-19)和式(5-20)可得到图 5-3(a)和图 5-3(b)中对应的元件值。

$$\begin{cases} J_{0,1}=\sqrt{\dfrac{Y_0\,\mathrm{FBW}\omega_0 C_{p1}}{\Omega_c g_0 g_1}} \\[2mm] J_{i,i+1}=\dfrac{\mathrm{FBW}\omega_0}{\Omega_c}\sqrt{\dfrac{C_{pi}C_{p(i+1)}}{g_i g_{i+1}}}\Bigg|_{i=1,2,\cdots,N-1} \\[2mm] J_{N,N+1}=\sqrt{\dfrac{\mathrm{FBW}\omega_0 C_{pN} Y_{N+1}}{\Omega_c g_N g_{N+1}}} \end{cases} \tag{5-18}$$

$$\begin{cases} K_{0,1}=\sqrt{\dfrac{Z_0\,\mathrm{FBW}\omega_0 L_{s1}}{\Omega_c g_0 g_1}} \\[2mm] K_{i,i+1}=\dfrac{\mathrm{FBW}\omega_0}{\Omega_c}\sqrt{\dfrac{L_{si}L_{s(i+1)}}{g_i g_{i+1}}}\Bigg|_{i=1,2,\cdots,N-1} \\[2mm] K_{N,N+1}=\sqrt{\dfrac{\mathrm{FBW}\omega_0 L_{sN} Z_{N+1}}{\Omega_c g_N g_{N+1}}} \end{cases} \tag{5-19}$$

图 5-3(a)中的任一级并联 LC 谐振器的导纳计算如下：

$$B_n=\omega C_{pn}-\frac{1}{\omega L_{pn}} \tag{5-20}$$

对 B_n 在谐振频率 ω_0 处进行泰勒级数展开可得：

$$B_n(\omega_0)=B(\omega_0)+\frac{B(\omega_0)}{1!}(\omega-\omega_0)+\frac{B(\omega_0)}{2!}(\omega-\omega_0)^2+\cdots \tag{5-21}$$

理想状态下，当采用分布式元件来实现集总的图 5-3(a)中的并联 LC 谐振器时，为了保证滤波器的设计指标能实现，两者得到的 B_n 至少应该在设计者所关心的频段内是一致的，但事实是理想的状态很难实现。因此实际应用中，在尽量满足设计指标的前提下，我们只要求式(5-21)等号右边前两项一致。理论上，第一项 $B(\omega_0)=0$ 即分布式元件谐振器和集总元件谐振器的谐振频率相等很容易实现的，此外还要求第二项 $B(\omega_0)$ 在谐振频率 ω_0 处的一阶差分值相同，换言之两种谐振电路的电纳斜率 b 要一致，即

$$b=\frac{\omega_0}{2}\frac{\mathrm{d}B(\omega)}{\mathrm{d}\omega}\Bigg|_{\omega=\omega_0} \tag{5-22}$$

做出这样的让步后，集总参数元件的综合方法也可以适用于分布式滤波器设计。那么如果要采用分布式元件综合图 5-3(a)中的并联 LC 谐振器，通过式(5-21)和式(5-22)可得

$$b=\omega_0 C_{pn} \tag{5-23}$$

同理，如果要采用分布式元件综合图 5-3(b)给出的串联 LC 谐振器时，也需要满足上述两个条件，其电抗斜率定义如下：

$$x=\frac{\omega_0}{2}\frac{\mathrm{d}X(\omega)}{\mathrm{d}\omega}\Bigg|_{\omega=\omega_0} \tag{5-24}$$

对于图 5-3(b)给出的串联 LC 谐振器，可以得到

$$x=\omega_0 L_{sn} \tag{5-25}$$

但是这种方法只考虑了泰勒级数的低阶匹配，所以只适用于窄带滤波器的综合。对于加载可变电容或载入等效电感的可调滤波器，只需通过合理的耦合设计满足式(5-18)和式

(5-19)给出的 J/K 变换器。不同的是，在可调滤波器中，J/K 变换器不再是某个固定的频点值，而是随频率变化的曲线。

5.2　C 型槽 SIW 可调滤波器设计

5.2.1　SIW 可调谐振腔

如图 5-4(a)所示，谐振腔俯视图中 MEMS 开关分布在腔体上层介质的上表面，金属过孔围成的腔体长 L，宽 W，金属过孔直径为 d，相邻过孔中心之间的距离为 b。由可调元件侧剖视图 5-4(c)可以看到，上层介质厚度为 h_2，下层介质的厚度为 h_1。上层介质基片为 FR4_epoxy（$\varepsilon_r = 4.4$，$\tan\delta = 0.02$），厚度为 0.2 mm；下层介质基片为 Rogers RT/duroid5880(tm)（$\varepsilon_r = 2.2$，$\tan\delta = 0.0009$），厚度为 0.508 mm。

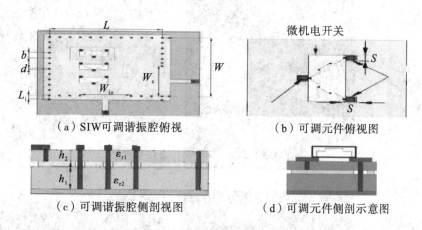

（a）SIW可调谐振腔俯视	（b）可调元件俯视图
（c）可调谐振腔侧剖视图	（d）可调元件侧剖示意图

图 5-4　SIW 可调谐振腔结构图

为方便馈电和测量，馈线设计在上层介质上表面，通过馈电导通孔连接到中间层微带馈电线，端口用 SMA 接头焊接。如图 5-4(d)所示，介质基片是用于加载可调器件以及可调元件驱动线布线（图中未标识）的，以免影响下层腔体性能。滤波器主模是 TE_{101} 模，谐振频率为 f_{101}，计算公式由式(5-4)给出。表 5-1 为谐振腔谐振频率在5 GHz时的腔体尺寸。

表 5-1　SIW 谐振腔谐振频率在 5 GHz 时的腔体尺寸　　　　mm

L	W	L_i	d	b	h_1	h_2	W_{io}	W_c	s
26.4	26.4	1.65	0.6	2.4	0.508	0.2	12	13.6	1

如图 5-4(a)和 5-4(b)所示，可调元件由调谐柱和 RF MEMS 开关构成，分布在腔体不同位置，其侧剖视图如图 5-4(c)所示。为了避免用作调谐的金属过孔（以下称调谐柱）不与中间金属层（腔体上壁）短接，在每个调谐柱周围都开有边长为 s 的方形孔。这些孔的尺寸远远小于腔体尺寸，因此几乎不影响腔体的场分布。调谐柱贯通两层介质，下端与下层金属相接，上端与上层用于安装开关的金属垫片相接。上层金属过孔是用于连接开关与中间金属层的。

当 RF MEMS 开关闭合时，腔体内的调谐柱通过上层金属过孔连接到腔体上壁，使腔内场受到扰动，腔体谐振频率就会改变。当开关断开时，调谐柱与腔体上壁开路，因此在腔内的主模 TE$_{101}$ 场几乎没有受到扰动，谐振频率接近 f_{101}。

如图 5-5(a)所示，单个调谐柱在理想的 MEMS 开关断开时，调谐柱对 SIW 腔体谐振频率和场分布几乎没有影响。当开关闭合时，如图 5-5(b)所示，调谐柱与腔体上壁短接，电场被扰动，谐振频率变大。当调谐柱位于感性窗附近时，调谐柱的存在会影响耦合。

如图 5-5(c)和 5-5(d)所示，与位置 A 相比，位置 B 和 E 的谐振频率改变更小，也就是场的扰动更小。在位置 E 调谐柱对场的影响非常小，如图 5-5(d)所示，因此，频率改变也很小。位置 A、B、E 见图 5-6。类似的，当开关闭合时，对不同位置处的调谐柱进行全波仿真，发现将调谐柱放在电场的最大值(磁场的最小值)处，频率变化最大，越远离电场中心位置谐振频率变化越小。

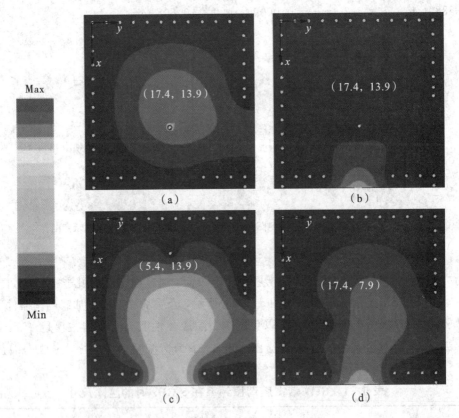

图 5-5　调谐柱在不同位置对 SIW 谐振腔内电场分布的扰动

SIW 腔体可以等效为一个平面 LC 谐振腔，谐振频率 $f_0 = 1/(2\pi\sqrt{LC})$。当开关闭合时，调谐柱接入腔体，调谐柱产生表面电流，因而调谐柱可以看作是并联入一个电感 L_p，其值取决于调谐柱所处位置的电场大小。在腔体中心附近，电场值最大，L_p 值最小，因此调谐柱接入腔体中心位置附近时，谐振频率变化值最大，其值由 $f_0 = 1/(2\pi\sqrt{L_{eq}C})$ 给出。这里 L_{eq} 是 L 与 L_p 的并联值。通过选择合适的调谐柱的位置，可以将腔体的谐振频率调节到想要的值，腔体内随电场变化的谐振频率是设计可调谐振腔的基础。

如图 5-3(a)所示，采用三个 RF MEMS 开关来控制 6 个调谐柱接入与否。6 个调谐柱呈 2×3 的阵列分布。6 个调谐柱对谐振腔的影响不同,经过不同组合,可以得到不同的谐振频率。表 5-2 中给出了调谐柱在腔体中优化后的位置。调谐柱位置优化是通过 HFSS 进行全波仿真实现的,当所有开关处在闭合状态时频率变化最大。理论上 6 个调谐柱会有 $2^6 = 64$ 种频率状态,但是由于每个调谐柱引起的频率偏移都不同,调谐柱组合在一起时会有重复的频率出现,而且有的调谐柱与靠近感性窗的调谐柱组合出来的性能并不好,所以最终的可调频率个数受到限制。

表 5-2　SIW 可调谐振腔中各调谐柱的位置　　　　　　　　　mm

Post	x	y	Post	x	y
A	17.4	13.9	D	11.4	7.9
B	17.4	7.9	E	5.4	13.9
C	11.4	13.9	F	5.4	7.9

5.2.2　SIW 可调滤波器设计

SIW 可调滤波器构成了一个理想切比雪夫滤波器。由图 5-6 可以看出两腔 SIW 可调滤波器的布局。内部的耦合系数 k_{12} 和外部品质因数 Q_e 是利用文献[2]的低通切比雪夫模型参数 $g_0, \cdots, g_3$ 算出来的。

$$k_{12} = \frac{\text{FBW}}{\sqrt{g_1 g_2}}, \quad Q_e = \frac{g_0 g_1}{\text{FBW}} \quad\quad (5-26)$$

式中,FBW 代表滤波器的相对带宽。对于 0.01 dB 的通带波纹,计算的最终结果分别是 $k_{12} = 0.022$ 和 $Q_e = 37.3$。为了达到耦合系数 k_{12},在所有开关断开状态下,调整谐振腔之间的感性窗的宽度 W_c 以使式(5-27)成立[3]:

$$k_{12} = \frac{f_1^2 - f_2^2}{f_1^2 + f_2^2} \quad\quad (5-27)$$

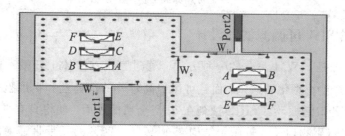

图 5-6　SIW 可调滤波器俯视图

式中,f_1 和 f_2 分别是奇模和偶模谐振频率,这可以在两个谐振腔弱耦合下全波仿真得到。另外,调整输入输出端的感性窗宽度 W_{io} 以达到得到的 Q_e 值。根据文献[2]的表述,这可以用逐个载入腔体谐振器进行全波仿真提取出来:

$$Q_e = \frac{f_0}{\Delta f_{\pm 90°}} \quad\quad (5-28)$$

式中,f_0 是腔体谐振频率,$\Delta f_{\pm 90°}$ 是腔体仿真的 S_{11} 中的 $\pm 90°$ 相位对应的频率。最终确定用于滤波器设计的感性窗宽度分别为 $W_{io} = 12$ mm 和 $W_c = 11$ mm。表 5-3 中给出了 15 种调谐柱的位置组合,状态 1 对应 $ABCDEF = 000000$(所有开关都断开),状态 15 对

$ABCDEF=111111$(所有开关在闭合位置)。

表 5 - 3　SIW 可调谐振腔各状态对应接入腔体的调谐柱组合

State	ABCDEF	State	ABCDEF	State	ABCDEF
1	000000	6	000111	11	111001
2	000001	7	010110	12	111100
3	010000	8	010111	13	111101
4	010001	9	011100	14	111110
5	000110	10	111000	15	111111

　　考虑到将所有的寄生参数都看作集总在上层安装垫片和 RF MEMS 开关的驱动线上，整个 SIW 可调滤波器用 HFSS 仿真。SIW 可调滤波器仿真的插入损耗和回波损耗结果见图 5 - 7(a)和 5 - 7(b)。SIW 可调滤波器所有可调状态下的回波损耗均不大于－15 dB，插入损耗均大于－0.5 dB。可调范围为(4.98～5.78)GHz，带宽基本保持在 220 MHz 不变。

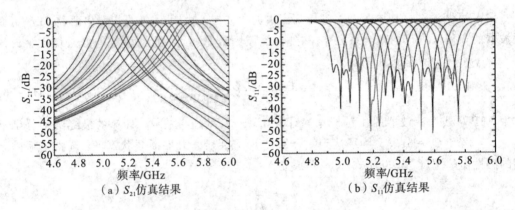

（a）S_{21}仿真结果　　　　　　　（b）S_{11}仿真结果

图 5 - 7　SIW 可调滤波器仿真 S 参数结果

5.2.3　C 型槽 SIW 可调滤波器设计

　　表面加载缝隙是 SIW 小型化的一种方法。通过直接在腔体上开槽不仅会使谐振腔的谐振频率降低，产生小型化的效果，而且可以提高带外的选择性和扩展阻带抑制[4]。有学者将周期的互补开口谐振环(CSRR)蚀刻在 SIW 金属的表面，使得具有带阻特性的 CSRR 与 SIW 结合，可得到物理尺寸较原始结构减小 10%～20%的宽带带通滤波器[5]。本节采用上面金属层一个开有 C 型槽的 SIW 设计可调谐振腔，并利用 C 型槽 SIW 谐振腔设计可调滤波器。

1. C 型槽 SIW 谐振腔

　　C 型槽 SIW 谐振腔是一种小型化的 SIW 谐振腔，如图 5 - 8 所示。C 型槽谐振腔由两层金属层和一层介质层，其中一层金属层蚀刻有一个 C 型的缝隙或槽线。C 型槽 SIW 谐振腔的谐振频率与相同面积的传统全模 SIW 谐振腔相比是降低的，谐振频率的降低程度取决于蚀刻的 C 型槽线的长度，这个长度越长，则谐振频率的越低。图 5 - 9 所示为 C 型槽 SIW 谐振腔的谐振频率随 C 型槽线长度 c 变化的曲线，Q 值随 C 型槽线变化的曲线。

可以看到谐振腔的谐振频率和 Q 值都是随着 c 变长而降低的。

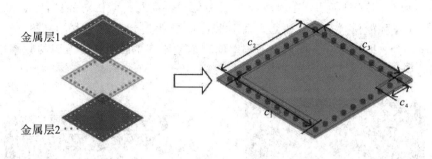

图 5 - 8　C 型槽 SIW 谐振腔结构图

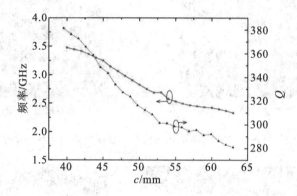

图 5 - 9　谐振频率与 Q 值随 C 型槽线长度 c 变化曲线

2. C 型槽 SIW 可调谐振腔

图 5 - 10 为 C 型槽 SIW 可调谐振腔结构图，可调谐振腔由两层介质和三层金属层构成。最上层金属层是安装开关的金属垫片和馈电，面积很小，因此在图 5 - 10 中没有表示。上层基片为 FR4_epoxy（$\varepsilon_r = 4.4$，$\tan\delta = 0.02$），厚度为 0.2 mm；下层介质基片为 Rogers RT/duroid5880(tm)（$\varepsilon_r = 2.2$，$\tan\delta = 0.0009$），厚度为 0.508 mm。上层介

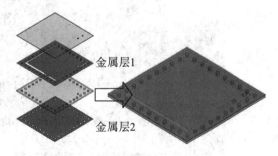

图 5 - 10　C 型槽可调谐振腔结构图

质用于安装 RF MEM 开关和微带馈电线，下层介质与两面的金属层构成主腔体。C 型槽 SIW 可调谐振腔的调谐结构与 SIW 可调谐振腔的调谐结构相同，为了避免调谐柱不与腔体上壁短接，在每个调谐柱周围都开有方形孔。这些孔的尺寸远远小于腔体尺寸，因此几乎不影响腔体的场分布。调谐柱贯通两层介质，下端与下层金属相接，上端与上层用于安装开关的金属垫片相接。上层金属化通孔是用于连接开关与中间金属层的。

图 5 - 11(a) 为 C 型槽 SIW 可调谐振腔电场能量分布图。由图可见，C 型槽 SIW 腔体内的电场分布沿 "C" 的开口向内逐渐增强，在 "C" 的边缘能量相对要强一些。图 5 - 11(b) 所示为腔体中间层尺寸图，图中具体参数如表 5 - 4 所示。图 5 - 11(a) 中调谐柱并没有接入腔体，图 5 - 12 为调谐柱在腔内不同位置对电场能量分布的扰动情况以及频率偏移情

况。由图 5 − 12(a)和 5 − 12(b)可以看出，载入调谐柱后对腔体电场能量分布有所影响；如图 5 − 12(c)和 5 − 12(d)所示，在电场能量弱的位置，载入调谐柱对腔体能量分布影响很小，在电场能量强的位置，调谐柱载入后对腔体电场能量分布扰动大。由图 5 − 12(b)和图 5 −12(c)看到，相同的 y 坐标情况下频率偏移是差不多的，因此谐振腔的频率偏移主要取决于调谐柱的 y 坐标。

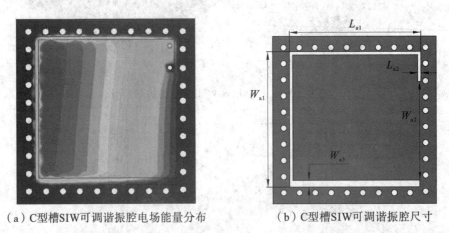

　　（a）C型槽SIW可调谐振腔电场能量分布　　　　　　（b）C型槽SIW可调谐振腔尺寸

图 5 − 11　C 型槽 SIW 可调谐振腔电场能量分布及腔体尺寸

　　　　（a）f=2.317 GHz　　　　　　　　　　　（b）f=2.556 GHz

　　　　（c）f=2.558 GHz　　　　　　　　　　　（d）f=2.352 GHz

图 5 − 12　调谐柱在 C 型槽 SIW 腔内不同位置对电场能量分布的扰动情况以及频率偏移情况

表 5－4　C 型槽 SIW 可调谐振腔尺寸参数　　　　　mm

L_{a1}	L_{a2}	W_{a1}	W_{a2}	W_{a3}
20	0.5	20.15	14.65	1

3. C 型槽 SIW 可调滤波器

加载 C 型槽的 SIW 可调滤波器采用错位级联的腔体排布方式，图 5－13 为加载 C 型槽 SIW 可调滤波器的整体结构图。

如图 5－13 所示，加载 C 型槽 SIW 可调滤波器只有两层介质，上层介质仅作隔离，安装开关用，整个滤波器的主腔体为下层介质和两面的金属层及围绕的金属过孔。在 C 型槽 SIW 可调谐振腔中，我们已经讨论过，谐振腔的频率偏移主要取决于调谐柱的 y 坐标。因此，在设计可调滤波器时，考虑到尽量小的影响馈电耦合能量，调谐柱的位置选择排布在远离馈电的腔体一侧，如图 5－14 所示。滤波器俯视图中标明了五组调谐柱中心对称分布于两个腔体中。调谐柱在腔体中的位置坐标见表 5－5。

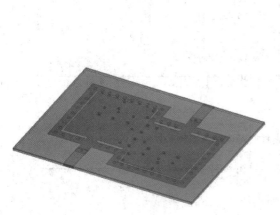

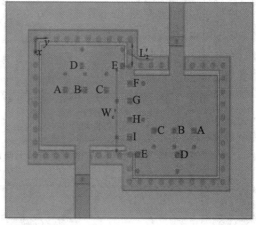

图5－13　加载 C 型槽的 SIW 可调滤波器整体结构图　　图 5－14　加载 C 型槽的 SIW 可调滤波器俯视图

表 5－5　加载 C 型槽的 SIW 可调滤波器调谐柱的位置坐标　　　　mm

Post	x	y	Post	x	y
A	9.45	6.8	D	4.95	10.6
B	9.45	11.3	E	4.95	19.8
C	9.45	16.1	—	—	—

本章引入一种调节共面腔间耦合量的结构，所采用的是载入耦合柱减小腔体间耦合量的方法。四个耦合柱等间隔排列于感性窗上。我们都知道可以去除公共金属过孔壁的金属过孔构造感性窗来实现腔体间的耦合，腔体之间的耦合量的大小取决于感性窗的尺寸，要改变感性窗的尺寸，直接增加或者减少金属过孔的数量在物理上是不容易实现的。但是从调谐柱得到启示，调谐柱在开关断开，不载入腔体时是几乎不会对腔体场分布产生影响的。调谐柱载入腔体时，连接腔体上壁与下壁后产生的过孔表面电流应该是影响场分布的重要原因，这种结构的作用与过孔壁相似，所以将这种结构与感性窗的过孔连成一线，通

过开关控制过孔的载入与否，即可模拟感性窗的尺寸变化。虽然与调谐柱结构相同，但是作用已经改变，因此将耦合调节结构称作可调耦合柱，以示区别。

这里对耦合窗的调节所采用的可调耦合柱只对腔体场产生扰动，部分地阻止能量通过，而不会像直接短接的金属化通孔一样彻底隔离能量。在这个位置加载调谐柱时，并不会像在腔体内部加载调谐柱一样，对腔体谐振频率产生比较大的影响。我们利用这种特性，在设计原始腔体，不加载调谐柱时，调节耦合窗大小，有意使耦合窗通过的能量强一些，频率响应呈过耦的状态。图 5-15 显示的是不同组合可调耦合柱载入时滤波器的频率响应。随着可调耦合柱载入数量的增加，两个腔体之间的耦合量减小，带宽由此也实现了可调，图 5-16 显示当载入一个调谐柱后，可调耦合柱载入数量依然可以通过影响耦合量来调节带宽。载入的可调耦合柱越多，腔体之间的耦合越弱，带宽就越窄。

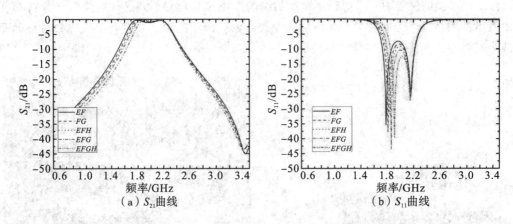

图 5-15　C 型槽 SIW 可调滤波器无调谐柱时可调耦合柱载入数量对带宽的影响

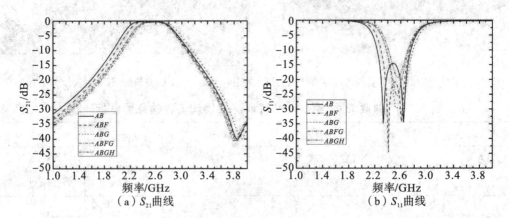

图 5-16　C 型槽 SIW 可调滤波器有调谐柱时可调耦合柱载入数量对带宽的影响

表 5-6 为加载 C 型槽的 SIW 可调滤波器载入不同的调谐柱组合对应的状态，图 5-19 显示了各状态与仿真可调频率对应关系，可见滤波器实现了中心频率线性可调。图 5-17 为可调滤波器实物图。图 5-18 给出了用 HFSS 仿真得到的 S 参数结果与加工完成的实测结果，与仿真结果吻合较好。

表 5-6　加载 C 型槽的 SIW 可调滤波器载入不同的调谐柱组合对应的状态

State	ABCDE	State	ABCDE	State	ABCDE
1	00000	6	00011	11	01110
2	00001	7	00110	12	10010
3	00100	8	10000	13	11100
4	00101	9	10100	14	11101
5	01000	10	10101	15	11010

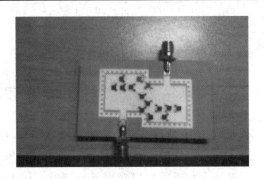

图 5-17　C 型槽 SIW 可调滤波器实物图

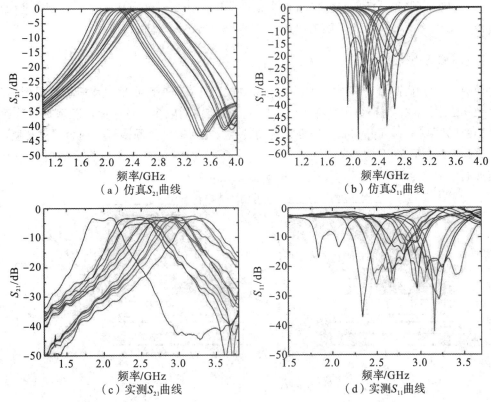

图 5-18　加载 C 型槽的 SIW 可调滤波器仿真与实测结果比对

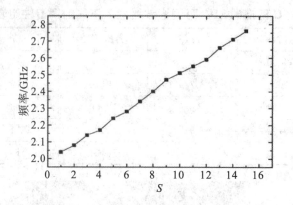

图 5-19   加载 C 型槽的 SIW 可调滤波器实现中心频率线性可调

5.3   四重折叠基片集成波导可调滤波器设计

SIW 拥有与金属波导相似的传输特性,因而人们将金属波导中的结构延伸到 SIW 中(如折叠波导、脊波导、凹凸结构波导以及这些结构的组合)探索其小型化方法。2005 年,Grigoropoulos 和 Young 最先提出将折叠波导应用于 SIW 中,称为折叠 SIW(Folded SIW,FSIW)[7]。这种方法可以使得 SIW 的面积成倍减小,由于其没有开放边界,因此 SIW 的高 Q 值特性得以保留,而四重折叠 SIW(Quadruple folded SIW,QFSIW)仅相当于原始腔体面积的 6.25%[6]。本章的主要工作是对 QFSIW 可调滤波器进行研究。

5.3.1   FSIW 理论

如图 5-20 所示,FSIW 常用的结构有两种类型,一种是以水平对称面折叠得到的(见图 5-20 Type Ⅰ),这种结构又称非对称折叠,目前应用较多;另一种是以垂直对称面折叠得到的(见图 5-20 Type Ⅱ),这种结构的特点是上层腔体中间多了一列金属过孔壁,临近两边的金属过孔壁开有缝隙。与 SIW 类似的,对 FSIW 的分析可以将金属过孔壁看成是矩形波导中的金属实壁,则 FSIW 可与折叠矩形波导相对应。

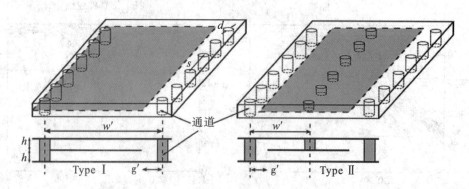

图 5-20   两种 FSIW 结构的三维视图与正面剖视图

图 5-21 给出了 Type Ⅰ 结构的 FSIW 的等效 FRWG 示意图。文献[8]中给出了两者波导宽度和缝隙宽度的等效关系

$$w = w' - \Delta, \quad g = g' - \frac{\Delta}{2} \qquad (5-29)$$

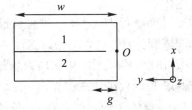

图 5-21　非对称 FSIW 等效的 FRWG 示意图

式中，Δ 为金属过孔壁的修正量，可以表示为

$$\Delta = \frac{(2R)^2}{0.95W} \qquad (5-30)$$

这里 W 表示金属过孔间距，R 表示金属过孔半径。W 足够小时可以有效地抑制能量损耗。
而对于 Type Ⅱ 结构的 FSIW，其等效 FRWG 如图 5-22 所示。由于其上层有一列金属过
孔，因此上层与下层的等效宽度是不同的

$$w_1 = w' - \Delta; \quad w_2 = w' - \frac{\Delta}{2}; \quad g = g' - \frac{\Delta}{2} \qquad (5-31)$$

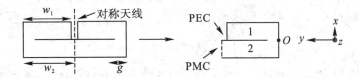

图 5-22　对称 FSIW 等效的 FRWG 示意图

　　相对来说非对称 FSIW 结构更为简单，因此更加利于降低器件复杂度。所以目前对于
非对称 FSIW 结构的应用更广泛，本文的研究也多采用这种结构。下面将着重对非对称
FSIW 进行分析。

　　FSIW 由于折叠产生的小缝隙在腔体中产生了分布式电容，在文献[9]中对这个电容
值进行了推导并给出了解析式。

　　在金属层脊接近边壁时，这个电容值表达式如下

$$C = (4 \cdot 2)\left(\frac{\varepsilon}{2\pi}\right)\ln\left(\frac{2h}{2g}\right) = \left(\frac{4\varepsilon}{\pi}\right)\ln\left(\frac{h}{g}\right) \qquad (5-32)$$

可以看到，当缝隙宽度趋于基片厚度时 $(g \to h)$，C 的值是趋于零的。也就是说这个时候 C
的影响很小。

　　在金属层脊远离边壁时，这个电容值表达式如下

$$C = \frac{4\varepsilon}{\pi}\ln\left[\frac{h\left(1 - \frac{g}{W}\right)}{c_f g}\right] \qquad (5-33)$$

这里 c_f 是修正因子，值通常取 1.3。当 $g \to W$ 时，FSIW 不再与 FRWG 等效，而演变成与
FSIW 宽度相同的矩形波导了，所以 FSIW 通常满足下式

$$\frac{g}{W} < 0.12, \quad \frac{g}{h} < 2 \qquad (5-34)$$

求解 FSIW 的传播常数可以采用变分法[10]。传播常数 γ 的方程如下

$$\Phi(\gamma) = \int_{-h/2}^{h/2} [E_y({}^iH_z - {}^eH_z) + E_z({}^iH_y - {}^eH_y)] \mathrm{d}y = 0 \qquad (5-35)$$

式中，${}^iH$ 代表内部磁场，${}^eH$ 代表外部磁场。${}^iH$，${}^eH$ 与槽里假设的切向电场 E_y，E_z 相一致。假设槽内的电场分布与传播模式是相对应的。式(5-35)意味着槽内假设的场分布的一阶变化只会引起传播常数的二阶变化。所以，通过对槽内切向磁场分布的合理假设，能够很精确地计算 γ。通过应用场等效原理求出槽内效磁流来建立内、外场。波导内部的直角模式扩张与格林自由空间函数镜像理论用来求解 ${}^iH$、${}^eH$，在文献[10]能够找到详尽的推导。

因为在实际运用中，缝隙宽度远小于波导的宽度，所以可以假设 $E_y = 1$，$E_z = 0$。对于式(5-34)来说，要使假设尽可能精确还需再中引入更多与磁场分布有关的傅里叶展开式和应用 Reyleight-Ritz 理论[10]。然而，简单的假设($E_y = 1$，$E_z = 0$)在保持简单的分析时已经提供了非常准确的结果。将 FSIW 分成区域 1 和区域 2，就相当于槽矩形波导的内部区域与外部区域。式(5-35)简化为

$$\Phi(\gamma) = \int_0^g ({}^1H_z - {}^2H_z) \mathrm{d}y = 0 \qquad (5-36)$$

因为结构是关于 $x = 0$ 平面对称的，缝隙两边的等效磁流 $\boldsymbol{M} = \boldsymbol{E} \times \hat{n}$ 是相反的。因此，区域 1 和区域 2 的磁场大小相同，方向相反。考虑到这点并结合式(5-36)，图 5-21 中的FSIW 传播常数通过式(5-37)可以求出

$$\int_0^{g_1} H_z(\gamma) \mathrm{d}y = 0 \qquad (5-37)$$

根据文献[10]中矩形波导的正交模式展开式的详尽分析，积分 H_z 的闭型表达式为

$$\int_0^g H_z \mathrm{d}y = \frac{\mathrm{j}}{\omega\mu} \left[\frac{g^2 l_0}{\omega} \cot l_0 h + 2\sum_{n=1}^{\infty} \sin^2 \frac{n\pi g}{w} \cot l_n h \left(\frac{\ln w}{(n\pi)^2} + \frac{1}{wl_n} \right) \right] \qquad (5-38)$$

$$l_n = \sqrt{\varepsilon_r k_0^2 + \gamma^2 - \left(\frac{n\pi}{w}\right)^2} \qquad (5-39)$$

这里 $k_0 = w/c$，ε_r 是相对介电常数。利用这个公式，方程可以有效地通过迭代的牛顿法求解。通过将 FSIW 近似为两倍宽度的矩形波导，式(5-37)的一阶近似解为

$$\gamma_0 = \sqrt{\left(\frac{\pi}{2w}\right)^2 - \varepsilon_r k_0^2} \qquad (5-40)$$

5.3.2 QFSIW 可调谐振腔

折叠技术是 SIW 小型化的重要方法之一。图 5-23 为折叠基片集成波导的演变图。可以看到应用折叠技术，平面面积缩小的同时腔体的厚度在增加，但是我们说这种此消彼长是值得的。因为介质基板的厚度与其横向尺寸相比真的是太小了，通过增加一点点厚度来换取平面面积的大幅度减小是可行的。

1. QFSIW 谐振腔

如图 5-23 中所示，折叠一次时，中间金属层出现一条矩形缝隙；折叠两次时，中间金属层出现一个 L 型缝隙；折叠四次时，中间金属层出现一个 C 型缝隙。面积相应演变为全模 SIW 的 1/2、1/4、1/16。QFSIW 谐振腔的整体结构如图 5-24，共有两层介质基片，三

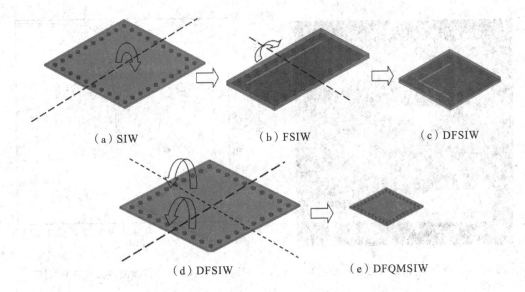

(a) SIW　　　　　(b) FSIW　　　　　(c) DFSIW

(d) DFSIW　　　　　　　(e) DFQMSIW

图 5 - 23　QFSIW 衍变过程

个金属层，介质基片采用的是 Rogers RT/duroid 5880 (tm)($\varepsilon_r = 2.2$，$\tan\delta = 0.0009$)，厚度为 0.508 mm。谐振腔的谐振频率由下式确定：

$$f_{\mathrm{mop}}^{\mathrm{QFSIW}} = \frac{1}{2\pi\sqrt{\mu_r\varepsilon_r}}\sqrt{\left(\frac{m\pi}{4L_{\mathrm{eff}}^{\mathrm{QFSIW}}}\right)^2 + \left(\frac{p\pi}{4W_{\mathrm{eff}}^{\mathrm{QFSIW}}}\right)^2}$$

$$W_{\mathrm{eff}}^{\mathrm{QFSIW}} = \frac{W_{\mathrm{eff}}^{\mathrm{SIW}}}{4} + \Delta W_2 \tag{5-41}$$

$$L_{\mathrm{eff}}^{\mathrm{QFSIW}} = \frac{L_{\mathrm{eff}}^{\mathrm{SIW}}}{4} + \Delta L_2$$

式中，$m = p = 1, 2, 3, \cdots$，$L_{\mathrm{eff}}^{\mathrm{QFSIW}}$ 和 $W_{\mathrm{eff}}^{\mathrm{QFSIW}}$ 分别表示 QFSIW 腔体等效长度和等效宽度。ΔW_2 和 ΔL_2 为馈线引入的尺寸误差。图 5 - 25 为 QFSIW 可调谐振腔中间层金属，图中相关尺寸参数见表 5 - 7。谐振腔的仿真频率响应如图 5 - 27 所示，谐振腔工作在 1.7 GHz。腔体能量分布如图 5 - 26 所示，能量主要集中在 C 型缝隙内侧边缘处，从缝隙往"C"的开口方向逐渐减弱。

图 5 - 24　QFSIW 谐振腔整体结构

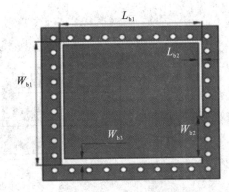

图 5 - 25　QFSIW 可调谐振腔中间金属层俯视图

图 5 − 26 QFSIW 谐振腔电场能量分布

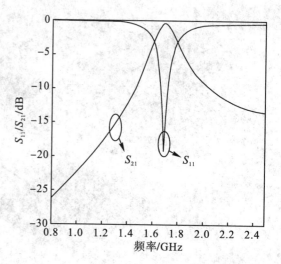

图 5 − 27 QFSIW 谐振腔的仿真频率响应

表 5 − 7 QFSIW 可调谐振腔尺寸参数   mm

L_{b1}	L_{b2}	W_{b1}	W_{b2}	W_{b3}
20	0.5	20.15	6.65	1

2. 可调原理

  QFSIW 可调谐振腔共有三层介质基片、四层金属层,其中顶层介质和顶层金属层垫片用于安装 RF MEMS 开关和馈电,顶层介质采用的是 FR4_epoxy($\varepsilon_r = 4.4$,$\tan\delta = 0.02$),厚度为 0.2 mm,主腔体的两层介质均是 Rogers RT/duroid 5880(tm)($\varepsilon_r = 2.2$,$\tan\delta = 0.0009$),厚度为 0.508 mm。图 5 − 28 显示的是调谐柱载入方案,中间金属层不开孔,上层金属层为避免调谐柱与上层金属层短接而开小方孔,上层金属过孔只起连接顶层金属垫片与上层金属层的作用,不贯穿上层金属层。当 RF MEMS 开关短路时,上层金属层与中间层金属层短接,引起腔体场扰动。当 RF MEMS 开关开路时,腔体场不扰动。

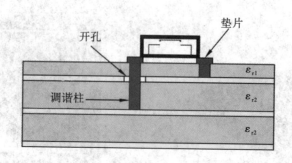

图 5 − 28 调谐柱结构示意图

　　图 5-29 为调谐柱在腔内不同位置处对电场能量分布的扰动以及频率偏移情况。由图 5-29(a)和图 5-29(b)可以看出，载入调谐柱后对腔体电场能量分布有所影响；对比图 5-29(b)、图 5-29(c)和图 5-29(d)，在电场能量弱的位置，载入调谐柱对腔体能量分布影响很小，在电场能量强的位置，调谐柱载入后对腔体电场能量分布扰动大。

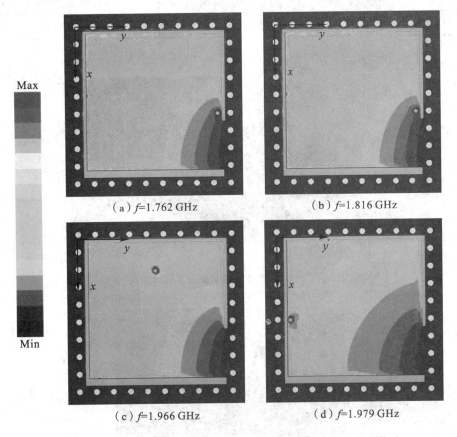

图 5-29　调谐柱在不同位置对 QFSIW 谐振腔体内电场分布的扰动

5.3.3　QFSIW 可调滤波器

　　图 5-30 为 QFSIW 可调滤波器的整体结构。QFSIW 可调滤波器由两个谐振腔错位呈中心对称结构级联构成，两个谐振腔之间通过去掉共用的金属过孔构成的感性窗实现耦合，腔体上对称排布有四组频率可调开关，耦合窗处排布有四个可调耦合柱。所采用的载入耦合柱减小腔体间耦合量的方法，将这种结构与感性窗的过孔连成一线，通过开关控制过孔的载入与否，即可模拟感性窗的尺寸变化。与 QFSIW 可调谐振腔中的调谐柱结构相同，但是作用不同，因此与前面章节中的耦合调节结构一样称作可调耦合柱。图 5-31 为滤波器俯视图，所涉及的尺寸参数见表 5-8。

表 5 - 8　QFSIW 可调滤波器相关尺寸参数　　　　　　　mm

L_a	L_1	L_2	L_f	L_{f1}
21.6	20.15	12	8.3	3.2
W_b	W_c	W_f	d_1	s
21.6	7.2	1	0.6	1

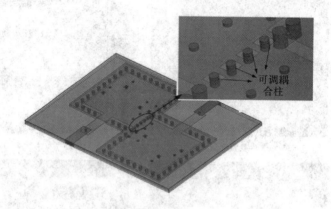

图 5 - 30　QFSIW 可调滤波器整体结构

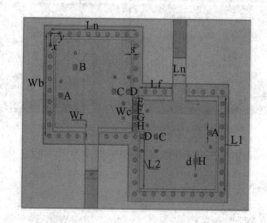

图 5 - 31　QFSIW 可调滤波器俯视图

这里对耦合窗的调节所采用的可调耦合柱只对腔体场产生扰动，部分地阻止能量通过，而不会像直接短接的金属化通孔一样彻底隔离能量。在这个位置，由于靠近腔体壁，能量分布是非常弱的，所以，在这里加载调谐柱时，并不会像在腔体内部加载调谐柱一样，对腔体谐振频率产生比较大的影响。我们利用这种特性，在设计原始腔体，不加载调谐柱时，调节耦合窗大小，有意使耦合窗通过的能量强一些，频率响应呈过耦的状态。

图 5 - 32 显示的是不同组合可调耦合柱载入时滤波器的频率响应。随着可调耦合柱载入数量的增加，两个腔体之间的耦合量减小，带宽由此也实现了可调。图 5 - 33 显示当载入一个调谐柱后，可调耦合柱载入数量依然可以通过影响耦合量来调节带宽。载入的可调耦合柱越多，腔体之间的耦合越弱，带宽就越窄。

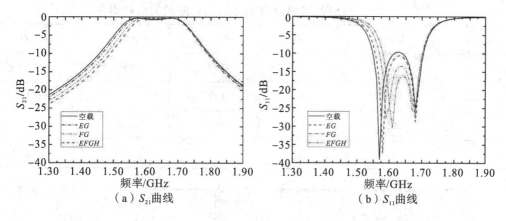

图 5-32　QFSIW 可调滤波器无调谐柱时可调耦合柱载入数量对带宽的影响

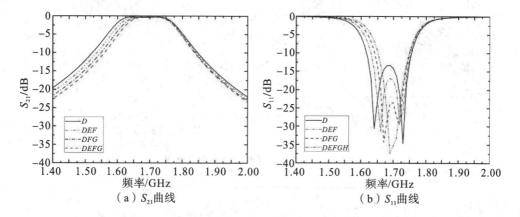

图 5-33　QFSIW 可调滤波器有调谐柱时可调耦合柱载入数量对带宽的影响

表 5-9 列出的是各调谐柱与可调耦合柱在第一个腔体中的坐标位置，第二个腔体中的可根据对称关系得到。

表 5-9　QFSIW 可调滤波器腔体中各调谐柱与可调耦合柱的位置坐标　　　mm

Post	x	y	Post	x	y
A	13.05	2.8	E	14.55	21.6
B	7.05	6.4	F	16.05	21.6
C	12.05	16.3	G	17.55	21.6
D	12.05	19.8	H	19.05	21.6

表 5-10 所示是载入不同的调谐柱组合对应的状态。图 5-34 为仿真频率响应频率响应图，各状态的插入损耗均在 -0.5 dB 以内，回波损耗小于 -16 dB，可调范围（1.64～2.2）GHz，性能较好。图 5-35 显示了不同状态与频率的对应关系。可见，中心频率实现了 12 个状态线性可调。

表 5 - 10　QFSIW 可调滤波器各状态对应的调谐柱组合

State	*ABCD*	State	*ABCD*	State	*ABCD*
1	0000	5	1000	9	1100
2	0001	6	1001	10	1101
3	0010	7	1010	11	1110
4	0011	8	1011	12	1111

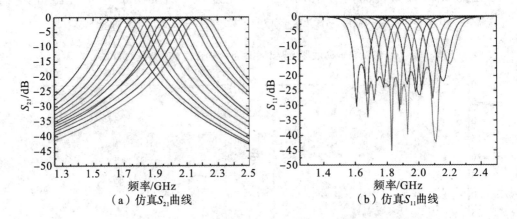

（a）仿真S_{21}曲线　　　　　　（b）仿真S_{11}曲线

图 5 - 34　QFSIW 可调滤波器仿真结果

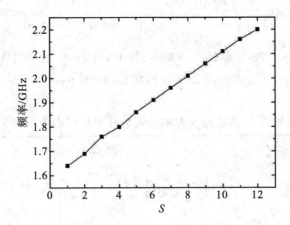

图 5 - 35　QFSIW 可调滤波器实现中心频率线性可调

5.4　四分之一模基片集成波导可调滤波器设计

通过四分之一模结构可以实现 SIW 小型化。2005 年，东南大学微波毫米波重点实验室的洪伟教授发现，将基片集成波导波导沿着其电场对称位置进行分割后的 SIW 结构与未分割的 SIW 传输特性几近相同，这种分割后的结构被称作半模基片集成波导（HMSIW）[11]。随后又出现了四分之一模基片集成波导（Quarter Mode Substrate Integrated Waveguide，

QMSIW)[12]、八分之一模基片集成波导（Eighth Mode Substrate Integrated Waveguide, EMSIW)[13]。QMSIW 面积仅相当于原始尺寸的 25%[14]，图 5-36 为全模 SIW 的衍变过程。本章利用 QMSIW 设计可调谐振腔，并以此为基础，设计两腔可调 QMSIW 滤波器。

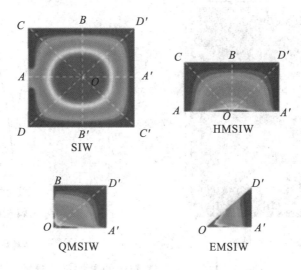

图 5-36　SIW 衍变过程

5.4.1　QMSIW 可调谐振腔

1. QMSIW 谐振腔

如图 5-36 所示，QMSIW 谐振腔电场分布与全模 SIW 大体相同。在全模 SIW 中，能量由中心向四周腔体壁方向递减，但是在 QMSIW 中，能量除了有与全模 SIW 相同的规律外，在开口处的能量是相对比较集中的。

QMSIW 与全模 SIW 腔体一样工作在 TE_{101} 模，谐振频率 f_{101}^{QMSIW} 的计算公式由下式确定：

$$f_{101}^{\mathrm{QMSIW}} = \frac{c}{2\sqrt{\mu_\mathrm{r}\varepsilon_\mathrm{r}}}\sqrt{\left(\frac{1}{2a_{\mathrm{eff}}^{\mathrm{QMSIW}}}\right)^2 + \left(\frac{1}{2b_{\mathrm{eff}}^{\mathrm{QMSIW}}}\right)^2}$$

$$a_{\mathrm{eff}}^{\mathrm{QMSIW}} = \frac{1}{2}a_{\mathrm{eff}}^{\mathrm{SIW}} + \Delta a$$

$$b_{\mathrm{eff}}^{\mathrm{QMSIW}} = \frac{1}{2}b_{\mathrm{eff}}^{\mathrm{SIW}} + \Delta b \tag{5-42}$$

$$a_{\mathrm{eff}}^{\mathrm{SIW}} = a - \frac{d^2}{0.95l}$$

$$b_{\mathrm{eff}}^{\mathrm{SIW}} = b - \frac{d^2}{0.95l}$$

式中，c 是真空中的光速，μ_r 和 ε_r 分别是介质基片的相对磁导率和相对介电常数。$a_{\mathrm{eff}}^{\mathrm{SIW}}$ 与 $b_{\mathrm{eff}}^{\mathrm{SIW}}$ 分别为全模 SIW 的等效尺寸，a 与 b 分别为全模 SIW 的实际尺寸，Δa 与 Δb 是由于开

放边界以及馈电等因素引入的尺寸误差。图 5 - 37 中 QMSIW 腔体的具体尺寸参数见表 5 - 11。图 5 - 38 所示为 QMSIW 谐振腔的 S 参数仿真结果,可以看出腔体的谐振频率为 1. 16 GHz。

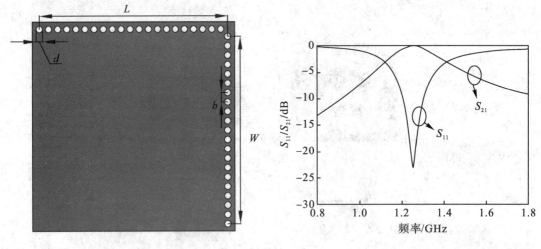

图 5 - 37　QMSIW 谐振腔俯视图　　　　图 5 - 38　QMSIW 谐振腔的 S 参数仿真结果

表 5 - 11　QMSIW 腔体的具体尺寸参数　　　　　　　　　mm

L	W	b	d
54	54	2.6	1.8

2. 可调原理

图 5 - 40、图 5 - 41 分别为谐振腔俯视图和侧剖视图。图中上层介质为 FR4_epoxy($\varepsilon_r = 4.4$,$\tan\delta = 0.02$),厚度为 0.2 mm,下层介质为 Taconic TLT(tm)($\varepsilon_r = 2.55$,$\tan\delta = 0.0006$),厚度为 1 mm。腔体长 L、宽 W,共有两层基片,三层金属层。上层基片用于安装开关,下层基片是谐振腔的腔体。三层金属层,上层为用于安装开关的垫片,中间的金属层接馈线,底层接地。馈电采用微带线通过凹形过渡到 QMSIW 腔体的方式。调谐柱直径 $d_1 = 0.8$ mm 在中间金属层上开有边长为 $s = 1.2$ mm 的方形小孔,以使调谐柱不与中间金属层短接,调谐柱贯通两层介质,下端与下层金属相接,上端与上层用于安装开关的金属垫片相接。上层金属化通孔是用于连接开关与中间金属层的。

如图 5 - 39 所示,QMSIW 腔体能量主要集中在中间金属层,因此可以通过将中间金属层与调谐柱相连,改变电场分布,从而实现频率可调。如图 5 - 40 所示,在谐振腔上层和中间层金属面上开小孔,加入与下层金属面相连的调谐柱,小孔不与调谐柱相连。由于孔很小,故不影响谐振腔的场分布。上层金属过孔与中间金属层相连,如图 5 - 42(a)所示,当 RF MEMS 开关开路时,谐振腔的谐振特性基本不变,如图 5 - 42(b)、(c)、(d)、(e)、(f)所示,当 RF MEMS 开关短路时,将导致腔体内电场扰动,谐振腔的频率会发生改变。图 5 - 43 展示的是调谐柱 B 载入与不载入时的上层金属表面矢量磁场分布。可以看到在调谐柱 B 载入腔体后,矢量磁场发生了明显的扰动。

图 5-39　QMSIW 谐振腔电场能量分布

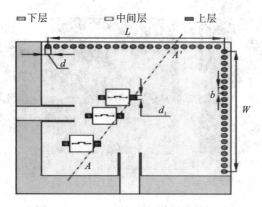

图 5-40　QMSIW 可调谐振腔俯视图

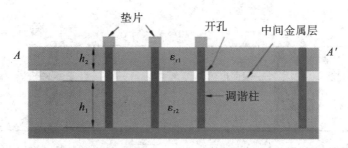

（a）AA′ 截面剖视图

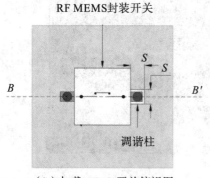

（b）加载MEMS开关俯视图

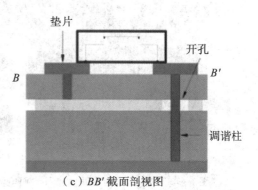

（c）BB′ 截面剖视图

图 5-41　QMSIW 可调谐振腔侧剖视图

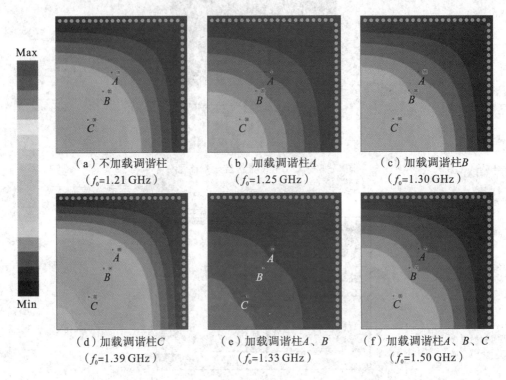

图 5-42 加载不同位置及不同数量调谐柱对 QMSIW 腔内电场分布的影响

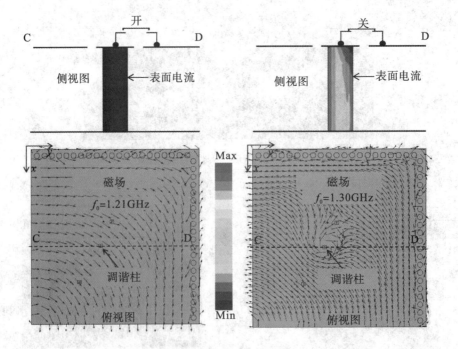

图 5-43 QMSIW 腔体中调谐柱表面电流分布及其对上表面矢量磁场分布的扰动

利用 RF MEMS 开关选通不同位置的调谐柱使 QMSIW 谐振腔成为可调谐振腔，为下一步利用可调谐振腔设计可调滤波器做准备。图 5-40 为 QSIW 可调谐振腔俯视图，选取三个位置 A、B、C 加载调谐柱，三个位置的坐标在表 5-12 中给出。图 5-44 所示，QSIW 可调谐振腔的频率变化范围为 (1.21~1.5)GHz，以及其无载 Q 值的变化范围为 309~479。表 5-13 中给出了状态数对应的调谐柱接入的组合，"0"代表开关断路，"1"代表开关短路。

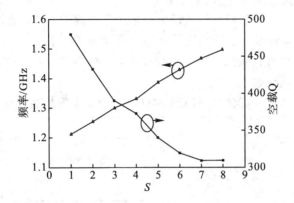

图 5-44　QSIW 可调谐振腔的频率变化范围以及其无载 Q 值的变化范围

表 5-12　QSIW 可调谐振腔内调谐柱的位置坐标

Post	x	y
A	22	26
B	30	22
C	42	15

表 5-13　QSIW 可调谐振腔各状态对应的调谐柱组合

State	ABC	State	ABC
1	000	5	001
2	100	6	101
3	010	7	011
4	110	8	111

通过对加载调柱的位置扰动腔体场分布的研究，发现就中心频率来说，加载多个调谐柱时，腔体频率偏移与加载单个调谐柱时的频率偏移存在粗略加性规律。即若 A、B、C 调谐柱同时加载时的频偏为 Δf_{ABC}，单独加载时分别为 Δf_A、Δf_B、Δf_C，则存在如下关系：

$$\Delta f_{ABC} \approx \Delta f_A + \Delta f_B + \Delta f_C$$
$$\Delta f_{ABC} < \Delta f_A + \Delta f_B + \Delta f_C$$

(5-43)

如图 5-42(f) 所示，当 A、B、C 同时加载时，频率偏移为 $\Delta f_{ABC} = 0.29$ GHz；单独加载 A、B、C 时，频率偏移分别为 $\Delta f_A = 0.04$ GHz、$\Delta f_B = 0.09$ GHz、$\Delta f_C = 0.18$ GHz，$\Delta f_A + \Delta f_B + \Delta f_C = 0.31$ GHz $\approx \Delta f_{ABC}$。

这对于设计可调器件时调谐柱位置的选择具有一定的指导意义。

5.4.2 QMSIW 可调滤波器设计

本小节设计了两款可调滤波器,其中利用 5.1 节中的 QMSIW 可调谐振腔,设计了一款平面结构两阶可调滤波器,另外设计了一款层叠结构两阶可调滤波器。

1. 平面结构 QMSIW 两阶可调滤波器

在级连腔体可调滤波器中,要实现滤波器的可调,需要同时对每一级的腔体进行调谐,如图 5-45 所示。将两个 QMSIW 谐振腔采用背靠背的方式,通过共用金属过孔壁实现级连,两腔之间的耦合通过去掉共用的金属过孔构成感性窗和窗内加载 U 型共面波导实现。馈电为微带线转带状线凹形过渡到 QMSIW 腔体方式。图 5-21 中 QMSIW 可调滤波器相关结构尺寸参数见表 5-14。

表 5-14　平面结构两阶 QMSIW 可调滤波器相关尺寸参数

L_{c1}	L_{c2}	L_{c3}	L_f	W_c
30	2.4	0.2	17.8	10.4
W_{c2}	W_{c3}	W_f	W_{f1}	W_{f2}
6	6	6	25.5	0.5

通过在两个腔上同时加载调谐柱可以实现滤波器中心频率可调。如图 5-45 所示,在腔体对称位置上共加载了三组调谐柱,每组调谐柱都有一组开关控制接入与否。图 5-47 (a)、图 5-47(b)给出了各个状态的仿真 S 参数图。可以看到总体效果比较好,中心频率为(1.1~1.43)GHz,频率间隔大约 50 MHz,插入损耗在 -1.2 到 -0.9 dB 范围内变化,回波损耗均小于 -15 dB,绝对带宽几乎保持不变,约 200 MHz。将各个状态和对应的中心频率画成折线图,如图 5-48 所示。可以看出,滤波器实现了中心频率线性调节。图 5-46 为 QMSIW 可调滤波器实物图。图 5-47(c)、(d)为实测 S 参数图,中心频率可调与仿真结果吻合较好。当在腔体内加载调谐柱时,调谐柱对腔体的扰动大小几乎与腔体场分布一致,也就是说调谐柱越靠近金属化通孔壁,对腔体中心频率的影响就越小,反之越大。而在利用 QMSIW 设计可调滤波器时,想要实现对扰动大小的控制,除了上述原则,还要注意避免对腔体之间的耦合影响太大,避免对馈线与腔体的耦合太大。因此,在扰动影响相同的情况下,选择远离耦合通道的位置效果会更好。

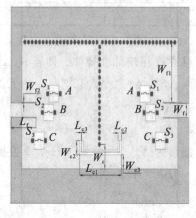

图 5-45　QMSIW 可调滤波器俯视图

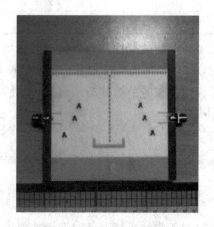

图 5-46　QMSIW 可调滤波器实物

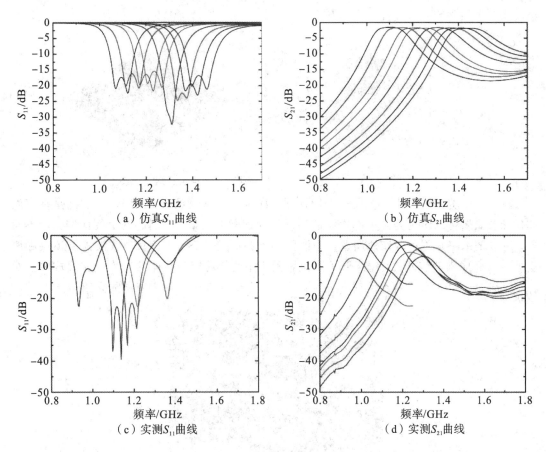

（a）仿真 S_{11} 曲线　　　　　　　　　　（b）仿真 S_{21} 曲线

（c）实测 S_{11} 曲线　　　　　　　　　　（d）实测 S_{21} 曲线

图 5-47　平面 QMSIW 可调滤波器仿真与实测 S 参数图

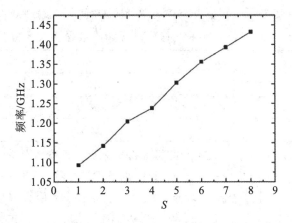

图 5-48　平面结构 QMSIW 可调滤波器实现中心频率线性可调

2. 层叠结构 QMSIW 两阶可调滤波器

5.2.1 节介绍了平面结构 QSIW 可调滤波器，这里提出的是一种垂直方向排布腔体的 QMSIW 可调滤波器。如图 5-49 所示，两个 QSIW 腔体垂直方向叠放，这种排布腔体的方式占用更少的面积。滤波器共有四层介质基片、三层金属层，顶层和底层基片用于安装开关，中间金属层为地并且开有一个圆孔为金属过孔耦合两个腔体留出了通道。上下两个金属层与馈线相连,采用直接馈电方式。

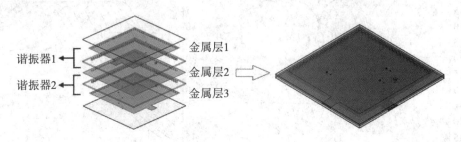

图 5 - 49　层叠 QMSIW 可调滤波器结构示意图

图 5 - 50 为滤波器中间金属层的俯视图,具体尺寸参数见表 5 - 15。考虑到是垂直腔体排布,如果将调谐柱与开关都由滤波器的一面加载上去,则会引起两个腔体较大的不对称,所以采用将开关和调谐柱加载在滤波器上下两面的方案,也因此,滤波需要顶层和底层各一层介质来安装开关,每组开关的位置关于中间金属层和腔体的对称面交线成中心对称。滤波器一共加载了两组调谐开关及调谐柱,调谐原理与 5.1.2 节中的介绍相同。

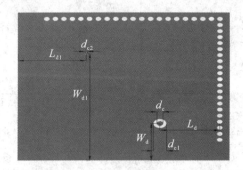

图 5 - 50　层叠 QMSIW 可调滤波器中间层金属俯视图

表 5 - 15　层叠结构 QMSIW 可调滤波器相关尺寸参数　　　　　　　　mm

L_d	L_{d1}	W_d	W_{d1}
18	14	9	39
d_c	d_{c1}	d_{c2}	d_{c3}（见图 5 - 51）
1.8	4	0.6	1

在这里同时还引入了一个开关控制的异面探针来调节两个腔体之间的耦合量,改善滤波器的性能。图 5 - 51 为开关控制的异面探针(以下称耦合柱)原理,耦合柱贯穿上三层介质,上端通过金属垫片连接开关,下端与下层金属层相接,上层金属层与中间金属层开有略大于耦合柱直径的圆孔(d_{c3}见表 5 - 15),避免与耦合柱接触。开关另一端连接上层金属过孔,而过孔另一端接上层金属层,当开关短路时,耦合柱将上层金属层与下层金属层短接,从而使两个腔体之间的耦合加强。图 5 - 52 展示的是不接入调谐柱与接入一个调谐柱时,接入耦合柱前后的 S 参数对比图。

如图 5 - 52(a)所示,加载耦合柱后滤波器的带宽明显展宽了,回波损耗相应变差了,上边带的传输零点更加远离通带,但是其下阻带性能几乎没有发生变化,图 5 - 52(b)也存在同样的规律。因此,可以结合可调耦合柱来设计可调滤波器。

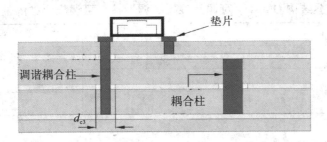

图 5-51 腔体耦合与开关控制耦合原理

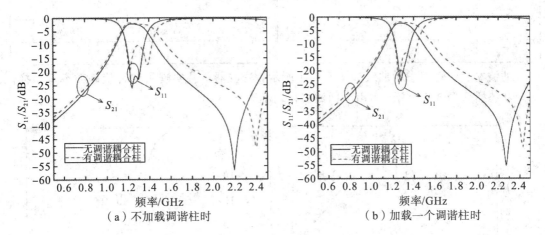

（a）不加载调谐柱时   （b）加载一个调谐柱时

图 5-52 耦合柱对滤波器性能的影响

对于耦合量的控制，如图 5-53 所示，取决于可调耦合柱在腔体内的位置。图 5-53
（a）为图 5-53(b)中可调耦合柱 C 的位置 X_c 取不同值时的 S 参数变化。当 X_c 值增大即可
调耦合柱 C 趋于腔体电场能量强的位置时，耦合量大，反之则小。

图 5-53(b)中 A、B 为两组调谐柱（正面）在滤波器中的位置，具体参数见表 5-16，对
应的另两个在关于 PP′ 对称位置的背面，图中没有显示。两组开关组合有四种状态，对应
关系在表 5-17 中给出，"0"代表调谐柱不接入，"1"代表调谐柱接入。

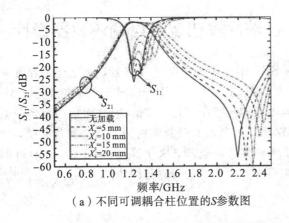

（a）不同可调耦合柱位置的S参数图

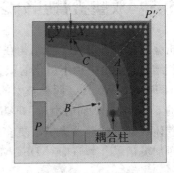

（b）可调耦合柱位置示意图

图 5-53 可调耦合柱位置对性能的影响

表 5-16　层叠结构 QMSIW 可调滤波器各调谐柱与可调耦合柱的位置坐标　　mm

Post	x	y
A	35	37
B	40	27
C	15	12

表 5-17　层叠结构 QSIW 可调滤波器各状态对应的调谐柱组合

S	AB	S	AB
1	00	3	01
2	10	4	11

滤波器的仿真 S 参数曲线如图 5-54 所示,滤波器一共实现了四种状态频率可切换,每个状态插入损耗均大于 -1 dB,回波损耗均小于 -15 dB。

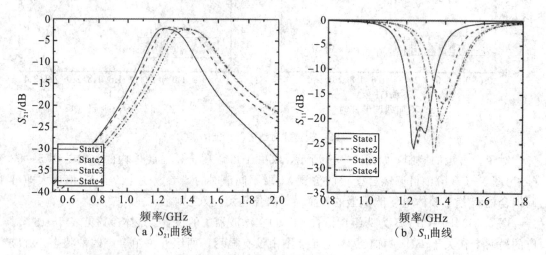

(a) S_{21} 曲线　　　　　　　　　　(b) S_{11} 曲线

图 5-54　层叠结构 QMSIW 可调滤波器状态 S 参数曲线图

5.5　双重折叠四分之一模基片集成波导可调滤波器设计

折叠技术与四分之一模结构在实现 SIW 小型化方面都是佼佼者,因此有学者将两种技术相结合,提出一种小型化的双重折叠四分之一模 SIW(Doubled Folded Quarter Mode SIW, DFQMSIW)[15]。两种技术的结合不单实现了小型化程度的叠加(面积约相当于原始腔体的 6.25%)[6],同时由于 DFQMSIW 谐振腔兼具有开放辐射边界和金属过孔壁,为设计多腔体级连的滤波器提供了更多腔间耦合方式的选择,这使得设计 DFQMSIW 可调滤波器更加灵活了。本章即对 DFQMSIW 可调滤波器开展研究与设计。

5.5.1　DFQMSIW 可调谐振腔

DFQMSIW 是对 QMSIW 进行两次折叠得到的,是四分之一模结构与折叠技术结合的产物,图 5-55 所示为 DFQMSIW 衍变图。

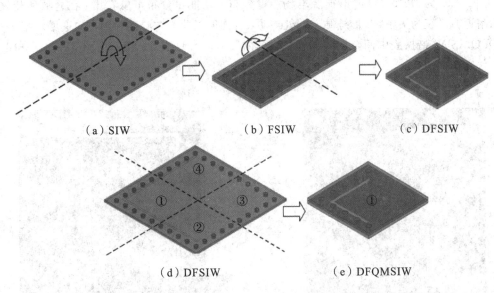

（a）SIW　　　　　　（b）FSIW　　　　　　（c）DFSIW

（d）DFSIW　　　　　　　　（e）DFQMSIW

图 5 - 55　DFQMSIW 衍变过程

1. DFQMSIW 谐振腔

相比 QMSIW 而言，QFQMSIW 谐振腔面积减少了约四分之三，而相对应的辐射边界长度约减小了一半。如图 5 - 56 所示，DFQMSIW 谐振腔由两层介质基片和三层金属层构成。中间金属层有 L 形槽，这是折叠波导产生的。一次折叠产生一个矩形槽，DFQMSIW 经过两次折叠，两槽交叠形成 L 形槽。DFQMSIW 谐振腔的工作频率和尺寸可由下式确定：

$$f_{\text{mop}}^{\text{DFQMSIW}} = \frac{1}{2\pi\sqrt{\mu_{\text{r}}\varepsilon_{\text{r}}}}\sqrt{\left(\frac{m\pi}{4L_{\text{eff}}^{\text{DFQMSIW}}}\right)^{2} + \left(\frac{p\pi}{4W_{\text{eff}}^{\text{DFQMSIW}}}\right)^{2}}$$

$$W_{\text{eff}}^{\text{DFQMSIW}} = \frac{W_{\text{eff}}^{\text{SIW}}}{4} + \Delta W_{1} \qquad\qquad (5-44)$$

$$L_{\text{eff}}^{\text{DFQMSIW}} = \frac{L_{\text{eff}}^{\text{SIW}}}{4} + \Delta L_{1}$$

式中，$m=p=1,\ 2,\ 3,\ \cdots$，$L_{\text{eff}}^{\text{DFQMSIW}}$ 和 $W_{\text{eff}}^{\text{DFQMSIW}}$ 分别表示 DFQMSIW 腔体等效长度和等效宽度。ΔW_{1} 和 ΔL_{1} 为辐射边界和馈线引入的尺寸误差。

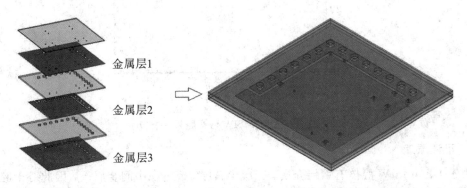

金属层1

金属层2

金属层3

图 5 - 56　DFQMSIW 可调谐振腔结构示意图

图 5-57 为 DFQMSIW 谐振腔电场能量分布。从能量分布可以看出，在缝隙和开放边界的附近能量较为集中，L 形缝隙末端处最弱，且强度以此为中心向腔内方向递增。图 5-58 为 DFQMSIW 谐振腔中间金属层俯视图，具体尺寸参数见表 5-18。由图 5-59 可知谐振腔工作在 1.25 GHz。

图 5-57　DFQMSIW 谐振腔能量分布

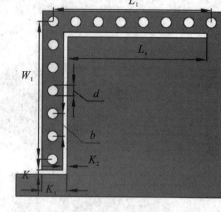

图 5-58　DFQMSIW 谐振腔中间金属层俯视图

表 5-18　DFQMSIW 谐振腔相关尺寸参数　　　mm

L_1	L_s	W_1	K
18.2	16	15.6	0.5
K_1	K_2	D	b
2.9	0.5	1.2	2.6

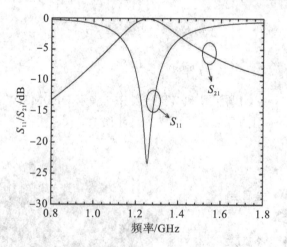

图 5-59　DFQMSIW 谐振腔频率响应

2. 可调原理

由于 DFQMSIW 腔体有两层介质、三层金属层，馈电在中间金属层，因此对于腔体的扰动有两种方案，一种是通过调谐柱和开关短接上层金属层与中间金属层，另一种通过调谐柱和开关短接中间金属层与下层金属层。QFSIW 也可以适用这两种调谐柱方案。

图 5-60(a)显示的是第一种方案。在这种方案中,中间金属层不开孔,上层金属层只为调谐柱不与上层金属层接触而开小方孔,上层金属化通孔只起连接顶层金属垫片与上层金属层的作用,不贯穿上层金属层。当 RF MEMS 开关短路时,上层金属层与中间层金属层短接,引起腔体场扰动。当 RF MEMS 开关开路时,腔体场不扰动。

图 5-60(b)显示的是第二种方案。在这种方案中,调谐柱贯穿上层介质和中间层介质,在上层金属层和中间金属层上均在调谐柱处开有小方孔,避免接触。上层金属化通孔则贯穿隔离介质层和上层介质,上层金属层为避免与之接触开有小方孔。当 RF MEMS 开关短路时,中间金属层通过调谐柱与下层金属层短接,腔体场发生扰动,当 RF MEMS 开关断路时,腔体场不发生扰动。

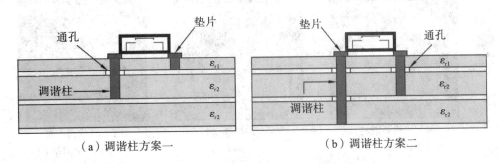

(a)调谐柱方案一   (b)调谐柱方案二

图 5-60 两种调谐柱方案结构示意图

图 5-61 所示为两种方案在同一位置对腔体扰动的频率响应。对比两种方案,可以看到第二种方案扰动更小,而且在不同的位置,这种差距也不一样,因此两种方案的选择可以根据精度需求来看,既可以选择其中一种,也可以两种混合使用。图 5-62 为两个不同方案的调谐柱位于腔体内不同位置时对腔体电场能量分布的扰动,可以看到电场能量越强的位置加载调谐柱引起腔体电场的扰动也就越大,谐振腔的谐振频率偏移也越大。

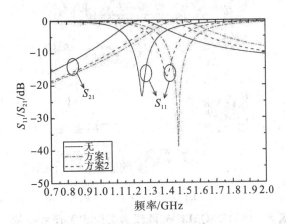

图 5-61 两种调谐柱方案的频率响应

设计的 DFQMSIW 可调谐振腔俯视图如图 5-63 所示。为了清晰地表示谐振腔结构,俯视图中略去了介质层和第一层金属层,开关也仅作表示。图 5-63 中,可调谐振腔共有 A、B、C、D、E、F 六个开关,也就是说最多可加载六个调谐柱,其中 A、B、E、F 采用的

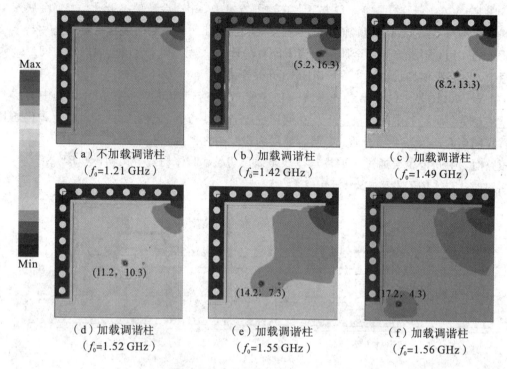

图 5-62 调谐柱在腔体内不同位置对腔体场分布的扰动

是方案一的调谐柱，C、D 采用的是方案二的调谐柱，方案二的调谐柱为避免与中间金属层接触，在相应位置开有方形小孔。图 5-63 中的尺寸参数见表 5-19。

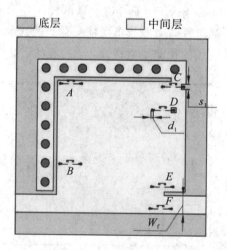

图 5-63 DFQMSIW 可调谐振腔俯视图

表 5-19 DFQMSIW 可调谐振腔相关尺寸参数　　　　mm

W_f	d_1	s_1
2.5	0.3	0.7

5.5.2　DFQMSIW 可调滤波器

本节利用 5.1.1 节所述 DFQMSIW 可调谐振腔设计了一款两阶平面结构 DFQMSIW 可调滤波器，另设计了一款层叠结构两阶可调滤波器和三阶平面结构可调滤波器。

1. 平面结构两阶 DFQMSIW 可调滤波器

将两个 DFQMSIW 谐振腔采用"面对面"的方式级连，如图 5-64 所示。腔体结构关于 TT' 对称，两腔体通过中间金属层的正中开缝的容性窗耦合，当开缝长度增大时，腔体之间的耦合减弱；开缝长度减小时，腔体之间的耦合增强。若开缝长度适当，则会形成通带。可调滤波器俯视图中，与可调谐振腔一样，略去了介质和上层金属，滤波器一共加载有八组开关，对应控制调谐柱和耦合柱，其中 A、B、C、D、E、F 为调谐柱，G、H 为耦合柱。平面结构两阶 DFQMSIW 可调滤波器调谐柱与耦合柱的坐标位置见表 5-20。

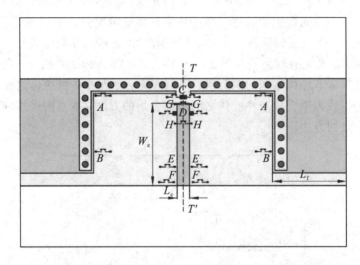

图 5-64　平面结构两阶 DFQMSIW 可调滤波器俯视图

表 5-20　平面结构两阶 DFQMSIW 可调滤波器调谐柱与耦合柱的位置坐标　　mm

Post	x	y	Post	x	y
A	2.1	2.1	E	16.1	18.1
B	13.1	2.1	F	19.1	17.9
C	2.4	19.5	G	3.8	18.1
D	5.6	18.1	H	7.6	18.1

图 5-65 为滤波器的整体结构图。图中可以看到，滤波器共有三层介质、四个金属层，其中顶层介质以及顶层金属层是安装开关用的，滤波器主腔体为下面两层介质和金属层。这里调谐方法采用的是前面所讲方案二，调谐柱贯穿三层介质与底层介质相接，上层金属化通孔穿过顶层介质和上层介质与中间金属层相接。顶层介质采用的是 FR4_epoxy（ε_r=4.4，tanδ=0.02），厚度 0.2 mm，主腔体的两层介质均是 Rogers RT/duroid 5880（tm）（ε_r=2.2，tanδ=0.0009），厚度 0.508 mm。

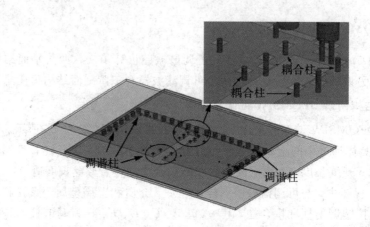

图 5-65　平面结构两阶 DFQMSIW 可调滤波器整体结构图

图 5-66 为接入不同数量调谐柱时得出的仿真频率响应图。可以发现，当 RF MEMS 开关短路数量增加，也就是调谐柱接入数量增加时，滤波器工作频率发生偏移，但是频率响应呈欠耦合状态，甚至有的回波损耗已经不满足滤波器指标了。因此，我们采用两组开关控制的耦合柱来调节腔体之间的耦合量。不同于第三、四章中的腔体之间的共面腔间可调耦合结构均采用载入耦合柱减小腔体之间的耦合量的方法，本章所采用的是载入耦合柱增加腔体间耦合量的方法。

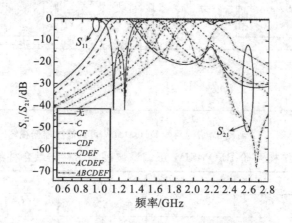

图5-66　接入不同数量调谐柱时可调滤波器的频率响应

图 5-67 为耦合调节结构的侧剖视图。两个金属化通孔分别位于耦合窗开缝的两端，金属化通孔贯穿顶层介质和上层介质，下端分别与两个腔体中间金属层相接，上层金属层在金属化通孔处开有小方孔避免接触。顶层两个方形金属垫片与金属化通孔相接，金属垫片用于安装 RF MEMS 开关。当 RF MEMS 开关短路时，两腔体之间的耦合增强，当 RF MEMS 开关断路时，两腔之间的耦合不变。通过耦合量的调节，可以在一定程度上实现带宽可调。

以图 5-65 中调谐柱 A、B、C、D、E、F 全接入腔体为例，如图 5-68 所示，通过接入可调耦合柱的不同组合，可以获得不同的带宽，但是应该看到这里的带宽变化是单边带变化，因而会影响中心频率。表 5-21 给出了 19 种状态对应的接入调谐柱的组合，"0"代表开关断路,调谐柱不接入,"1"代表开关短路,调谐柱接入。

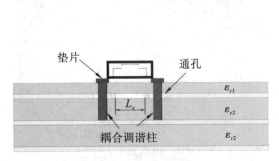

图 5-67　可调耦合柱剖视图

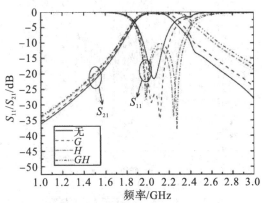

图 5-68　可调耦合柱对可调滤波器 S 参数
曲线的影响

表 5-21　各状态对应接入调谐柱的组合

S	ABCDEF	S	ABCDEF	S	ABCDEF	S	ABCDEF
1	000000	6	010000	11	010010	16	110010
2	001000	7	101000	12	001111	17	011111
3	000100	8	100100	13	100011	18	111011
4	001100	9	001101	14	010011	19	110111
5	000001	10	011100	15	011011	/	/

图 5-70(a)、(b)给出了可调滤波器的频率响应仿真图,所有状态插入损耗均大于
-1 dB,回波损耗均在-15 dB 以下,平均频率间隔 45 MHz,性能较好。图 5-71 为各可
调状态与频率对应关系图,可以看到平面结构两阶 DFQMSIW 滤波器中心频率基本实现
线性调节。图 5-69 为平面结构两阶 DFQMSIW 可调滤波器实物照片。图 5-70(c)、(d)
为可调滤波器性能实测图,可调滤波器实现了中心频率可调,调节趋势与仿真结果较
吻合。

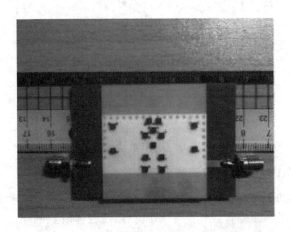

图 5-69　平面结构两阶 DFQMSIW 滤波器实物照片

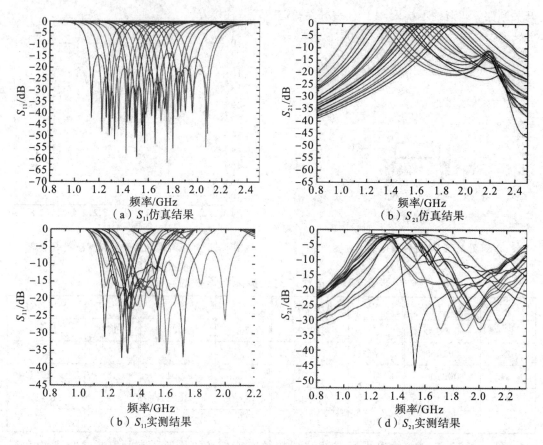

（a）S_{11}仿真结果　　　　　　　（b）S_{21}仿真结果

（b）S_{11}实测结果　　　　　　　（d）S_{21}实测结果

图 5 - 70　平面结构两阶 DFQMSIW 可调滤波器仿真与实测性能

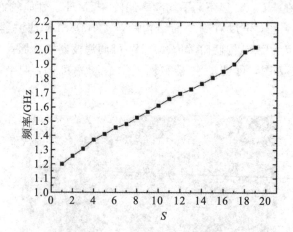

图 5 - 71　平面结构两阶 DFQMSIW 滤波器实现中心频率线性可调

2. 层叠结构两阶 DFQMSIW 可调滤波器

　　垂直排布腔体的滤波器结构与平面结构相比的优势在于垂直排布腔体时滤波器的平面面积几乎不会增加，而平面排布腔体的平面面积则随腔体阶数的增加而成比例增加。这里我们对垂直排布腔体的 DFQMSIW 可调滤波器进行研究，探索其实现可调滤波器性能与平面结构的差异。

图 5-72 所示的是层叠结构两腔 DFQMSIW 可调滤波器的整体结构。滤波器共有 6 层介质、7 个金属层,顶部和底部的两个介质层和金属层是用于安装 RF MEMS 开关的金属垫片,在图中没有显示。安装层介质与 5.2.1 中平面结构一样是 FR4_epoxy($\varepsilon_r = 4.4$,$\tan\delta = 0.02$),厚度 0.2 mm,主腔体的四层介质均是 Rogers RT/duroid 5880 (tm)($\varepsilon_r = 2.2$,$\tan\delta = 0.0009$),厚度 0.508 mm。地设在中间金属层(Metallic3),第一个腔体的馈电在第二层金属层,第二个腔体的馈电在第四层金属层,两个腔体之间的耦合通过金属过孔(即耦合柱)实现,这个耦合柱贯穿第三层介质和第四层介质,连接第二层金属层与第四层金属层,在中间地层耦合柱位置开有小圆孔避免接触。

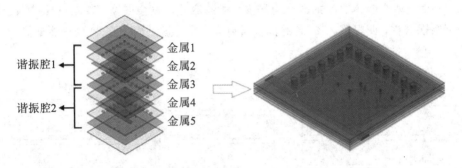

图 5-72　层叠结构两腔 DFQMSIW 可调滤波器整体结构图

如图 5-73 所示,滤波器一共有四组可调开关,其中两组是频率调节开关,两组是耦合调节开关。与 5.2 节类似,由于是层叠结构,所以将频率调节开关安装在滤波器正反两面,耦合调节开关则安装在正面。图中调谐柱与耦合柱的位置参数见表 5-22。

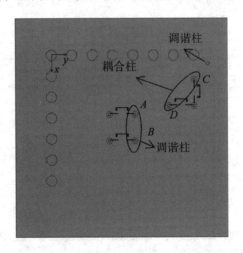

图 5-73　层叠结构两阶 DFQMSIW 可调滤波器俯视图

表 5-22　层叠 DFQMSIW 可调滤波器调谐柱与耦合柱位置坐标　　　　　mm

Post	x	y	Post	x	y
A	6.8	9.8	D	5.8	13.8
B	9.8	9.8	调谐柱	2.3	17.3
C	2.8	16.8	/	/	/

　　由于层叠结构的层数增加，所以在选择调谐方法时选择除了 5.1.2 节中的两种方案，还可以采用一种新的调谐结构。如图 5-73 和图 5-74(a)所示，每组的两个调谐柱分别贯穿上五层介质(正面安装开关)和下五层介质(背面安装开关)，一端与顶层金属垫片相接，另一端与另一个腔体的"下层"金属层相接，在第一层、第二层、第三层、第四层金属层调谐柱处开有小圆孔避免接触，而上层金属过孔则贯穿安装介质层(第一层)和第二层介质，第一层金属层在上层金属过孔处开有小圆孔避免接触。在垂直排布腔体的 DFQMSIW 可调滤波器中，与 5.1.2 节中的两种方法相比，这种跨腔体的调谐柱，除了改变中心频率之外，还会引入交叉耦合。图 5-75 为可调耦合柱对滤波器性能的影响，由图可知，当加载可调耦合柱时，两个腔体之间的耦合会增强，滤波器的带宽会展宽，甚至呈现过耦合现象，而两个可调耦合柱，明显载入 D 时的耦合量更大一些，这是因为在 D 处场能量更强。

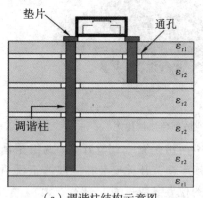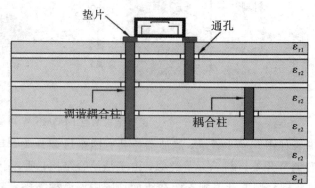

（a）调谐柱结构示意图　　　　　　　（b）可调耦合柱结构示意图

图 5-74　调谐柱与可调耦合柱结构示意图

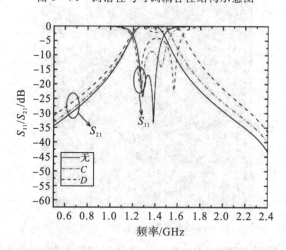

图 5-75　可调耦合柱对滤波器性能的影响

　　与平面结构可调滤波器类似，当利用增加调谐柱数量实现频率偏移时，滤波器频率响应出现欠耦状态，达不到滤波器正常工作的指标，因此，这里引入可调的耦合机制，当欠耦的情况出现时，调节腔体之间的耦合量以使其频率响应达到指标。图 5-76 为接入调谐柱后，耦合调节开关短路与断路时滤波器仿真频率响应对比图。可以看到，开关短路时，滤波器性能明显改善。注意到上边带产生了一个传输零点，也就是说，这种跨腔体的调谐柱的载入，使源与负载分别与没有直接连接的腔体之间产生了交叉耦合。

结合调谐柱与可调耦合柱，滤波器可以实现中心频率可调。从图 5 - 77 可以看到，用 HFSS 仿真得到在调谐柱与可调耦合柱的配合下，这种层叠结构的两阶 DFQMSIW 可调滤波器实现了三种状态的切换，带宽基本不变，约为 280 MHz，带内插入损耗大于−0.2 dB，回波损耗小于−17 dB。

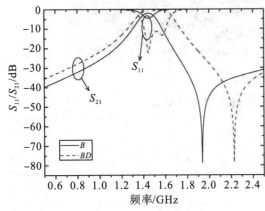

图 5 - 76　可调耦合柱对载入调谐柱后的
滤波器性能的改善

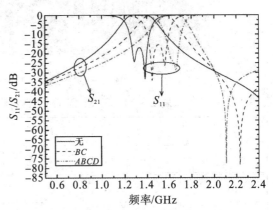

图 5 - 77　层叠结构 DFQMSIW 可调
滤波器频率响应

3. 平面结构三阶 DFQMSIW 可调滤波器

高阶滤波器拥有更高的选择性，因此在滤波器的设计中，研究者通常会考虑设计腔数较多的高阶滤波器。本小节对平面结构三腔 DFQMSIW 可调滤波器进行研究，是对高阶小型化可调滤波器的初步探索。

如图 5 - 78 所示，从滤波器的整体结构可以看到，这款三阶可调滤波器是在 5.2.1 节中两阶可调滤波器结构的基础上增加了一个 DFQMSIW 谐振腔，第二个腔体与第三个腔体通过在公用的金属过孔壁开放边界一端开窗并在窗口位置开叉指形槽来实现耦合的。滤波器顶层介质采用的是 FR4_epoxy(ε_r=4.4，$\tan\delta$=0.02)，厚度 0.2 mm，主腔体的两层介质均是 Taconic TLT(tm)

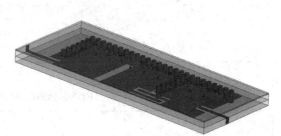

图 5 - 78　平面结构 DFQMSIW 三阶
可调滤波器整体结构

(ε_r=2.55，$\tan\delta$=0.0006)，谐振腔尺寸有所改变，图 5 - 79 为三阶 DFQMSIW 可调滤波器俯视图，图中滤波器各尺寸参数见表 5 - 23。因为介质层层数和金属层层数与两腔结构是一致的，所以 5.1.2 中的两种调谐方法一样适用于三腔结构。不过在调谐柱的位置方面，采用的是一腔体中 L 型槽的拐点朝向腔体开放边界方向并为对称位置，对称位置的三个调谐柱(RF MEMS 开关)为一组。从图 5 - 79 上可以看到滤波器共加载了三组开关，第一个腔体内调谐柱的坐标参数见表 5 - 24，其余腔体的调谐柱位置参数可根据对称关系得到。表 5 - 25 中列出了不同的状态对应的接入调谐柱组合。

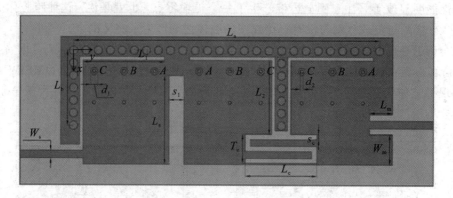

图 5 – 79　三阶 DFQMSIW 可调滤波器俯视图

表 5 – 23　三阶 DFQMSIW 可调滤波器相关尺寸参数　　　mm

L_a	L_b	L_1	L_2	L_s	L_c
30	10.3	8.5	7.05	8.5	7
L_m	W_m	W_s	T_c	s_c	s_1
2.25	2.9	0.7	2.8	0.5	1.5

表 5 – 24　三阶 DFQMSIW 可调滤波器第一个谐振腔内调谐柱的位置　　　mm

Post	x	y
A	22	26
B	30	22
C	42	15

表 5 – 25　三阶 DFQMSIW 可调滤波器各状态对应的调谐柱组合

S	ABC	S	ABC
1	000	5	110
2	100	6	101
3	010	7	011
4	001	8	111

　　图 5 – 80 显示的是三阶 DFQMSIW 可调滤波器仿真频率响应图。不难看出，调谐柱对三腔滤波器依旧能起作用，与两腔结构相似的是，随着引入调谐柱数量的增加，滤波器频率响应也朝着欠耦合趋势发展。如图 5 – 80 所示，三阶 DFQMSIW 可调滤波器的频率范围为(2.72～3.53)GHz，共八个状态，频率间隔大约 115 MHz。

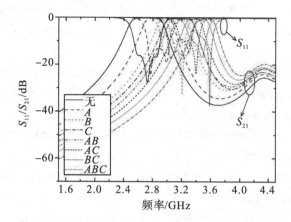

图 5-80   三阶 DFQMSIW 可调滤波器仿真频率响应图

本 章 文 献

[1]   黄晓国. 电可调射频滤波器件研究[D].[博士学位论文]. 成都：西南交通大学，2015

[2]   Hong J S G, Lancaster M J. Microstrip filters for RF/microwave applications[M].
John Wiley & Sons, 2004.

[3]   Sun S, Zhu L. Compact dual-band microstrip bandpass filter without external feeds
[J]. IEEE Microwave and Wireless Components Letters，2005，15(10)：644-646.

[4]   Qin W, Hong W, Tang H J, et al. Design and implementation of UWB bandpass
filter with a frequency notch for choking back the interference from narrow band
wireless communication systems[C]//2009 IEEE International Conference on Ultra-
Wideband. IEEE，2009：521-524.

[5]   Che W, Li C, Deng K, et al. A novel bandpass filter based on complementary split
rings resonators and substrate integrated waveguide[J]. Microwave and Optical
Technology Letters，2008，50(3)：699-701.

[6]   邓欣. 小型化基片集成波导滤波器的研究与设计[D]：[硕士学位论文]. 西安：武警
工程大学，2016.

[7]   汪睿. 折叠基片集成波导滤波器研究[D]：[硕士学位论文]. 上海：上海交通大
学，2008.

[8]   Che W, Geng L, Deng K, et al. Analysis and experiments of compact folded
substrate-integrated waveguide[J]. IEEE transactions on microwave theory and
techniques，2008，56(1)：88-93.

[9]   Staelin D H. Electromagnetics and Applications[J]. Department of Electrical
Engineering and Computer Science，Massachusetts Institute of Technology，
Cambridge，MA，USA，2011.

[10]   Hines J N, Rumsey V H, Walter C H. Traveling-wave slot antennas[J].
Proceedings of the IRE，1953，41(11)：1624-1631.

[11]　Wang Y，Hong W，Dong Y，et al. Half mode substrate integrated waveguide (HMSIW) bandpass filter[J]. IEEE Microwave and Wireless Components Letters，2007，17(4)：265 - 267.

[12]　Zhang Z，Yang N，Wu K. 5-GHz bandpass filter demonstration using quarter-mode substrate integrated waveguide cavity for wireless systems[C]//2009 IEEE Radio and Wireless Symposium. IEEE，2009：95 - 98.

[13]　任荦. 小型化基片集成波导谐振腔的研究与应用[D]：[硕士学位论文]. 西安：武警工程 大学，2014.

[14]　Pozar D M. 微波工程[M]. 张肇仪，周乐柱，吴德明，等译. 3 版. 北京：电子工业出版社，2006(3)：238 - 240.

[15]　Zhu Y Z. A compact double folded quarter mode substrate integrated waveguide (DFQMSIW) filter[J]. IEICE Electronics Express，vol 13，n 11，2016.

第 6 章　小型化基片集成波导全可调滤波器

可重构滤波器是可以根据实时的通信要求，灵活地选择需要过滤信号的频段、带宽等参数，进而在满足射频前端多样化需求的同时精简通信设备的体积。可重构的微波滤波器作为射频前端的重要器件，在通信网络架构、遥感卫星等领域有着重要应用价值。在现有通信硬件体系中部署不同的系统时，例如在原有的第三代（3G）网络中添加 4G 网络或将 5G 网络添加到现有的 4G 网络时，可调滤波器能够在不同的标准中进行切换，通过远程的调节来控制频段或带宽，有助于有效节约现有的硬件资源，避免对昂贵的无线通信设备进行大幅度淘汰。此外，在移动卫星中，可操作多波束、可编程处理器、软件无线电等技术的进步为可调滤波器提供了发展需求，通信卫星运营商开始在寿命较长的卫星中使用可重构的滤波器件，以便更加灵活地为以上数字技术进行频率选择和带宽分配。

同时，在军事雷达和电子侦查、反侦查系统中，接收机和发射机需要处理所有的雷达信号，而雷达的信号需要根据复杂的战场环境灵活变化，因此便需要接收机和发射机覆盖很宽的频段，并且使用可调滤波器迅速地改变频率、带宽等参数，以实时地筛选战场中所需的信号。对于地面部队常用的单兵手持电台，可调滤波器能够使之适应多种通信标准并存的复杂环境，使部队间的通信可以灵活迅速地调整，同时促进了单兵通信装备的小型化、集成化水平。

在可重构微波滤波器的研究中，学者通过电元件可调、磁可调、机械可调、微流体可调等方式，来改变滤波器的中心频率、带宽、阶数、传输零点、Q 值、群时延等性能参数，以求更好地适应复杂多变的通信环境，凭借小型化的体积实现更加灵活的滤波。而全可调滤波器是指运用以上调节方式，在一个滤波器中实现两种或两种以上参数的变化。相比于单个参数可调的滤波器，全可调可以更灵活地满足不同频段、不同带宽下的滤波需求，因此全可调滤波器代表着可调技术的前沿水平和理想发展目标。

综上所述，全可调滤波器在民用和军事领域均发挥着重要作用，具有极高的应用价值，是国内外学者未来的研究热点。

6.1　基于 SIW 谐振腔的中心频率和带宽全可调滤波器

6.1.1　全可调 SIW 滤波器设计

全可调 SIW 滤波器由两个 SIW 可调谐振腔级联而成[1]，在每个谐振腔的中央电场分布密集区域加载了四个 PIN 二极管，两个谐振腔的级间耦合处加载了调控带宽的调谐旋钮。整个滤波器由两层金属层和两层介质层构成，每层金属层都镀刻在对应介质层下方。滤波器的平面图及在 HFSS 15.0 中的结构图如图 6-1 和图 6-2 所示。

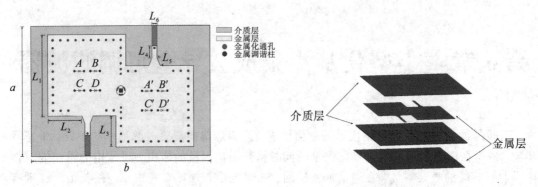

图 6-1　SIW 全可调滤波器平面图　　　　图 6-2　SIW 全可调滤波器结构图

SIW 谐振腔主模的谐振模式为 TE_{101} 模，其谐振频率可通过式(6-1)计算：

$$f_{101}^{SIW} = \frac{c}{2\pi\sqrt{\mu_r\varepsilon_r}}\sqrt{\left(\frac{\pi}{W_{eff}^{SIW}}\right)^2 + \left(\frac{\pi}{W_{eff}^{SIW}}\right)^2} \tag{6-1}$$

式中，c 为真空中的光速，μ_r 为相对磁导率，ε_r 为介电常数，W_{eff}^{SIW} 为 SIW 谐振腔的等效宽度。周期排列的金属化通孔可以等效起到金属波导中侧壁的效果，但其间距需小于波长 λ 的四分之一，否则过大的距离可能造成能量泄露。因此，这里设定金属化通孔的间距为 2.4 mm，直径为 0.6 mm。顶层介质板主要功能是作为调谐柱的垫板，其厚度为 0.2 mm，采用 FR4_epoxy 材料，介电常数为 4.4，介电损耗角正切为 0.02。底层介质板厚度为 0.508 mm，采用 Rogers/duroid 5880 材料，其介电常数为 2.2，介电损耗角正切为 0.0009。顶层金属层为信号层。滤波器整体的尺寸参数见表 6-1。

表 6-1　SIW 全可调滤波器整体的尺寸参数　　　　　　　　　　　　mm

a	b	L_1	L_2	L_3	L_4	L_5	L_6
40	57	24.9	10.7	9.6	3.65	2.5	1.6

滤波器端口处通过金属化通孔与上层馈线连接，并使用 SMA 接头进行焊接。在端口处的微带线引出方式有三种模式，分别为直接式、缝隙式和渐变式端口，如图 6-3、图 6-4、图 6-5 所示。

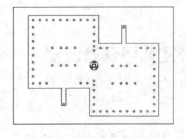　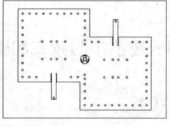　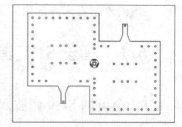

图 6-3　直接式微带线　　　　图 6-4　缝隙式微带线　　　　图 6-5　渐变式微带线

由于模式 1 和 2 端口为直接阶跃形式和缝隙形式，二者的电场和磁场在微带线引出位置的分布均发生了突变，造成的这种不连续性使传输线产生了寄生电抗，进而影响了其场分布[2]。因此，将三种模式下的仿真图 6-6(a)和图 6-6(b)对比可以发现，在模式 1 直接式微带线和模式 2 缝隙式微带线情况下会发生一定程度的欠耦合，而模式 3 的渐变式微带线则相对完美，其 S_{11} 可以达到 -20 dB 左右。因此我们选用渐变式作为端口微带线引出方式。

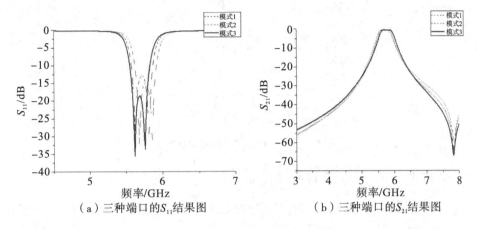

（a）三种端口的 S_{11} 结果图　　　　（b）三种端口的 S_{21} 结果图

图 6-6　三种端口的结果图

　　通过渐变式微带线引出的末端，可以继续选择采用异面式端口和共面式端口两种方式进行馈电。异面式馈电端口如图 6-7 所示，在渐变微带线向端口处伸出一小段距离后，通过加载金属化通孔，将微带末端与顶层的微带线连接，通过顶层的微带线继续向端口处馈电。共面式则不通过金属化通孔进行连接，而是直接由微带引向端口，使整条微带线端口处于同一平面，如图 6-8 所示。

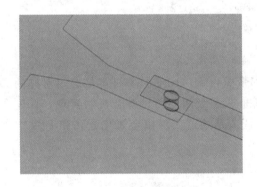

图 6-7　异面式馈电端口

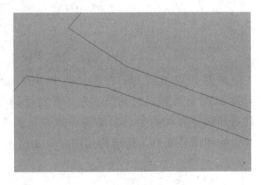

图 6-8　共面式馈电端口

　　图 6-9 展示了两种情况下滤波器 S 参数的仿真结果。其中实线为异面式端口，虚线为共面式端口。由二者对比可知，采用异面式端口的回波损耗要小于共面式，这是由于共面式同层的端口微带伸出过长而增加了原有腔体的辐射损耗，而采用异面式端口虽然会增加滤波器设计的复杂性，但是尽可能地保留了 SIW 原有腔体的电磁场分布，因此其性能优于共面式端口。

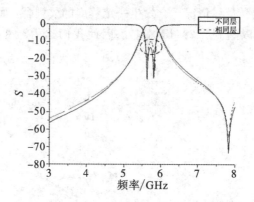

图 6-9　两种馈电模式对比图

6.1.2　全可调 SIW 滤波器的可调性能分析

SIW 全可调滤波器由两个相同的可调谐振腔组成，并通过级间的可调耦合机制进行耦合，其电路的结构如图 6-10 所示。

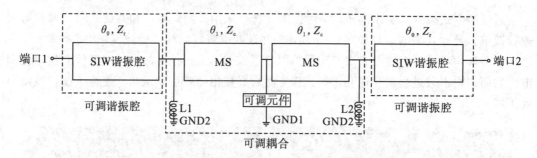

图 6-10　SIW 全可调滤波器电路图

全可调 SIW 滤波器的性能包括中心频率和带宽可调。中心频率可调是通过对称的两个可调 SIW 谐振腔同时调节实现，带宽可调则是通过级间的可调耦合机制实现。首先介绍利用调谐柱方式的中心频率调节原理。频率调节是通过四对由金属化通孔和 PIN 二极管构成的调谐柱实现，其结构如图 6-11 所示。

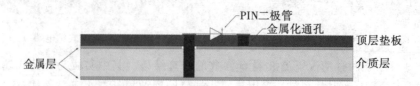

图 6-11　频率调谐柱示意图

在选择调谐柱位置时，要根据电场分布，选择在电场强度大的区域进行加载，以获得更大的频率偏移效果。图 6-1 中展示了四对 PIN 二极管的分布位置及标号。对于频率调节，我们使用 $ABCD(A'B'C'D')$ 四对 PIN 二极管的数字组合来表示不同通断状态，其中"1"表示连通，"0"表示断开。图 6-11 中左侧较长的金属化通孔自顶层垫板贯通到底层金属，在顶层金属的位置需要开设一个方形的空隙，以避开此通孔；右侧较短的金属化通孔自顶层垫板贯通到上层金属，两通孔间加载着 PIN 二极管。在 PIN 二极管断开时，整个谐振腔处于正常状态，可以等效为一个 LC 电路，其谐振频率为 $f_0 = 1/2\pi\sqrt{LC}$；当 PIN 二极管连通时，调谐柱载入相当于在 LC 电路中并联了一个等效电感 L_p，此时腔体的谐振频率为 $f_0 = 1/2\pi\sqrt{L_{eq}C}$（$L_{eq}$ 为 L 和 L_p 的并联电感），由于上层金属和底层金属通过金属化通孔和二极管发生了连通，整个谐振腔的电磁场分布发生变化。以单个谐振腔为例，图 6-12 为谐振腔中所有调谐柱断开时的能量分布，可以看出电磁场能量集中在谐振腔的中央位置；图 6-13 为调谐柱 D 连通时的电场分布；图 6-14 为所有调谐柱均连通时的电场分布。由图可知，PIN 二极管的通断会给原谐振腔的电场分布带来较大扰动，且接通二极管的数量越多，带来的电场扰动越大，获得的频率偏移效果也就越明显。

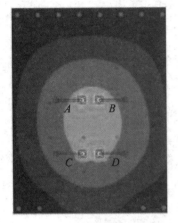

图 6-12　不连通调谐柱时
电场分布

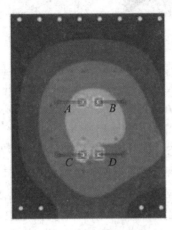

图 6-13　调谐柱 D 连通时
电场分布

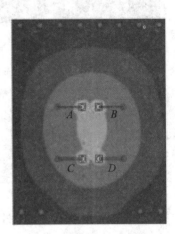

图 6-14　连通全部调谐柱时
电场分布

图 6-15、图 6-16 展示了 PIN 二极管组合在五种状态下的中心频率变化。由仿真结果可知，通过四对 PIN 二极管的通断，滤波器的中心频率可以实现在 $(5.7\sim6.7)$GHz 内的调节，回波损耗 S_{11} 在 -15 dB 以下，且基本可以保持带宽的恒定。

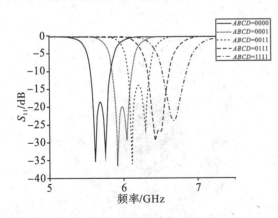

图 6-15　SIW 全可调滤波器 S_{11} 曲线

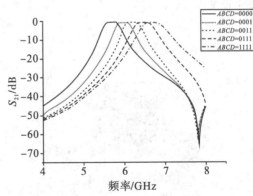

图 6-16　SIW 全可调滤波器 S_{21} 曲线图

对于带宽可调，一般是通过改变两谐振腔间的耦合来实现。因此，本节设计了一个可旋转的机械调节旋钮，通过对不同元件的旋转组合，可以实现带宽的可调。旋钮的 HFSS 结构图和平面图如图 6-17、图 6-18 所示。

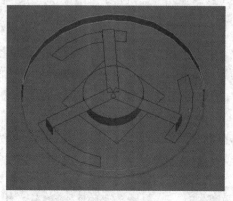

图 6-17　调谐旋钮结构图

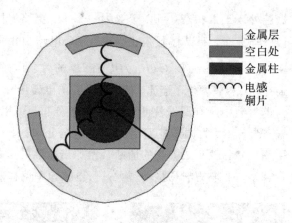

图 6-18　调谐旋钮平面图

其中，在两谐振腔的中间部位将顶层垫板开辟出一个圆形的凹槽，中间金属圆柱的高度伸出到介质层外，与顶层垫板高度持平，且金属柱周围开辟了方形的空白，即在中间层金属中心开辟了避开金属柱的方形区域。在金属圆柱的中心连接着两个 1 nH 的电感和一段导电铜片，电感和铜片的末端指向金属层开辟出的灰色空白处，此时金属柱与金属层无接触，滤波器带宽处于正常状态，即 400 MHz；若单独将一个电感末端旋转至黄色金属层，如图 6-19 所示，此时顶层金属层通过电感、金属柱与底层金属产生连通，改变了级间耦合处的等效电感，进而引起带宽降至 330 MHz；当两个电感同时旋转至黄色金属层位置时，如图 6-20 所示，此时带宽降至 280 MHz；若将两个电感旋转至正常状态下的空白区域，单独将铜片旋转至黄色金属层时，如图 6-21 所示，顶层金属和底层金属通过铜片发生连通，也改变了级间耦合的状态，带宽将进一步降至 250 MHz；最后，将两个电感与铜片均旋转至黄色金属层，如图 6-22 所示。此时顶层金属和底层金属发生最大限度连通，带宽变为最小值 190 MHz。因此，若想滤波器处于正常状态，只需将相应元件的末端旋转至灰色的空白区域位置；若调节滤波器带宽，则可根据实际需要将相应的元件组合末端转至黄色金属层。

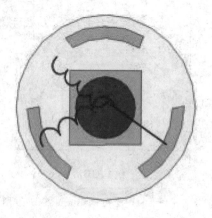

图 6-19　一电感连通

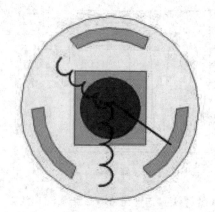

图 6-20　两电感连通

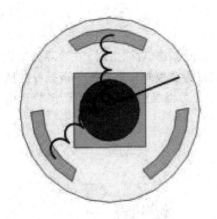
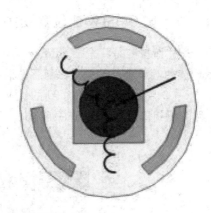

图 6-21　仅铜片连通　　　　　　　　　图 6-22　铜片电感均连通

通过三种元件的旋转组合，我们可以得到五种宽度的带宽，其带宽变化范围在(190~400)MHz，变化率达到 52.5%，如图 6-23 所示。

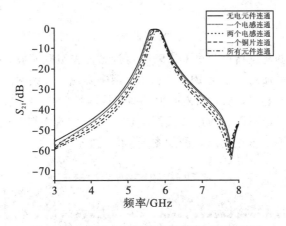

图 6-23　SIW 全可调滤波器带宽可调结果图

本节利用两个 SIW 谐振腔级联设计了一款中心频率和带宽全可调的滤波器，通过四对 PIN 二极管的不同通断组合状态，实现了中心频率在(5.7~6.7)GHz 范围内的变化，且带宽基本能够保持恒定；通过机械可调旋钮的转动和不同元件的组合，实现了带宽在(190~400)MHz 内的变化。与近年来其他成果相比，本文设计的滤波器具有高的稳定性，且保持了一个传输零点，具有较强的带外抑制能力。

6.2　基于 QMSIW 谐振腔的中心频率和传输零点全可调滤波器

上节中利用全模 SIW 谐振腔设计了中心频率和带宽全可调的滤波器，为了进一步深化滤波器的小型化水平和全可调性能，本节在四分之一模基片集成波导（QMSIW）谐振腔的基础上[3]，利用加载 PIN 二极管和可变电容的方式，设计了中心频率和传输零点全可调滤波器。

6.2.1 全可调 QMSIW 滤波器设计

    QMSIW 谐振腔是将全模 SIW 谐振腔沿中心线进行两次对称切割，在边界处形成了两个等效磁壁和等效金属侧壁，切割后的谐振腔面积仅为全模基片集成波导谐振腔的四分之一，如图 6-24 所示。切割后得到的 QMSIW 谐振腔可以接近全模 SIW 谐振腔产生的效果[4]，且面积相比全模 SIW 谐振腔减少了 75%。

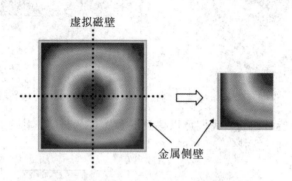

图 6-24   QMSIW 谐振腔切割示意图

    本节设计的全可调滤波器由两个 QMSIW 可调谐振腔级联而成，在每个谐振腔的中央位置电场强度密集区域加载了三个 PIN 二极管，用来实现中心频率的调节，在作用两端口缝隙处各加载了两个变容二极管，用来产生并调节传输零点。

    整个滤波器由两层金属层和两层介质层构成，每层金属层都镀刻在对应介质层下方。滤波器的平面图及在 HFSS 中的结构图如图 6-25、图 6-26 所示。

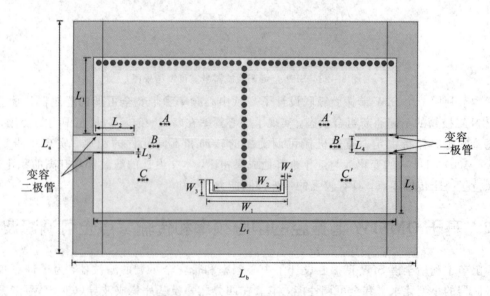

图 6-25   QMSIW 全可调滤波器平面图

    与 SIW 谐振腔相同，QMSIW 谐振腔的主模仍为 TE_{101} 模，其谐振频率是由介质板的介电常数、磁导率及等效宽度共同决定。金属化通孔的间距为 2.6 mm，直径为 1.8 mm，中间一排的通孔为两个 QMSIW 谐振腔共同部分，起到耦合作用。顶层介质板主要功能是

图 6-26　QMSIW 全可调滤波器结构图

作为调谐柱的垫板，其宽度略短于顶层金属，并将顶层金属的端口缝隙处暴露于表面，以便加载变容二极管。垫板厚度为 0.2 mm，采用 FR4_epoxy 材料，其介电常数为 4.4，介电损耗角正切为 0.02。底层介质板厚度为 0.508 mm，采用 Rogers/duroid 5880 材料，其介电常数为 2.2，介电损耗角正切为 0.0009。顶层金属层为信号层，其端口的微带线通过缝隙端口的方式伸向介质板左右两端，信号层下方有两个紧密排列的 U 型缝隙用来辅助级间耦合。QMSIW 全可调滤波器尺寸参数见表 6-2。

表 6-2　QMSIW 全可调滤波器尺寸参数　　　　　　　mm

L_a	L_b	L_1	L_2	L_3	L_4
83.8	127.6	27.5	15	0.5	6
L_5	L_f	W_1	W_2	W_3	W_4
21.5	112	30	25.2	6	1.1

6.2.2　全可调 QMSIW 滤波器的可调性能分析

QMSIW 全可调滤波器由两个相同的可调谐振腔级联组成，并通过控制交叉耦合来调节传输零点，其电路的结构如图 6-27 所示。

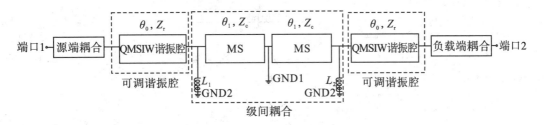

图 6-27　QMSIW 全可调滤波器电路图

滤波器的全可调功能包括中心频率可调和传输零点可调。中心频率的调节与上节相同，是通过控制连接顶层和底层金属层的 PIN 二极管的通断，进而对电场分布造成扰动来实现频率偏移的。总体来说，接通的二极管数量越多，对电场造成的扰动越大，其频率的偏移量就越大，而在电场强度更密集的地方连通 PIN 二极管的效果也会较其他地方更明显。用 $ABC(A'B'C')$ 的数字组合来表示图 6-25 中对应位置 PIN 二极管的通断组合情况，其中"1"表示连通，"0"表示断开。其数字组合与滤波器频率调节情况的仿真结果 S 参数曲线如图 6-28、图 6-29 所示。

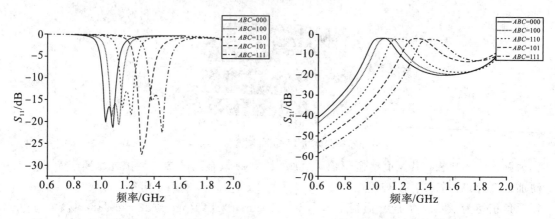

图 6-28　QMSIW 全可调滤波器 S_{11} 曲线图　　　图 6-29　QMSIW 全可调滤波器 S_{21} 曲线图

　　因此，通过三对 PIN 二极管通断的五种组合，实现了 QMSIW 全可调滤波器的中心频率在 $(1.05 \sim 1.45)\text{GHz}$ 范围内的调节，并且在多种状态切换时，能够保持带宽基本恒定。

　　不过，由图 6-29 可以看出，滤波器 S_{21} 通带右侧的带外抑制很差，且出现了寄生通带，不利于更好地滤除干扰信号。因此，为了增强滤波器的带外抑制，进一步提升滤波效果，本节设计了传输零点的可调方式，通过加入四个变容二极管，对滤波器的带外抑制性能进行了很大程度的改善。传输零点是指滤波器传输相应函数为零的点，在插入损耗中表现为一个数值非常小的极点，有利于抑制寄生通带的产生，并提高带通滤波器的选择特性。在实现传输零点可调时需要用到变容二极管。变容二极管是实现连续可调功能的重要调谐元件，具有速度快、体积小、易批量生产等优势，在变容二极管的外加电压发生变化时，其内在结电容会随之改变，进而起到调节的效果。其封装的简化等效电路如图 6-30 所示[5]。

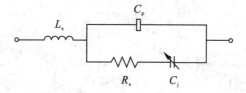

图 6-30　变容二极管结构图

图中，C_j 为变容二极管的结电容，C_p 为封装电容，L_s，R_s 分别为引线电感和损耗电阻。根据变容二极管内部的参数值，便可依据不同的需求选择合适型号的元件。

　　四个变容二极管分别设置在两端口上下缝隙处，并通过贴片的方式加载于顶层金属裸露在外的缝隙处，其容值大小定义为 C。变容二极管平面位置的示意图和在 HFSS 中的位置如图 6-31、图 6-32 所示。

　　此时，控制传输零点的交叉耦合部分由电耦合和磁耦合构成，耦合系数也可用这两者来表示为：

$$k = \frac{M_C - E_C}{1 - M_C E_C} \tag{6-2}$$

式中，M_C 为磁耦合，E_C 为电耦合。当 $k < 0$，即电耦合大于磁耦合时，将在通带的上边带

处产生一个传输零点。因此，将变容二极管容值 C 设置为 1 pF 时，在通带右侧便产生一个传输零点。有无传输零点情况下 S_{21} 的对比结果如图 6-33 所示。

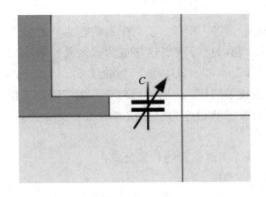

图 6-31　变容二极管平面位置图

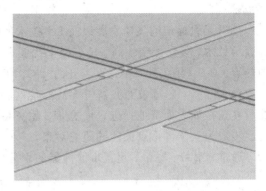

图 6-32　变容二极管立体位置图

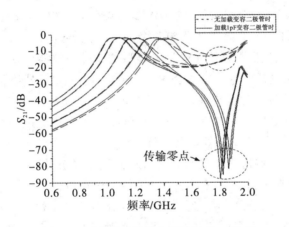

图 6-33　有无传输零点情况下 S_{21} 对比图

　　图 6-33 中虚线表示无传输零点的结果，可看出其带外抑制能力非常弱，而实线表示加载 1 pF 电容时产生传输零点的结果，对比可知，产生的传输零点可达到 −80 dB，极大地提高了滤波器的带外抑制能力，其滤波效果得到显著提升，且中心频率稳定，与无零点时基本吻合。

　　当进一步增加变容二极管 C 的容值时，可以使传输零点持续向通带处移动，继续增加其带外抑制能力。以频率在 1.05 GHz 时为例，传输零点可调的结果如图 6-34 所示。

　　由图可知，当变容二极管 C 的值由 1.3 pF 调节至 2.5 pF 时，可以实现传输零点从 1.73 GHz 调节至 1.33 GHz，且中心频率和带宽保持恒定，在提高带外抑制的基础上，极大地保持了滤波器的稳定性。

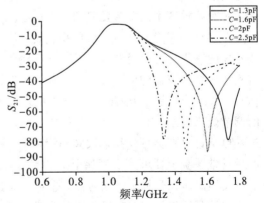

图 6-34　QMSIW 全可调滤波器传输零点可调
（频率为 1.05 GHz）

6.3　基于 QMSIW 谐振腔的陷波频率和带宽全可调滤波器

随着无线通信的飞速发展以及 5G 技术的不断推进，宽带、超宽带通信作为一种新型的通信技术，凭借保密性高、抗多径干扰能力强、辐射低等优点逐步成为国内外学者研究的热点。2019 年 7 月，在北京召开的"2019 年 IMT – 2020(5G)峰会"讨论了 5G 体系下的大规模天线阵、超宽带滤波器等无线通信的相关技术问题，表明我国对于超宽带通信系统的研究正在如火如荼地推进。而宽带、超宽带微波滤波器作为射频前端的重要无源器件，也逐步成为众学者重点关注的研究对象。

通常，窄带、宽带、超宽带滤波器的划分依据为相对带宽的计算公式：

$$FBW = \frac{f_2 - f_1}{f_0} \tag{6-3}$$

式中，$f_2 - f_1$ 为绝对带宽，f_0 为中心频率。当相对带宽 FBW ≤ 10％时为窄带滤波器，当 10％ < FBW ≤ 100％时为宽带滤波器，当 FBW > 100％时为超宽带滤波器。设计宽带滤波器的一种常见方法是将一个低通滤波器和一个高通滤波器进行级联，例如 Feng，Wenjie 提出的多模环状宽带滤波器[13]。然而这种复合型的宽带滤波器会存在级联特性差、体积庞大等缺点。此外，常见的宽带滤波器设计方法还包括多模谐振器级联法[14]、多模谐振器实现法[15]、新兴的复合左右手传输线(CRLH)技术[16]，以及基片集成波导技术。

在日益复杂的宽带、超宽带通信中，很宽的通带内不可避免地存在着一定噪声，干扰了宽带通信的质量。因此，在宽带滤波器中常常需要在噪声频点处引入一个陡峭的阻带来抑制掉该噪声，我们通常称这样的阻带为"陷波"。陷波滤波器作为一种特殊的带阻滤波器，能够使宽带、超宽带滤波器更好地适应复杂的通信环境，因此在未来的民用及军事通信系统的射频前端发挥了重要作用。近年来，国内外学者对加载陷波频率的宽带、超宽带微波滤波器做出一定研究。文献[17]中提出了一个利用 E 型和 C 型微带线、三角环形负载短谐振腔结构设计出的陷波滤波器，可在 (3.09 ～ 10.618) GHz 范围内产生三个陷波频率[17]。在文献[18]中，作者利用两个加载槽线的谐振腔，设计了一款陷波滤波器，可以在宽带内产生两个固定频率的陷波[18]；2019 年，文献[19]利用互补圆螺旋谐振器(CCSR)设计了单个陷波频率的宽带滤波器[19]。但是，这些设计多是通过将产生阻带的结构和带通滤波器相结合而形成固定陷波频率，其结构比较复杂，并且缺乏动态调节因素，产生的陷波不能随噪声的变化而调节，无法灵活地消除宽带内的干扰信号。因此，国内外学者尝试对陷波频率滤波器的可调技术做出研究，例如在文献[20]中，作者通过控制 PIN 二极管的通断，来调节控制宽带内的陷波频率的出现[20]。在全可调方面，由于带宽较宽、中心频率的调节效果有限，很难获得大范围的频率变化，因此近年来宽带、超宽带滤波器的全可调技术也是针对带宽可调和陷波频率可调[21-23]，但也仍存在着陷波调节范围窄的问题，无法满足宽带系统中要求灵活消除干扰的需求，并且所加载的调节电元件数量较多，不仅增加了滤波器的体积和加工焊接难度，也在滤波过程中带来了较大的损耗。

为了灵活地抑制宽带通信中的噪声干扰，本章设计了两款宽带全可调陷波滤波器，首先分析 QMSIW 谐振腔的传播模式，对其滤波器结构进行了仿真；提出了在 QMSIW 滤波器中引入陷波频率的方法，将基片集成波导技术和加载可变电容的方式相结合，利用变容二极管实现了在整个通带范围内的陷波频率可调,同时利用 PIN 二极管和加载调谐柱两种方式改变了带宽,增强了宽带滤波器的自适应能力,且具有较强的带外抑制特性。最后制作实物对其频率响应和群延迟进行了测量,验证了设计思想,并对其滤波性能进行了评估。此滤波器调节范围广,所需元件少,插入损耗小,相比同期的宽带全可调滤波器具有明显优势。

6.3.1　宽带全可调 QMSIW 滤波器的设计

利用基片集成波导谐振腔实现宽带滤波器是近年来新兴的研究方法,因 SIW 具有高品质因数、体积小、易集成等优点,因此本文采用单层 QMSIW 谐振腔,并通过在上下表面镀刻金属层实现宽带全可调 QMSIW 滤波器[24]。其平面图及结构图如图 6 - 35、图 6 - 36所示。

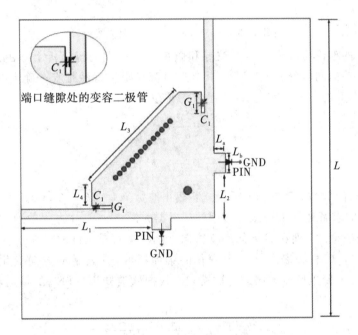

图 6 - 35　宽带全可调 QMSIW 滤波器平面图

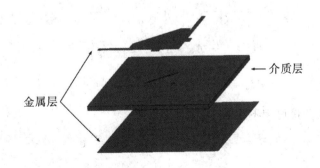

图 6 - 36　宽带全可调 QMSIW 滤波器结构图

本节中的 QMSIW 谐振腔是将全模 SIW 谐振腔沿对角线进行两次切割,其面积仅为全模 SIW 谐振腔的 25%,并且切割后得到的 QMSIW 谐振腔可以接近全模 SIW 谐振腔产生的效果。与上节的 QMSIW 谐振腔不同的是，此处的两次切割方式均是沿 SIW 谐振腔的对角线进行平均分割，得到了等腰直角三角形的谐振腔，且金属化通孔周期排列在三角形的斜边处，其中切割处的直角边可看作两个等效磁壁，未经切割处的斜边可看作一个等效电壁，切割方式如图 6 - 37 所示。

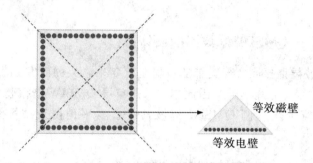

等效磁壁

等效电壁

图 6 - 37　QMSIW 谐振腔切割方式

关于谐振腔的理论可以通过矩形波导和微带线的原理进行分析[25]，由两种导体组成的传输线可以支持横向电磁波(TEM)，其电压电流和阻抗特性是唯一确定的。对于 TEM 模式下 x，y 方向上的场分量 E_x、E_y 满足亥姆霍兹方程：

$$\left(\frac{\partial^2}{\partial x^2}+\frac{\partial^2}{\partial y^2}+\frac{\partial^2}{\partial z^2}+k^2\right)E_x=0 \tag{6-4}$$

$$\left(\frac{\partial^2}{\partial x^2}+\frac{\partial^2}{\partial y^2}+\frac{\partial^2}{\partial z^2}+k^2\right)E_y=0 \tag{6-5}$$

式中，k 表示材料的波数。对于 TEM 模式，截止波数 $k_c=\sqrt{k^2-\beta^2}=0$。假设腔体是无耗的，对矩形波导的求解通常采用微分方程法，根据无源 Maxwell 方程的通解，z 方向存在入射波和反射波的叠加，而在 x 方向和 y 方向上则根据边界条件的限制分为 $\text{TE}_{mn}(E_z=0)$ 和 $\text{TM}_{mn}(H_z=0)$，其中 m 表示 x 方向变化的半周期数，n 表示 y 方向变化的半周期数，mn 的不同组合决定着矩形波导内的传输模式。根据微波知识，TE_{mn} 的横向场分量可以用下式表示：

$$E_x=\frac{\mathrm{j}\omega\mu n\pi}{k_c^2 b}A_{mn}\cos\frac{m\pi x}{a}\sin\frac{n\pi y}{b}\mathrm{e}^{-\mathrm{j}\beta z} \tag{6-6}$$

$$E_y=\frac{-\mathrm{j}\omega\mu m\pi}{k_c^2 a}A_{mn}\sin\frac{m\pi x}{a}\cos\frac{n\pi y}{b}\mathrm{e}^{-\mathrm{j}\beta z} \tag{6-7}$$

$$H_x=\frac{\mathrm{j}\beta m\pi}{k_c^2 a}A_{mn}\sin\frac{m\pi x}{a}\cos\frac{n\pi y}{b}\mathrm{e}^{-\mathrm{j}\beta z} \tag{6-8}$$

$$H_y=\frac{\mathrm{j}\beta n\pi}{k_c^2 b}A_{mn}\cos\frac{m\pi x}{a}\sin\frac{n\pi y}{b}\mathrm{e}^{-\mathrm{j}\beta z} \tag{6-9}$$

TM_{mn} 的横向场分量可用下式表示：

$$E_x=\frac{-\mathrm{j}\beta m\pi}{ak_c^2}B_{mn}\cos\frac{m\pi x}{a}\sin\frac{n\pi y}{b}\mathrm{e}^{-\mathrm{j}\beta z} \tag{6-10}$$

$$E_y=\frac{-\mathrm{j}\beta n\pi}{bk_c^2}B_{mn}\sin\frac{m\pi x}{a}\cos\frac{n\pi y}{b}\mathrm{e}^{-\mathrm{j}\beta z} \tag{6-11}$$

$$H_x=\frac{\mathrm{j}\omega\varepsilon n\pi}{bk_c^2}B_{mn}\sin\frac{m\pi x}{a}\cos\frac{n\pi y}{b}\mathrm{e}^{-\mathrm{j}\beta z} \tag{6-12}$$

$$H_y = \frac{-\mathrm{j}\omega\varepsilon m\pi}{a k_c^2} B_{mn} \cos\frac{m\pi x}{a}\sin\frac{n\pi y}{b}\mathrm{e}^{-\mathrm{j}\beta z} \tag{6-13}$$

式中，A_{mn} 和 B_{mn} 是任意振幅常数，TE 模和 TM 模具有相同的传播常数 β，其公式为：

$$\beta = \sqrt{k^2 - k_c^2} = \sqrt{k^2 - \left(\frac{m\pi}{a}\right)^2 - \left(\frac{n\pi}{b}\right)^2} \tag{6-14}$$

　　TE 模态和 TM 模态的解析表达式提供了简单的解，可用于计算 QMSIW 三角形谐振腔中所有特征模态的谐振频率和电磁场分量，这种三角形的结构可以使滤波器更加紧凑。在 TE_{mn} 和 TM_{mn} 模式下的谐振频率可以用公式(6-15)来表示：

$$f_{mn} = \frac{1}{2a\sqrt{\mu\varepsilon}}\sqrt{m^2 + n^2} \tag{6-15}$$

式中，μ 和 ε 分别为所选介质的磁导率和介电常数。

　　QMSIW 陷波全可调滤波器的主体由两层金属层和一层介质层组成，其主体尺寸为 36 mm×36 mm×1 mm。其中底层金属镀刻在介质层下表面，顶层金属为信号层，贴在介质层上表面。基片集成波导谐振腔的金属化通孔沿着金属层的斜边依次排列，该通孔边界是由全模 SIW 谐振腔经过两次等效切割后产生的等效电壁，而两条直角边可看作经切割后产生的等效磁壁。斜边处金属化通孔直径为 0.6 mm，相邻孔间距需小于四分之一波长，即 $s < 0.25\lambda_g$，因此金属化通孔间距设为 0.75 mm。其余参数的具体尺寸如表 6-3 所示。

表 6-3　QMSIW 陷波全可调滤波器尺寸参数　　　　　　　　　　　mm

L_1	L_2	L_3	L_4	L_a	L_b	G_l	G_f
17.5	6	15.5	2.8	1.4	2.4	1	0.4

　　向腔体的左侧和上方各引出一条长度为 L_1 的 50 Ω 微带线，作为滤波器的端口。由于要在端口位置加载变容二极管引入陷波，因此我们选用缝隙式端口。其中，端口处缝隙的长度 G_l 决定着滤波器的带宽、缝隙长度越长，带宽就越窄，其关系如图 6-38 所示。

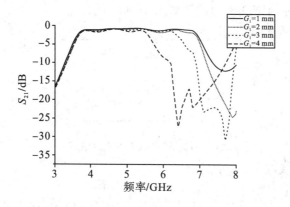

图 6-38　端口缝隙长度扫描结果图

　　因此，为了更好地拓展滤波器的带宽，并实现后续的宽带内陷波频率可调，我们选用缝隙长度 $G_l = 1$ mm。

　　图 6-39 中位于信号层两侧虚线处凸出的两个方片，是用来改善滤波器通带的性能，并且可作为连通信号层主体与 PIN 二极管的桥梁。方片存在有无、位置变化(L_2 参数大小)主要会影响通带的带外抑制能力，其对比的 S_{21} 曲线如图 6-40 所示。

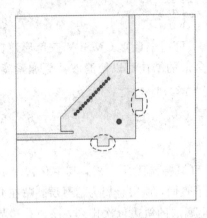

图 6-39　突出方片示意图

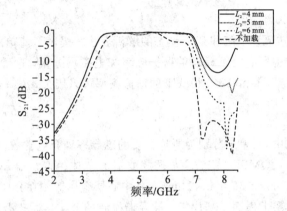

图 6-40　L_2 参数扫描结果图

　　由图可见，当不加载虚线处小方片时，在通带的末端会发生明显的塌陷，使滤波性能恶化；当 L_2 长度为 4 mm、5 mm 时，塌陷消失但滤波器的带外抑制能力较弱，且寄生通带比较明显；当 L_2 长度为 6 mm 时，其带外抑制显著增强，并且出现了一个传输零点，提高了滤波器选择特性。因此我们设置 $L_2=6$ mm 作为后续研究。

6.3.2　宽带 QMSIW 滤波器的陷波频率可调性能分析

　　陷波滤波器是一种特殊的带阻滤波器，是通过产生一个极窄的阻带来消除宽带内的噪声干扰。在传统的方法中，通常是通过加载一个固定缺陷结构、左右手复合结构或多模谐振器来引入陷波频率，这样做得弊端是无法根据宽带、超宽带内实际的噪声变化动态改变陷波的位置。因此，本文采用加载可变电容的方式，将电容形成的阻带加到原有宽带中形成陷波频率。其陷波产生的等效电路图如图 6-41 所示。

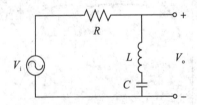

图 6-41　陷波滤波器等效电路

其中，陷波频率由公式(6-16)所决定。

$$\omega_{\text{notch}}=2\pi f_{\text{notch}}=\frac{1}{\sqrt{L_{\text{eq}}C_1}} \tag{6-16}$$

　　为了在宽带内引入可调陷波，本文将两个变容二极管加载在两个端口缝隙 G_1 处的表面，将之作为等效电容。通过向电容两端加偏置电压，可以在缝隙处形成特定的容值从而产生高阻抗来抑制掉该频点噪声。这样，就在频率响应上形成了一个窄的阻带，与原有的宽带进行叠加，产生的复合效果即为拥有陷波频率的宽带滤波器。

以 $C_1 = 1.3$ pF 为例，在此电容下的陷波频率为 4.5 GHz 时，滤波器带宽不受电容影响，且回波损耗均在 -20 dB 左右，陷波处的插入损耗为 -28 dB，能够有效起到抑制该频点噪声的作用，且在通带右侧产生了一个传输零点，提高了带外抑制。其参数的仿真结果如图 6 - 42 所示。

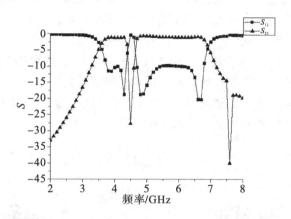

图 6 - 42　$C_1 = 1.3$ pF 时 S 参数结果图

由公式(6 - 16)可知，通过改变变容二极管的容值，可以使陷波频率的位置发生变化。当增加变容二极管容值时，陷波频率向低频处移动；当减小变容二极管容值时，陷波频率向高频处移动。因此，当变容二极管在(0.6~1.65)pF 范围内变化时，可以实现陷波频率在(4~6.3)GHz 范围内连续可调，几乎覆盖了宽带滤波器的整条通带。同时，滤波器 Q 值并不会随变容二极管发生大幅度变化，其无载 Q 值保持在(313~315)之间。陷波频率和无载 Q 值随变容二极管变化的趋势如图 6 - 43 所示，陷波频率的 S_{21} 调节曲线图如图 6 - 44 所示。

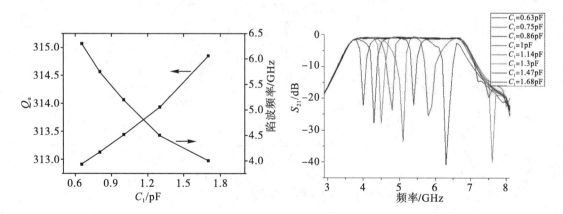

图 6 - 43　陷波频率和无载 Q 值变化趋势图　　　　图 6 - 44　陷波频率的 S_{21} 调节曲线图

由图 6 - 43 可知，通过变容二极管在一定范围的变化可以实现陷波在全通带范围内的连续调节，且能够保持带宽的稳定，带外抑制良好。

6.3.3　宽带 QMSIW 滤波器的带宽可调性能分析

本小节设计了两种方法来实现带宽的调节，分别是加载 PIN 二极管的方式和加载机械调谐柱的方式。

1. 加载 PIN 二极管的带宽可调

　　将两个 PIN 二极管安装在顶层金属表面，使 PIN 二极管的一端与顶部金属层边缘的突出方片连接，另一端通过金属通孔与底层金属层连接。当 PIN 二极管断开时，滤波器处于正常带宽(3.6～6.9)GHz，电场分布如图 6 - 45 左侧所示。当 PIN 二极管连通时，上层的金属通过 PIN 二极管与底层金属层相连，引起的电场变化如图 6 - 45 右侧所示。由图可知，在端口以及加载 PIN 二极管的凸出位置处，电磁场强度发生明显的扰动，进而减小了原有的带宽宽度。并且，由于端口处的两个变容二极管保持原有容值，根据前文分析的陷波构成原理，在带宽减小时可以继续保持陷波频率的恒定。以 $C_1 = 1$ pF 时为例，其 S_{21} 仿真曲线如图 6 - 46 所示，此时带宽减至 1.7 GHz。

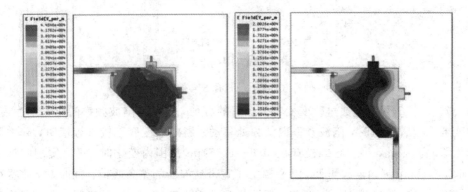

图 6 - 45　电场强度变化图

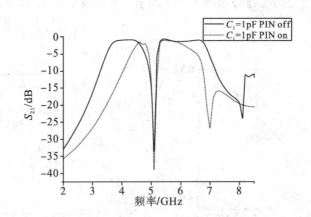

图 6 - 46　加载 PIN 二极管带宽可调结果图

2. 加载机械调谐柱的带宽可调

　　上一方法利用 PIN 二极管的通断对电磁场分布进行扰动，实现了 1.7 GHz 和 3.3 GHz 两种带宽的可切换。然而，仅靠二极管控制的可切换带宽也许无法满足通信系统变化的需求。因此，本节继续对带宽可调的方式进行改进，利用开槽加载机械调谐柱的方法，通过调谐柱的位置滑动实现了带宽的连续调节。滤波器在 HFSS 15.0 中的整体结构如图 6 - 47 所示。

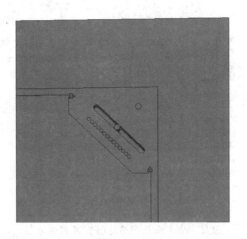

图 6-47 滤波器在 HFSS 15.0 中的整体结构

在与斜边金属化通孔平行方向处，开辟出一道宽度为 1 mm、长度为 10 mm 的凹槽，在凹槽中插入一个可以自由滑动的金属调谐柱，调谐柱的直径为 1 mm，高度正好为介质板厚度，以便与凹槽相吻合。为方便分析，我们沿开槽方向建立平面直角坐标系，如图 6-48 所示。

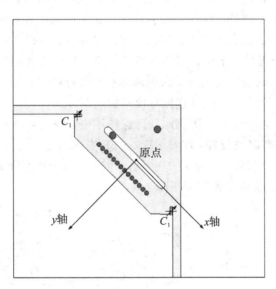

图 6-48 滑动调谐柱平面示意图

以开槽的中心位置为原点，以开槽方向为 x 轴，建立平面直角坐标系，以 x 坐标来表示金属调谐柱滑动的位置。由于金属调谐柱连接了底层金属和顶层金属，因此不同位置的变化会引起两层金属层连接处位置的变化，造成电磁场强度的扰动，进而实现对带宽的调节。此外，由于腔体内的开槽长度有限，并没有干扰到端口凹槽处的陷波，因此可以在调节带宽时保持陷波频率的恒定。由于整个滤波器的腔体为对称结构，调谐柱在原点的正方向和负方向上滑动会起到相同的调谐效果，因此我们在本文中以正方向滑动为例，当 C_1 为 1 pF 时，陷波频率为 5.1 GHz，此时不同调谐柱的位置对应的带宽变化如图 6-49 所示。

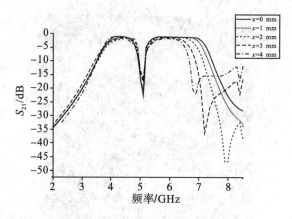

图 6 - 49　滑动调谐柱带宽可调结果图

由图可知，当金属调谐柱位于凹槽中心时，滤波器的带宽处于较宽状态，其 -3 dB 带宽为 3.25 GHz。当金属调谐柱沿 x 轴向正方向滑动时，其带宽可以连续地减小，当滑动至凹槽末端位置 $x=4$ mm 时，带宽减小至最窄，此时的 -3 dB 带宽为 2.4 GHz。

对比以上两种带宽调节方式，电元件调节和机械调节各有利弊，二者均可在陷波频率固定的状态下完成带宽调节，具有较高稳定性。电元件调节的优点在于调节范围大，且上边带和下边带均可向中心偏移，但不足在于 PIN 二极管仅可实现两种带宽的可切换，其灵活性不够高。机械调节的优点在于可以实现带宽的连续变化，并且将电元件的数量减少至两个，其电路结构和所需外加电压装置相对简单，并且与电元件相比带来的损耗较小，但不足之处是在原本不大的滤波器上开辟凹槽和加载调谐柱的制作工艺要求较高，并且调节的过程需要人工滑动调谐柱，在调节速度方面不如电调方式。

在带宽变窄以后，陷波频率的可调原理可保持不变，即仍可以通过原有位置的变容二极管 C_1 产生陷波并调节陷波位置，在 C_1 从 0.6 pF 变化至 1 pF 时，新带宽下的陷波频率可调范围是 (5.1~6.35) GHz，如图 6 - 50 所示。但是，由于原有电磁场发生了变化，图中 S_{21} 曲线在通带末端的性能较之前有所下降。

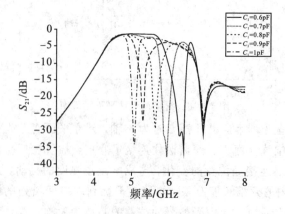

图 6 - 50　带宽变化后的陷波调节图

6.3.4 宽带全可调滤波器的实物测试

宽带全可调滤波器的实物如图 6-51 所示。其介质板材料选用 Rogers RO3010，介电常数为 10.2，正切损耗为 0.0035，板厚为 1 mm。端口缝隙处的两个变容二极管采用 SMV2020-079LF 型号，通过外加电压在(2.8~9)V 范围内的调节，实现了变容二极管容值的改变，起到控制陷波的作用。滤波器的实测结果和仿真结果吻合良好，两者对比的结果如图 6-52 所示。

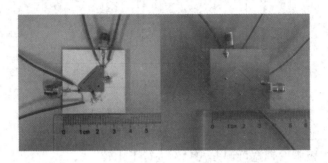

图 6-51 宽带全可调滤波器实物图

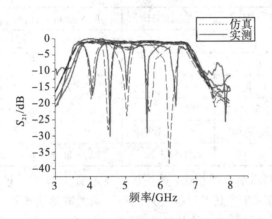

图 6-52 陷波频率可调仿真与实测对比图

由仿真和实物测量的结果对比可发现，实测陷波可调特性基本能够与仿真结果相吻合，但实测结果存在损耗，且在陷波处的抑制能力会稍弱于仿真结果。原因是实际加载的电元件存在自身的插入损耗，以及焊接过程中对缝隙产生了过度的蚀刻。

群延迟表示了滤波器中输出信号与输入信号的延迟程度。宽带滤波器的群时延是衡量宽带滤波器相位和失真度的一个重要指标，其单位一般用纳秒(ns)表示。在通带处的群时延越小，代表宽带滤波器的信号延迟和失真度越小，其通信的性能就优质；而陷波处的群时延则反映了带阻信号的抑制能力，其值的大小表示陷波特性的强弱。群时延的计算公式可用相位对角频率导数的负值来表示：

$$\tau_g(\omega) = -\frac{\mathrm{d}\phi(\omega)}{\mathrm{d}\omega} = -\frac{1}{2\pi}\frac{\mathrm{d}\phi(f)}{\mathrm{d}f} \tag{6-17}$$

图 6-53 给出了本文设计的宽带滤波器群时延测试结果。由图可知，该群延时在通带处相对平坦，变化范围小于 0.5 ns。在陷波频率处，由于阻带的存在，群延迟显著增加。

以 $C_1 = 1$ pF 为例，当陷波频率为 5.1 GHz 时，群延迟约为 -1.7 ns，符合陷波处特征，总体性能良好。

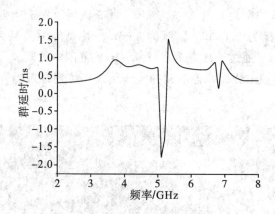

图 6 - 53　群时延测试结果图

为了更好地对比滤波器的性能，表 6 - 4 展示了近年来的一些宽带全可调滤波器，并以本章中加载 PIN 二极管的带宽可调方式为例进行了比较。

表 6 - 4　宽带全可调滤波器性能指标对比

参考文献	陷波频率/GHz	带宽/GHz	尺寸/mm	插入损耗(陷波)	可调元件数
[24]	无	1.97	36.6×36.6	无	无
[20]	无/5.1	5.92	无	24	1
[21]	0.475～0.485	0.017～0.018	95×40	>20	20
[22]	1.2～1.9/2.5～3.3	0.31/0.72	25×39	24～36/21～30	6
[23]	0.98～2.02	0.09～1.44	70×94	>15	6
本文	4～6.3	1.7/3.3	36.6×36.6	23～42	4

由表 6 - 4 可知，与原滤波器相比，该滤波器将带宽从 1.97 GHz 扩展到 3.3 GHz，并且实现了陷波频率调谐和带宽切换。通过对几种可调滤波器的比较，本文有着更宽的陷波调谐范围，几乎涵盖了整条通带，并且结构紧凑，尺寸较小，滤波器中安装的调谐电元件数量相对较少，有利于简化滤波器的焊接和制作过程，降低电元件带来的损耗。

6.4　基于 DFQMSIW 谐振腔的中心频率、带宽和传输零点全可调滤波器

针对现有的滤波器融合可调参数较少的问题，本节基于双重折叠四分之一模基片集成波导（DFQMSIW）谐振腔[1]，提出了一种具有频率、带宽和传输零点三种参数可调的两腔 DFQMSIW 全可调滤波器。通过不同 PIN 二极管的通断组合，实现了中心频率的变化，通过变容二极管实现了带宽和传输零点的变化。同时，为了改善调节过程中的参数互相干扰、稳定性不高的问题，本节在调节频率和传输零点时，通过两个变容二极管来动态改变耦合系数，保持了恒定的带宽。

6.4.1　全可调 DFQMSIW 滤波器设计

DFQMSIW 谐振腔是通过对全模 SIW 谐振腔进行两次等效切割得到 QMSIW 谐振腔，此时的面积减小至全模的 25%。之后再次对 QMSIW 谐振腔进行两次折叠得到 DFQMSIW 谐振腔，其面积将进一步减小至 6.25%。此时的小型化腔体虽然不可避免地存在一定的能量泄露，但极大地减小了原有 SIW 谐振腔的尺寸，且可以等效地实现原有谐振腔的功能。与全模 SIW 谐振腔相同，DFQMSIW 谐振腔主模的谐振模式仍为 TE_{101} 模，其谐振频率可以通过下式计算[6]：

$$f_{101}^{DFQMSIW} = \frac{C}{4\sqrt{2\mu_r \varepsilon_r} W_{eff}^{DFQMSIW}} \tag{6-18}$$

$$W_{eff}^{DFQMSIW} = \frac{W_{eff}^{SIW}}{4} + \Delta W \tag{6-19}$$

式中，$W_{eff}^{DFQMSIW}$ 为 DFQMSIW 谐振腔的等效宽度。

如图 6-54 和图 6-55 所示，全可调 DFQMSIW 滤波器的结构由三层金属层和三层厚度为 1 mm 的介质层依次排列组成，每层金属层镀刻在介质层的下表面，然后将多层介质板压在一起，使基片集成波导的金属化通孔从顶部到底部贯通，其中顶层介质层主要用作电元器件的垫板。五对 PIN 二极管 $ABCDE(A'B'C'D'E')$ 和三个变容二极管 C_1、C_2、C_3 安装在介质的第一层表面上，并通过金属通孔连接到下面的金属层，从而实现频率可调功能。变容二极管 C_1 安装在耦合窗口的顶部来调节交叉耦合以实现传输零点变化，并且变容二极管 C_2、C_3 安装在耦合窗口之间来调节级间耦合以实现带宽变化。在第二金属层的耦合窗上方存在倒 U 型缝隙以辅助耦合，其长度为 N。滤波器具体参数如表 6-5 所示。

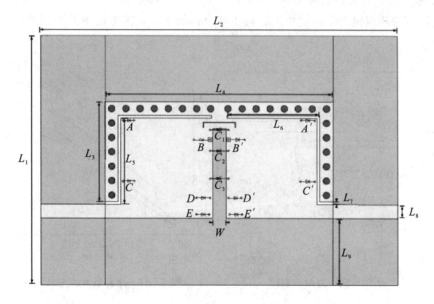

图 6-54　DFQMSIW 全可调滤波器平面图

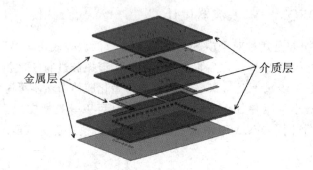

图 6-55　DFQMSIW 全可调滤波器结构图

表 6-5　DFQMSIW 全可调滤波器尺寸参数　　　　　　　　mm

L_1	L_2	L_3	L_4	L_5
45	66	18	42	15.55
L_6	L_7	L_8	L_9	W
17.15	0.5	2.5	12	2.5

　　两个级联谐振腔通过中间金属层的耦合窗口和耦合窗口上方的倒 U 型槽耦合，其中耦合窗口的宽度和槽的长度将共同决定级间耦合。倒 U 型槽属于缝隙耦合，放大的尺寸图如图 6-56 所示。在图 6-57 中可以看出，级间耦合随着槽长 N 的增加和耦合窗口 W 宽度的增加而增大。N_1 的长度设定为 1 mm，缝隙宽度 N_2 为 0.1 mm。此缝隙耦合的作用在于配合主耦合窗进行能量传输，因为耦合窗的部位要加载多个 PIN 二极管与变容二极管，其宽度调整相对复杂，因此可以针对主耦合窗的不足，在仿真中灵活调整倒 U 型缝隙的长度 N。

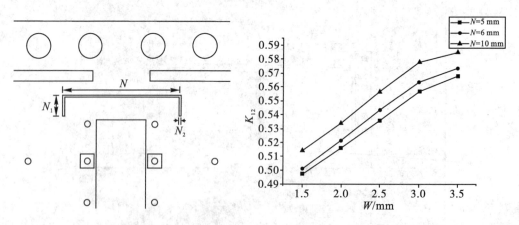

图 6-56　倒 U 型耦合缝隙示意图　　　　　　图 6-57　耦合缝隙长度对比图

　　DFQMSIW 全可调滤波器的电路模型可以用图 6-58 表示，其中左右两个对称的 DFQMSIW 谐振腔共同实现频率的调节，中间的可调耦合机制则实现带宽和零点的变化。

　　DFQMSIW 全可调滤波器的拓扑结构如图 6-59 所示，两个谐振器的主耦合 K_{12} 是磁耦合，相移是 90°，交叉耦合 K_{L1} 和 K_{S2} 是电耦合，相移是 -90°。当信号通过等效电容和电

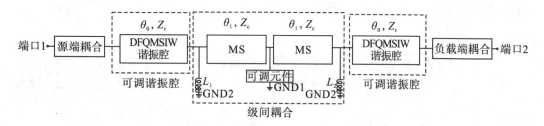

图 6-58　DFQMSIW 全可调滤波器电路模型图

感两个通道时，在谐振频率处会出现反向的相移信号，此时主耦合和交叉耦合之间的相位差为 180°，从而在通带的高侧产生传输零点。

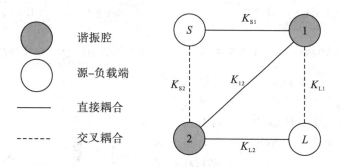

图 6-59　DFQMSIW 全可调滤波器拓扑结构图

6.4.2　全可调 DFQMSIW 滤波器的可调性能分析

对于频率可调，本节依然使用加载着 PIN 二极管的金属化调谐柱。由于金属层厚度增加，此处金属通孔连接的是顶层金属和中间层金属。PIN 二极管安装在顶层的介质板上，并通过外加电压控制通断，如图 6-60 所示，当二极管连通时，顶层金属和中间层金属通过通孔相互连通，造成该位置电磁场扰动，从而达到调节频率的作用。

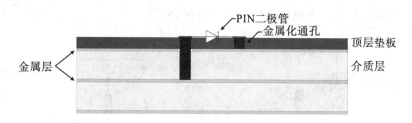

图 6-60　DFQMSIW 滤波器调谐柱示意图

可以看出，由于左侧较长通孔的底部要连接中间层金属，所以在顶层金属的位置需要开设一个方形的空隙，以避开此调谐柱。频率调节的原理与 6.2、6.3 节相同。通过不同位置二极管的通断组合，理论上可以实现 32 种频率的变化，起到近似于连续的调谐效果。在本节，我们使用 $ABCDE(A'B'C'D'E')$ 五对 PIN 二极管的数字组合来表示不同通断组合，其中"1"表示连通，"0"表示断开。根据前面的分析，连接 PIN 二极管是为了增加谐振腔中的等效电感，那么二极管的位置和数量将是影响频偏的主要因素。滤波器可以实现（1.1～1.9）GHz 范围内的频率调谐，其无载 Q 值的变化范围为 235～386。频率调节在 HFSS 15.0

中的仿真结果如图 6-61、图 6-62 所示。

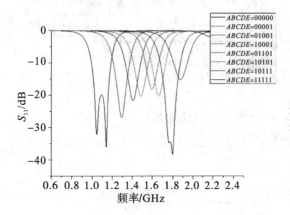

图 6-61 DFQMSIW 全可调滤波器 S_{11} 曲线

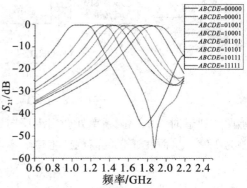

图 6-62 DFQMSIW 全可调滤波器 S_{21} 曲线

对于带宽和传输零点的调节，可以从奇偶模等效电路的角度进行分析。奇偶模分析法是将整个滤波器的二端口网络分解进行分析。此对称网络矩阵可用两个大小相等、方向相反的激励 e_1，e_2 来表示，这两个激励则分别被称为奇模激励和偶模激励。因此二端口网络的散射矩阵 S、阻抗矩阵 Z 和导纳矩阵 Y 均可用奇偶模的形式表示，应用于可调滤波器中，便可以具体地得到影响频率和带宽等因素的数值参数。利用奇偶模理论，可以建立与滤波器模型相对应的等效电路，并分别对奇模和偶模进行计算分析。本节中 DFQMSIW 滤波器的等效电路图如图 6-63 所示，偶模、奇模电路则为图 6-64、图 6-65。

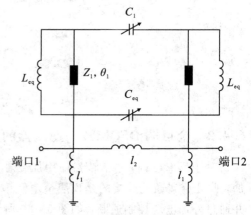

图 6-63 DFQMSIW 全可调滤波器等效电路

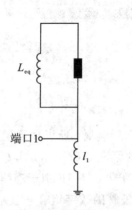

图 6-64 偶模等效电路图

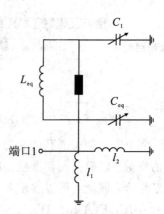

图 6-65 奇模等效电路图

其中，C_{eq} 是等效并联电容，Z_1 为电路阻抗，L_{eq} 是接入调谐柱后的等效电感，l_1、l_2 是 DFQMSIW 谐振腔的等效电感。为了更方便对级间耦合部分进行分析，可以将其耦合系数

K_{12} 用输入导纳 Y_{in} 的奇偶模形式来表示[7]：

$$K_{12} = \frac{\dfrac{\mathrm{Im}\left[Y_{in,\,e}(\omega_0) - Y_{in,\,o}(\omega_0)\right]}{2}}{b} \qquad (6-20)$$

$$b = \frac{\omega_0}{2} \frac{\partial \mathrm{Im}\left[\dfrac{Y_{in,\,e} + Y_{in,\,o}}{2}\right]}{\partial \omega}\Big|_{\omega=\omega_0} \qquad (6-21)$$

式中，$Y_{in,\,o}$ 和 $Y_{in,\,e}$ 分别为奇偶模输入导纳，ω_0 为滤波器的中心频率，而奇偶模输入导纳的计算公式可以进一步根据奇偶模等效电路中的等效电感和电容进行计算[8]：

$$Y_{in,\,e} = \mathrm{j}\omega L_{eq} + Y_1 \frac{\dfrac{1}{\mathrm{j}\omega l_2} + \mathrm{j}Y_1 \tan\theta_1}{Y_1 + \dfrac{\tan\theta_1}{\omega l_2}} \qquad (6-22)$$

$$Y_{in,\,o} = \mathrm{j}\omega L_{eq} + \mathrm{j}\omega(C_1 + C_{eq}) + Y_1 \frac{\left(\dfrac{1}{\mathrm{j}\omega l_2} + \dfrac{1}{\mathrm{j}\omega l_3}\right) + \mathrm{j}Y_1 \tan\theta_1}{Y_1 + \dfrac{\tan\theta_1}{\omega l_2 + \omega l_3}} \qquad (6-23)$$

三个变容二极管 C_1、C_2、C_3 以贴片的形式焊接在顶层介质板表面上，并且通过金属化通孔连接至中间层金属，由不同容值的变化对中间信号层金属的电场分布造成相应扰动。与加载 PIN 二极管时相似，此处仍需要在顶层金属层上开辟出避开金属通孔的方形空白区域，以防止通孔与金属层发生短路，其设计结构如图 6-66 所示。

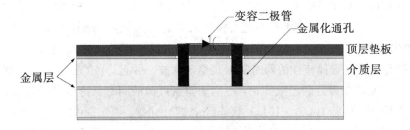

图 6-66　变容二极管加载示意图

通过施加变容二极管 C_1 处的电压，可以在右侧产生一个传输零点，如图 6-67 所示。

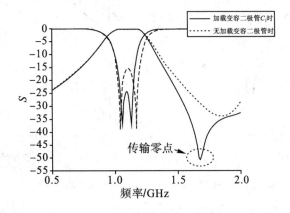

图 6-67　产生传输零点效果图

　　图 6-67 中的虚线部分为不加载变容二极管 C_1 时的仿真结果,实线为加载 C_1 时的结果。由二者对比可知,当变容二极管 C_1 连通时,在通带右侧产生了显著的传输零点,其带外抑制和选择特性得到增强。由于中间层金属为滤波器的信号层,因此可以对变容二极管容值的变化产生明显的响应。当继续增加 C_1 容值时,滤波器的交叉耦合会发生改变,传输零点将向着通带方向持续移动,实现传输零点的调节。

　　然而,单方面增强变容二极管 C_1 会影响到滤波器的级间耦合,使带宽在零点偏移的同时随之变窄,这便会改变原有滤波器设定的带宽指标,降低了滤波器的稳定性,如图 6-68 所示。

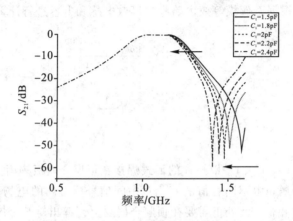

图 6-68　传输零点调节对带宽的影响

　　因此,针对由零点调节引起的带宽不稳定,我们通过对变容二极管 C_2、C_3 的调节来改善。由公式(6-23)可知,C_1 增大会引起奇模输入导纳 $Y_{in,o}$ 增加,若同时减小 C_2、C_3 的等效电容 C_{eq},则可以保持输入导纳和级间耦合的稳定,进而实现传输零点调节过程中带宽的恒定,以便在提升滤波器选择特性的同时实现其稳定滤波。并且,当滤波器处在不同的频段时,均可以通过三个变容二极管的增减变化,在实现零点可调的同时保持恒定带宽。以 PIN 二极管处于 $ABCDE=$ 00000、10001、10111 状态下,即中心频率分别在 1.1 GHz、1.5 GHz、1.79 GHz 时为例,带宽恒定下的零点可调结果分布如图 6-69、图 6-70、图6-71所示。

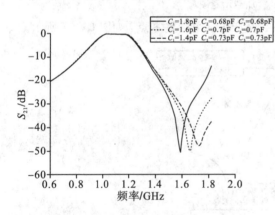

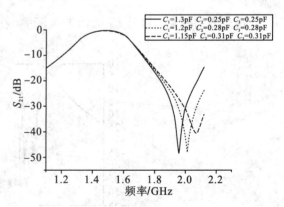

图 6-69　频率为 1.1 GHz 时零点可调结果图　　　图 6-70　频率为 1.5 GHz 时零点可调结果图

　　此外,若单独增加 C_2、C_3 的容值,根据公式(6-8),级间耦合系数会减小,从而带宽变窄,实现了带宽可调。与传输零点可调同理,当滤波器处在不同的频段时,均可以通过

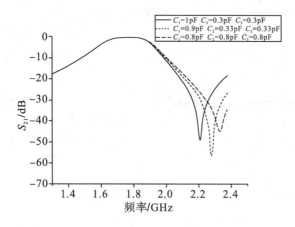

图 6-71　频率为 1.8 GHz 时零点可调结果图

两个变容二极管的增减变化，以实现带宽可调的功能。以 PIN 二极管处于 $ABCDE=$ 00000、10111 状态下，即中心频率分别在 1.1 GHz、1.79 GHz 时为例，带宽可调的仿真结果分布如图 6-72、图 6-73 所示。

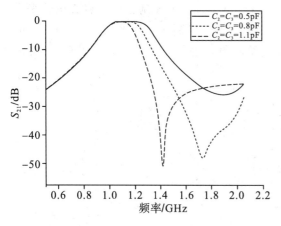

图 6-72　频率为 1.1 GHz 时带宽可调结果图

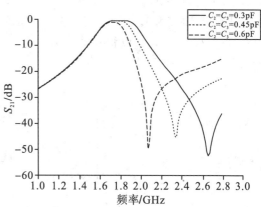

图 6-73　频率为 1.79 GHz 时带宽可调结果图

6.4.3　全可调 DFQMSIW 滤波器的实物测试

　　全可调 DFQMSIW 滤波器实物的主体由三层介质板压合在一起组成，每层介质的下方镀刻相应金属层。其中，顶层介质板采用 FR4-epoxy 材料（介电常数 4.4，正切损耗 0.02），中间层和底层介质板采用 Rogers RT/duroid 5880 材料（介电常数 2.2，正切损耗 0.0009），变容二极管的型号为 Skyworks 公司生产的 SMV2020-079 系列（可调范围在 (0.35～3.2)pF），在 PIN 二极管和变容二极管的两端通过一条细微带线引到顶层介质的边缘，再利用导线对二极管进行控制。其实物照片如图 6-74 所示。

图 6-74　全可调 DFQMSIW 滤波器实物图

通过控制 PIN 二极管的外置电压，实现了滤波器的频率在(1.1～1.9)GHz 范围内的调节，其仿真和实测结果的对比如图 6-75、图 6-76 所示。其回波损耗均在－15 dB 以下，且带宽可以通过变容二极管 C_2、C_3 的微调保持在 200 MHz 左右，具有很好的稳定性。

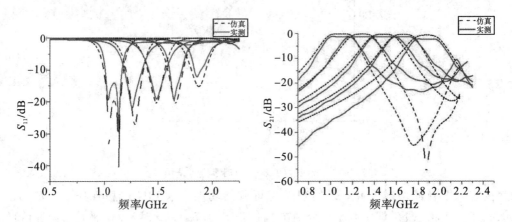

　图 6-75　中心频率 S_{11} 可调实测仿真对比图　　图 6-76　中心频率 S_{21} 可调实测仿真对比图

对于传输零点的调节，是通过三个外加电压 U_1、U_2、U_3 来控制三个变容二极管来实现。以中心频率为 1.1 GHz 时为例，其实测结果如图 6-77 所示。由图可知，控制 C_1 的电压 U_1 越小，变容二极管容值越大，传输零点便越靠近通带，在减小 U_1 的同时，增加 U_2、U_3 的电压值则保持了带宽的稳定。

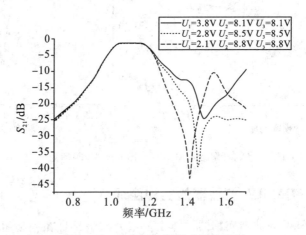

图 6-77　传输零点可调实测结果图

对于带宽的调节，则仅依靠外置电压调节变容二极管 C_2、C_3 来实现。当外加电压从 11.5 V 降至 5.6 V 时，绝对带宽将从 200 MHz 降至 120 MHz，其实测结果如图 6-78 所示。

为了更好地显示此滤波器的性能，表 6-6 展现了近年来国外其他全可调滤波器的参数[9][10][11][12]。由表 6-6 可知，本文中的滤波器可以融合更多的调节功能，拥有更广阔的调谐范围，并且在传输零点的调节中，比其他成果更具有灵活性，可实现在一定范围内的连续调节。

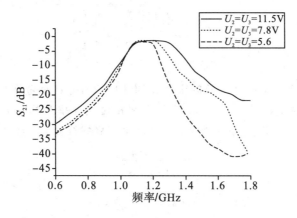

图 6 - 78　带宽实测结果图

表 6 - 6　全可调滤波器性能指标对比

参考文献	发表时间	中心频率/GHz	带宽/MHz	传输零点/GHz	尺寸/mm
[9]	2015	1.25～2.1	54～162	下边带到上边带	39×18
[10]	2017	3.75～4	140～180	无	88×20
[11]	2018	0.56～1.15	65～180	下边带到上边带	46×15
[12]	2018	0.8～1.5	216～534	无	35×12

6.5　频率带宽零点全可调带通滤波器设计

6.5.1　谐振腔分析

如图 6 - 79 所示，小型化的 SIW 谐振器是双重折叠技术和四分之一模集成波导技术的结合，可传输 TE_{mop} 模式谐振频率的宽度 L 的方形 SIW 谐振器的谐振频率计算公式为式（6 - 24）。

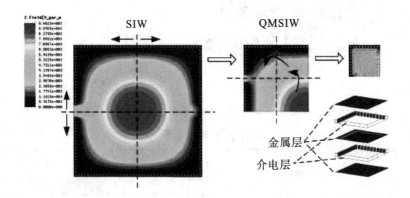

图 6 - 79　小型化双重折叠四分之一模谐振腔变化过程

$$f_{\text{mop}} = \frac{C}{2\sqrt{\varepsilon_r \mu_r}} \sqrt{\left(\frac{m\pi}{L_{\text{eff}}}\right)^2 + \left(\frac{p\pi}{L_{\text{eff}}}\right)^2} \tag{6-24}$$

$$L_{\text{eff}} = L - 1.08\frac{d^2}{P} + 0.1\frac{d^2}{L} \tag{6-25}$$

式中，C 是真空中的光速，d 是空腔的金属化通孔的直径，P 是金属化通孔的间距，满足 $P < \lambda/4$、$P < 4d$。λ 是谐振波长，ε_r、μ_r 分别表示相对磁导率和相对介电常数。在该结构中，原始腔中的 TE_{102} 和 TE_{202} 模式消失，仅考虑主导模式 TE_{101}。因此，谐振频率为[28]：

$$f_{\text{MSIW}} = \frac{C}{4\sqrt{2\mu_r \varepsilon_r L_{\text{MSIW}}}} \tag{6-26}$$

$$L_{\text{MSIW}} = \frac{L_{\text{eff}}}{4} + \Delta L \tag{6-27}$$

式中，L_{MSIW} 是小型 SIW 谐振器的等效宽度，ΔL 是附加宽度。由于馈电位置的变化产生，并且边缘场的存在，磁壁不理想。

6.5.2 可调原理

两腔全可调滤波器的整体结构如图 6-80(a)所示。在原始腔体的上下层电容耦合的基础上，腔体也采用间隙耦合。为了提高滤波器的带外选择性，在源和负载之间引入了一个宽度等于 d_4 的槽。为了调整滤波器的 CF、ABW 和 TZ，在 C_1，C_2 和 C_3 中引入了 5 个变容二极管。变容二极管的位置在图 6-80(b)中标记，侧视图如图 6-80(c)所示。两腔全可调滤波器参数尺寸如表 6-7 所示。

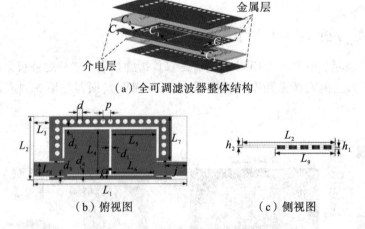

(a) 全可调滤波器整体结构

(b) 俯视图　　　　　　(c) 侧视图

图 6-80　两腔全可调滤波器结构

表 6-7　两腔全可调滤波器参数尺寸　　　　　　mm

L_1	L_2	L_3	L_4	L_5	L_6	L_7	L_8	L_9	d
60	24	6	17	17.5	16.5	17	5.2	15.5	2
p	j	k	h_1	h_2	d_1	d_2	d_3	d_4	
3	8.5	3.9	0.508	0.508	1	1	0.4	0.5	

为了简化滤波器分析过程，将滤波器等效电路简化为图 6-81 所示形式。在图 6-81(a)

中，两个谐振器与源和谐振器串联，在滤波器的拓扑形式中，变容二极管 C_1 加载在两个谐振腔之间以改变腔体之间的耦合，C_2 加载在谐振腔与源或负载之间以改变腔体谐振频率，C_3 加载在两个谐振腔之间以改变源和负载之间的耦合，从而改变滤波器的传输零点。

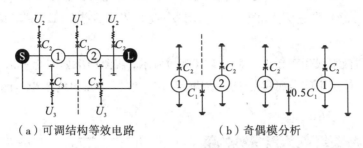

（a）可调结构等效电路　　　　　　（b）奇偶模分析

图 6 - 81　等效电路分析

6.5.3　滤波器仿真制作与测量

以中间对称平面为参考，通过奇偶模分析对腔体进行分析，并将理论分析与 Ansoft 仿真相结合得到图 6 - 82 所示的仿真结果。

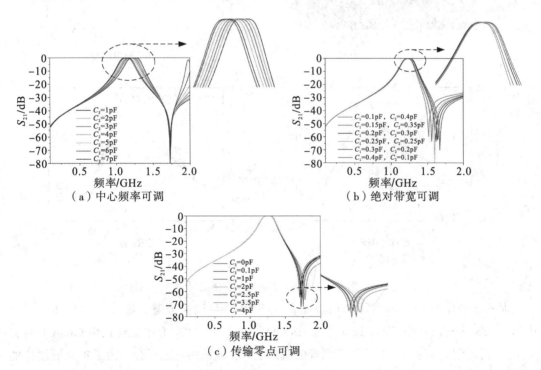

（a）中心频率可调　　　　　　　　（b）绝对带宽可调

（c）传输零点可调

图 6 - 82　可调特性分析

在图 6 - 82(a)中，当 C_1 和 C_3 未连接至滤波器且变容二极管 C_2 的电容仅通过改变电压而改变电容值（范围为 (1~7)pF）时，可调滤波器的中心频率保持在 1.1 GHz 至 1.32 GHz 范围内可调，绝对带宽在大约保持 180 MHz 恒定，传输零点保持 1.75 GHz 恒定。由于带宽主要由两个腔之间的耦合系数决定，奇偶模方法分析耦合系数与 C_1 成正比，与 C_2 成反比。为了使绝对带宽可调，中心频率保持恒定，C_3 不接入滤波器。通过将 C_1 的电容值在 $(0.1\sim0.4)\text{pF}$ 范围内改变，C_2 的电容值在 $(0.4\sim0.1)\text{pF}$ 范围内改变，中心频率保持恒定在 $1.24\ \text{GHz}$，此时绝对带宽在 $(175\sim65)\text{MHz}$ 范围内可调。在图 $6-82(\text{c})$ 中，C_1 和 C_2 不接入滤波器。当变容二极管 C_3 的电容值从 $(0\sim4)\text{pF}$ 变化时，滤波器的中心频率保持在 $1.23\ \text{GHz}$ 恒定，绝对带宽保持恒定在 $160\ \text{MHz}$，此时传输零点在 $(1.7\sim1.85)\text{GHz}$ 范围内可调。

　　共面波导和微带线用于馈电，如图 $6-83(\text{a})$ 所示；实测结果如图 $6-83(\text{b})$、$6-83(\text{c})$、$6-83(\text{d})$ 所示。使用中间金属层的馈电结构，可使滤波器与源和负载相匹配，以实现滤波特性。

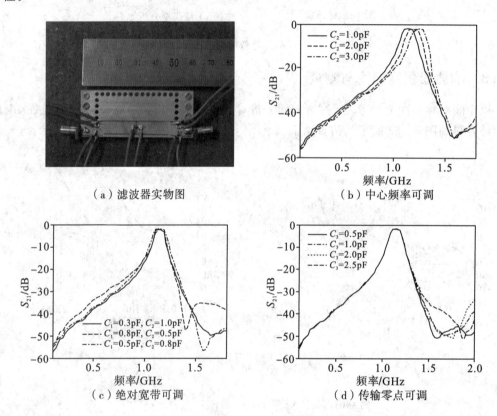

（a）滤波器实物图　　　　　　　　　　（b）中心频率可调

（c）绝对宽带可调　　　　　　　　　　（d）传输零点可调

图 $6-83$　加工实物图与实测结果

　　制作了如图 $6-83(\text{a})$ 所示的两腔小型化 SIW 全可调滤波器。滤波器的整体尺寸为 $60\ \text{mm}\times24\ \text{mm}$。介质层由 Taconic TLY(tm)(介电常数 2.2，介电损耗正切 0.0009)材料制成。在原始腔体的上下层的电容耦合的基础上，腔体采用缝隙耦合。为了提高滤波器的带外选择性，在源和负载之间引入了一个缝隙。通过在滤波器上五个不同位置的三个变容二极管上施加直流电压，可以改变变容二极管的电容值，从而调整滤波器的多个参数指标。变容二极管采用 SMV2020-079 型号，SMA 连接器与源和负载连接。与已有研究成果对比如表 $6-8$ 所示。

表 6-8　与已有研究成果对比

Ref.	可调参数	恒定参数	中心频率/GHz	绝对带宽/MHz	传输零点/GHz	插入损耗/dB	尺寸
[26]	CF	ABW	1.5～2.2	170	/	3.2～5.1	40 mm×30 mm
	CF、ABW、TR	/	1.5～2.2	40～170	1.64～1.37	3.1～6.5	
[27]	CF、ABW	/	0.8～1.5	216～534	/	/	35 mm×12 mm
[28]	ABW	CF	1.72	225～310	/	1.18～6.32	71.8 mm×30 mm
			1.45	97～213			
			1.21	62～101			
[29]	CF、ABW、TR	/	1.25～2.1	54～162	低于上层阻带		39 mm×18 mm
本文	CF	ABW、TR	1.1～1.3	100	1.59	1.85	60 mm×24 mm
	ABW	CF	1.15	70～120	/	2.04	
	TR	CF、ABW	1.14	100	1.59～1.89	1.96	

注：CF：Center Frequency，中心频率；ABW：Absolute Bandwidth，绝对带宽；TR：Transmission Zero，传输零点；IL：插入损耗.

本节提出了一种小型化的 SIW 谐振结构，并分析了谐振腔的谐振特性。通过加载变容二极管来设计和制作了一个两腔全可调的 SIW 滤波器。滤波器实现了绝对带宽和传输零点恒定下的中心频率可调，中心频率恒定时的绝对带宽可调，中心频率和绝对带宽恒定时的传输零点可调。与以前的研究结果相比，可调性能得到了更好的改善。

本 章 文 献

[1]　周建. 小型化基片集成波导可调滤波器研究与设计[D]. 武警工程大学，2016.

[2]　吴奕霖. 小型可重构超宽带平面滤波器的研究与设计[D]. 西安电子科技大学，2018.

[3]　段晓曦. 多层基片集成波导滤波器的小型化研究[D]. 武警工程大学，2015.

[4]　Zhang Z，Yang N，Wu K. 5-GHz bandpass filter demonstration using quarter-mode substrate integrated waveguide cavity for wireless systems [C]// International Conference on Radio & Wireless Symposium. IEEE Press，2009.

[5]　程飞. 可重构滤波器的实现及应用研究[D]. 电子科技大学，2016.

[6]　Lai Q，Fumeaux C，Hong W，et al. Characterization of the Propagation Properties of the Half-Mode Substrate Integrated Waveguide[J]. IEEE Transactions on Microwave Theory and Techniques，2009，57(8):1996-2004.

[7]　Chi P L，Yang T，Tsai T Y. A Fully Tunable Two-Pole Bandpass Filter[J]. IEEE Microwave and Wireless Components Letters，2015，25(5):292-294.

[8] Lan B, Guo C, Ding J. A fully tunable two-pole bandpass filter with wide tuning range based on half mode substrate integrated waveguide[J]. Microwave and Optical Technology Letters, 2018, 60(4):865 – 870.

[9] Yang T, Rebeiz G M. Tunable 1. 25-2. 1-GHz 4-Pole Bandpass Filter With Intrinsic Transmission Zero Tuning [J]. IEEE Transactions on Microwave Theory & Techniques, 2015, 63(5):1569 – 1578.

[10] Kumar A, Pathak N P. Varactor-incorporated bandpass filter with reconfigurable frequency and bandwidth[J]. Microwave and Optical Technology Letters, 2017, 59 (8):2083 – 2089.

[11] Zhang G, Xu Y, Wang X. Compact Tunable Bandpass Filter With Wide Tuning Range of Centre Frequency and Bandwidth Using Short Coupled Lines[J]. IEEE Access, 2018, 6:2962 – 2969.

[12] S. Kingsly, et al. Compact Frequency and Bandwidth Tunable Bandpass – Bandstop Microstrip Filter [J], IEEE Microwave and Wireless Components Letters, 2018, 28(9):786 – 788.

[13] Feng W, Che W, Zhang Y. Wideband filtering crossover using dual-mode ring resonator[J]. Electronics Letters, 2016, 52(7):541 – 542.

[14] Chen F C, Li R S, Qiu J M, et al. Sharp-Rejection Wideband Bandstop Filter Using Stepped Impedance Resonators[J]. IEEE Transactions on Components, Packaging and Manufacturing Technology, 2017, 7(3):444 – 449.

[15] 李伟. 基于新型多模谐振器的宽带带通滤波器研究[D]. 电子科技大学, 2017.

[16] Alburaikan A, Aqeeli M, Huang X, et al. Miniaturized via-less ultra-wideband bandpass filter based on CRLH-TL unit cell. [C]// Microwave Conference. IEEE, 2014.

[17] Kumar S, Gupta R D, Parihar M S. Multiple Band Notched Filter Using C-Shaped and E-Shaped Resonator for UWB Applications[J]. IEEE Microwave and Wireless Components Letters, 2016:1 – 3.

[18] Yang L, Choi W W, Tam K W, et al. Novel Wideband Bandpass Filter with Dual Notched Bands Using Stub-Loaded Resonators[J]. IEEE Microwave and Wireless Components Letters, 2017, 27(1):25 – 27.

[19] Haq T, Ruan C, Zhang X. et al. Low cost and compact wideband microwave notch filter based on miniaturized complementary metaresonator. Appl. Phys. A, 2019, 125: 662.

[20] Chun Y H, Shaman H. Switchable embedded notch structure for UWB bandpass filter[J]. IEEE Microwave & Wireless Components Letters, 2008, 18 (9): 590 –592.

[21] Zhang Z, Chen L, Wu A, Fang Z, et al. A compact tunable bandpass filter with tunable transmission zeros in the pass band adopting a nested open ring resonator. Int J RF Microw Comput Aided Eng. 2018; e21417.

[22] Maragheh S S, Dousti M, Dolatshahi M, et al. A novel dual-band tunable notch filter with controllable center frequencies and bandwidths[J]. AEU - International Journal of Electronics and Communications, 2018, 88:70 - 77.

[23] Lan B, Qu Y, Guo C, Ding J. A fully reconfigurable bandpass-to-notch filter with wide bandwidth tuning range based on external quality factor tuning and multiple-mode resonator. Microw Opt Technol Lett. 2019: 1 - 6.

[24] Jin C, Shen Z. Compact Triple-Mode Filter Based on Quarter-Mode Substrate Integrated Waveguide [J]. IEEE Transactions on Microwave Theory and Techniques, 2014, 62(1): 37 - 45.

[25] Pozar D M. Microwave Engineering, 3rd ed. New York, NY, USA: Wiley, 2005.

[26] Zuo K, Zhu Y, Xie W, et al. A novel miniaturized quarter mode substrate integrate waveguide tunable filter[J]. IEICE Electronics Express, 2018: 15. 20180013.

[27] Naeem U, Khan M B, Shafique M F. Design of compact dual-mode dual-band SIW filter with independent tuning capability[J]. Microwave and Optical Technology Letters, 2018, 60(1): 178 - 182.

[28] Chi P L, Yang T, Tsai T Y. A fully tunable two-pole bandpass filter[J]. IEEE Microwave and Wireless Components Letters, 2015, 25(5): 292 - 294.

[29] Zhou H M, Zhang Q S, Lian J, et al. A lumped equivalent circuit model for symmetrical T-shaped microstrip magnetoelectric tunable microwave filters[J]. IEEE Transactions on Magnetics, 2016, 52(10): 1 - 9.